Alluvionnements et néotectonique quaternaires en Roussillon

Alain GIRET

Alluvionnements et néotectonique quaternaires en Roussillon

L'HARMATTAN

5-7, rue de l'École-Polytechnique ; 75005 Paris

www.harmattan.fr
diffusion.harmattan@wanadoo.fr
harmattan1@wanadoo.fr

ISBN : 978-2-343-03687-8
EAN : 9782343036878

Préface

Après avoir participé régulièrement, d'années en années, depuis 1978, au grand chantier de fouilles préhistoriques de la Caune de l'Arago, Alain Giret, dès l'année 1993 où il est devenu chercheur associé au Centre Européen de Recherches Préhistoriques de Tautavel, a entrepris l'étude des formations quaternaires et torrentielles du Roussillon.

Après les premiers travaux de Charles Depéret publiés en 1885, 1903, 1907 et 1911, ceux de Marc Calvet en 1981, 1986 et 1995 et plus récemment ceux de plusieurs étudiants chercheurs du Centre Européen de Recherches Préhistoriques de Tautavel, Mostafa El Larraich en 1986, Bruno Debals en 1988, Alain Giret présente aujourd'hui une excellente synthèse sur les terrasses alluviales quaternaires des trois fleuves côtiers du Roussillon : l'Agly qui irrigue les Fenouillèdes, la Têt qui irrigue le Conflent et le Tech qui irrigue le Vallespir, sur lesquelles de nombreux sites du Paléolithique inférieur et moyen ont été mis au jour.

L'altération de quelques outils paléolithiques sur certains de ces sites, comparable à celle des galets de la terrasse, permet de penser que l'industrie est pénécontemporaine de la mise en place de son dépôt et antérieure à sa première phase d'altération. Les hommes préhistoriques étaient alors installés au bord même de la rivière.

D'autres pièces, moins altérées que les galets de la terrasse, correspondent à des occupations postérieures à la mise en place de la terrasse et à sa première phase d'altération.

De même, l'intensité relative de l'éolisation des surfaces alluviales permet de les replacer dans un cadre chronologique cohérent, les hautes terrasses étant beaucoup plus éolisées que les moyennes terrasses, alors que les basses terrasses ne sont pas ou très peu éolisées.

Il parait tentant de comparer certaines de ces phases d'éolisation à celle contemporaine des dépôts de l'ensemble I du complexe stratigraphique moyen de la Caune de l'Arago, datés d'environ 550 000 ans (stade isotopique 14) au cour de laquelle d'importantes masses de sable ont été apportées par le vent, au cours d'une période froide et extrêmement sèche.

Les préhistoriens qui étudient actuellement les industries du Paléolithique inférieur et moyen mises au jour sur différentes terrasses alluviales des fleuves côtiers du Roussillon, trouveront dans l'ouvrage d'Alain Giret : « *Le Quaternaire fluvial et torrentiel du Roussillon* » des informations précieuses pour replacer les outillages paléolithiques dans le cadre géochronologique du Quaternaire.

Il leur sera peut être possible de répondre à certaines interrogations fondamentales concernant la période de la plus ancienne présence de l'Homme sur les rivages méditerranéens de l'Europe, l'apparition des plus anciens bifaces caractéristiques des cultures acheuléennes, l'introduction de la technique du débitage levallois.

Cet ouvrage fondamental, qui parait aujourd'hui dans le cadre du 50ème anniversaire de l'ouverture du grand chantier de fouilles préhistoriques de la Caune de l'Arago, complète utilement le tome I de la monographie consacrée à ce site : « *Cadre géographique, Historique, Contexte géologique, Formations quaternaires de l'environnement, Cavités karstiques, Formation et évolution de la grotte, Méthodes de fouilles et d'étude* », édité par CNRS Éditions.

Henry de Lumley

Directeur de l'Institut de Paléontologie Humaine
Fondation Albert Ier Prince de Monaco

Président du Conseil scientifique
du Centre Européen de Recherches Préhistoriques de Tautavel

Introduction

C'est avec une certaine appréhension, que je me suis présenté devant le Professeur Henry de Lumley, en ce lundi 19 Juillet 1978, à la « Caune de l'Arago ». Le professeur y dirigeait le chantier, avec son équipe de chercheurs du Laboratoire de Préhistoire et de Paléontologie Humaine, de l'Université de Haute Provence. Le site, une grotte assez vaste, avait été entièrement comblé par un apport hydroéolien datant d'un Quaternaire très ancien. Un véritable laboratoire de campagne y fonctionnait avec l'aide conjuguée de chercheurs professionnels et de fouilleurs bénévoles : des étudiants pour la plupart.

Je fus très vite captivé par le caractère éminemment scientifique du travail effectué ; et cela avec d'autant plus de plaisir que je fus successivement affecté à des tâches diverses aux cours de trois agréables semaines. Ce stage qui devait seulement me permettre d'acquérir le Certificat d'Aptitude à la Fouille Archéologique se prolonge depuis plus de 35 ans. J'ai occupé diverses fonctions à la fouille, ce qui, peu à peu, me permit d'entrer dans l'équipe de l'Institut de Paléontologie Humaine de Paris. L'évolution de la fouille a conduit à la création du Centre Européen de Recherches Préhistoriques de Tautavel, dont un des intérêts est l'étude de l'environnement de « l'Homme de Tautavel ». Des populations voisines ont été très tôt individualisées par leurs restes sur les terrasses du Roussillon, et ce fut l'objet de la thèse de J. Collina-Girard en 1976.

Vers une recherche sur le Quaternaire local.

Cependant il existait une grave lacune ; entre les recherches de Depéret, publiées entre 1907 et 1911, et la publication de la thèse de M. Calvet en 1995, aucune synthèse concernant les dépôts quaternaires du Roussillon n'avait véritablement été réalisée. Au début des années 1990, la couverture géologique au 1/50 000 du B.R.G.M. était en cours, et les chercheurs ne possédaient toujours pas de cartographie à grande échelle, outil incontournable pour la répartition des habitats du Paléolithique ancien. Dans cet environnement méditerranéen, l'eau ne fut jamais abondante, et les hommes ne pouvaient en vivre éloignés. Jusqu'à plus ample information, pour ce qui concerne le Paléolithique inférieur et les anté-néandertaliens, la grotte de Tautavel est unique, et les autres habitats connus sont des sites de plein air, généralement installés sur ce qui, pour les contemporains, devait être le lit majeur, ou au pire une basse terrasse.

Le Professeur Henry de Lumley me proposa cette cartographie en 1984, mais j'avais déjà entrepris une recherche doctorale avec B. Bomer, et le travail fut donné en 1985 à un étudiant de troisième cycle. Celui-ci abandonna en cours de route après avoir trouvé un emploi à plein temps ; il n'en subsiste que la carte exposée au musée. C'est pourquoi je finis par accepter cette mission en 1993. Au cours de sa réalisation, je fus accompagné par El Mostafa Laaraich qui achevait une thèse de doctorat du Muséum National d'Histoire Naturelle : « *Les formations superficielles de la moyenne vallée de l'Agly et son bassin versant (Maury et le Verdouble)* » ; thèse soutenue le 27 mars 1996 à l'Institut de Paléontologie Humaine de Paris ; et surtout par un autre doctorant, Benoît B. Debals, dont la thèse a porté sur « *Étude des terrasses alluviales de la Catalogne nord espagnole et de la Catalogne française* ». Je n'aurai pas l'audace de prétendre avoir encadré son travail, mais, en termes plus exacts, je l'ai accompagné dans sa recherche sur le Roussillon : longues excursions de terrain, suivi des travaux de laboratoire, suivi de la rédaction.

Le Quaternaire fluviatile du Roussillon.

La vallée de la Têt, entre le défilé de Rodès, qui sert d'enrochement au barrage de Vinça, et la banlieue orientale de Perpignan, offre le spectacle de l'étagement d'un système à peu près complet des terrasses quaternaires, par ailleurs très pédagogique. Certes, les plus anciennes sont en lambeaux, mais les plus récentes dessinent de très belles surfaces structurales, ainsi la plaine située au sud du fleuve, entre Ille-sur-Têt, Thuir et Perpignan. Schématiquement, on reconnaît trois ensembles qui peuvent aussi se décomposer en niveaux étagés.

➢ Les *hautes terrasses* ne dessinent plus que des lambeaux couronnant quelques buttes, à Matta Roudoune, à Mas Ferréol et à Poc Calbeil sur la rive gauche de la Têt, ou à Pla del Rey, à Banyuls-dels-Aspres, à Saint-Cyprien et à Elne sur la rive gauche du Tech.

➢ Les moyennes terrasses dessinent au contraire de beaux replats, sur la Têt, avec un bel étagement : terrasses de la Butte du Four et de la Llabanère sur la rive gauche, et terrasse de Pia sur les deux rives. On retrouve ces surfaces structurales encore assez peu démantelées, sur la rive gauche du Réart et les deux rives de son affluent, la Canterrane. A contrario, ce niveau moyen ne constitue qu'une suite de lambeaux sur le Tech, entre Brouilla et Ortaffa, sur la rive gauche, et au Nord de Montesquieu.

➢ Les basses terrasses sont plus naturellement intactes et bien développées sur tous les cours d'eau.

On retiendra un point particulier : ces niveaux récents présentent en commun la particularité de disparaître progressivement sous les alluvions holocènes du bord de mer, donnant une bonne illustration des conséquences de la transgression flandrienne.

À ces formations purement fluviatiles, il faut associer deux autres types de dépôts. On serait tenté de dire qu'en amont d'importants cônes de déjection précèdent les formations purement alluviales, alors qu'en aval, vers le littoral, des formations lagunaires, éoliennes et marines, recouvrent fréquemment les plus basses terrasses.

➢ Les cônes de déjection sont très spectaculaires dans la vallée de l'Agly - cône du Reboul issu des Corbières - et dans la vallée du Tech, où de vastes cônes, issus des Albères, occultent les terrasses de la rive droite, en aval de Céret et surtout du Boulou. Des formations semblables se retrouvent dans la vallée de la Têt, dans l'arrière-pays de Prades, issues du Canigou, comme sur le versant nord des Aspres. En dehors de cônes holocènes au fonctionnement subactuel, on distingue au moins deux formes d'emboîtement se rattachant aux bas niveaux des terrasses, et peut-être aux niveaux moyens.

➢ Les formations littorales sont surtout constituées par un cordon de galets, surmonté d'une dune, qui a piégé des lagunes comme en Languedoc. Ce sont les étangs de Salses et de Saint-Nazaire. Ces lagunes furent plus nombreuses, mais elles se sont comblées plus ou moins naturellement, et le dépôt qui s'y était réalisé se juxtapose aujourd'hui aux alluvions holocènes, donnant une solution de continuité entre celle-ci et la côte, constituant des présalésou«salanques»reconnaissables à leur « terre de Bri » et surtout à leur végétation halophile.

Mais les terrasses constituent l'élément essentiel de ce qui reste du paysage quaternaire. Aussi, doivent-elles constituer la partie centrale de cette notice qui loin de se vouloir exhaustive, doit en comporter une large description.

Concept et méthodes.

Une terrasse alluviale est un lit majeur fossile. En effet, quand il est actif, un cours d'eau transporte des alluvions limoneuses, sableuses et grossières au cours de ses hautes eaux. En milieu méditerranéen, cette situation correspond aux crues d'automne pour les cours d'eau essentiellement pluviaux, et à la fonte des neiges, pour les cours d'eau subissant l'influence nivale. Pendant ces maxima, le cours d'eau inonde l'ensemble de son lit majeur, où il dépose sa charge : limons, sables et graviers, galets et blocs. Entre temps, le cours d'eau regagne son lit mineur, et le lit majeur, asséché, devient la plaine alluviale.

Au cours du Quaternaire, les moyennes latitudes de l'hémisphère nord ont connu une progression et un retrait des inlandsis sur le nord de l'Europe et de l'Amérique du Nord, mais aussi dans les régions montagneuses, notamment les Pyrénées. La géomorphologie du Roussillon fut marquée par la succession de ces évènements. À l'évidence, au cours d'un englacement des sommets pyrénéens jusqu'au Massif du Canigou, la production de tills fut abondante et reprise par des écoulements plus nivo-torrentiels et fluvio-torrentiels, que nivaux purs. En aval, dans les plaines des bassins intérieurs et du littoral, de vastes lits majeurs se sont constitués.

Mais la remontée des températures en fin de cycle froid réduisait la production primaire de tills, au profit d'un écoulement agressif ; le pavage du lit majeur était percé par l'écoulement, et cette plaine alluviale devenait une terrasse. Le cycle se reproduisit plusieurs fois, mais les datations sont difficiles et hasardeuses, du fait de la rareté des éléments susceptibles d'une datation absolue, et de la continuité, pendant tout le Quaternaire, d'une tectonique pyrénéenne encore très active. C'est la recherche de cette activité tectonique qui a fait l'objet d'une poursuite du travail engagé, mais dans une autre direction : la mise en évidence de ruptures de pentes anormales dans les profils longitudinaux des terrasses alluviales, en accord ou en contradiction avec le profil longitudinal actuel des thalwegs, d'une part, et les règles de l'alluvionnement fluvial, d'autre part.

Ce que nous allons présenter est le fruit d'une double méthode. La cartographie du terrain a porté un repérage des affleurements et une observation in situ : une datation sommaire dépend des altitudes relatives, et surtout du niveau d'altération des éléments (couleur de la fraction fine, couleur des galets de quartz, altération des galets et blocs de roches cristallines, éolisation des quartz). Plus les galets sont altérés, plus ils sont anciens.

Au laboratoire, nous avons reproduit et analysé les profils longitudinaux des cours d'eau principaux, et de leur terrasse. Le profil longitudinal d'un talweg est traduit graphiquement par une courbe d'allure parabolique, et modélisable par une équation du second degré. Dans la réalité, cette régularité est perturbée par les changements de faciès, par une barre rocheuse, et surtout par les mouvements tectoniques. Or, une terrasse étant un lit majeur fossilisé, elle enregistre à la fois les déformations réalisées pendant sa mise en place (ou synalluviales) et après celle-ci (ou postalluviales).

En associant cartographie du terrain et analyse des déformations, nous pensons avoir pu réaliser une synthèse de l'histoire géologique quaternaire des fleuves du Roussillon, de la mise en place de leurs terrasses, et des déformations qu'elles ont subies.

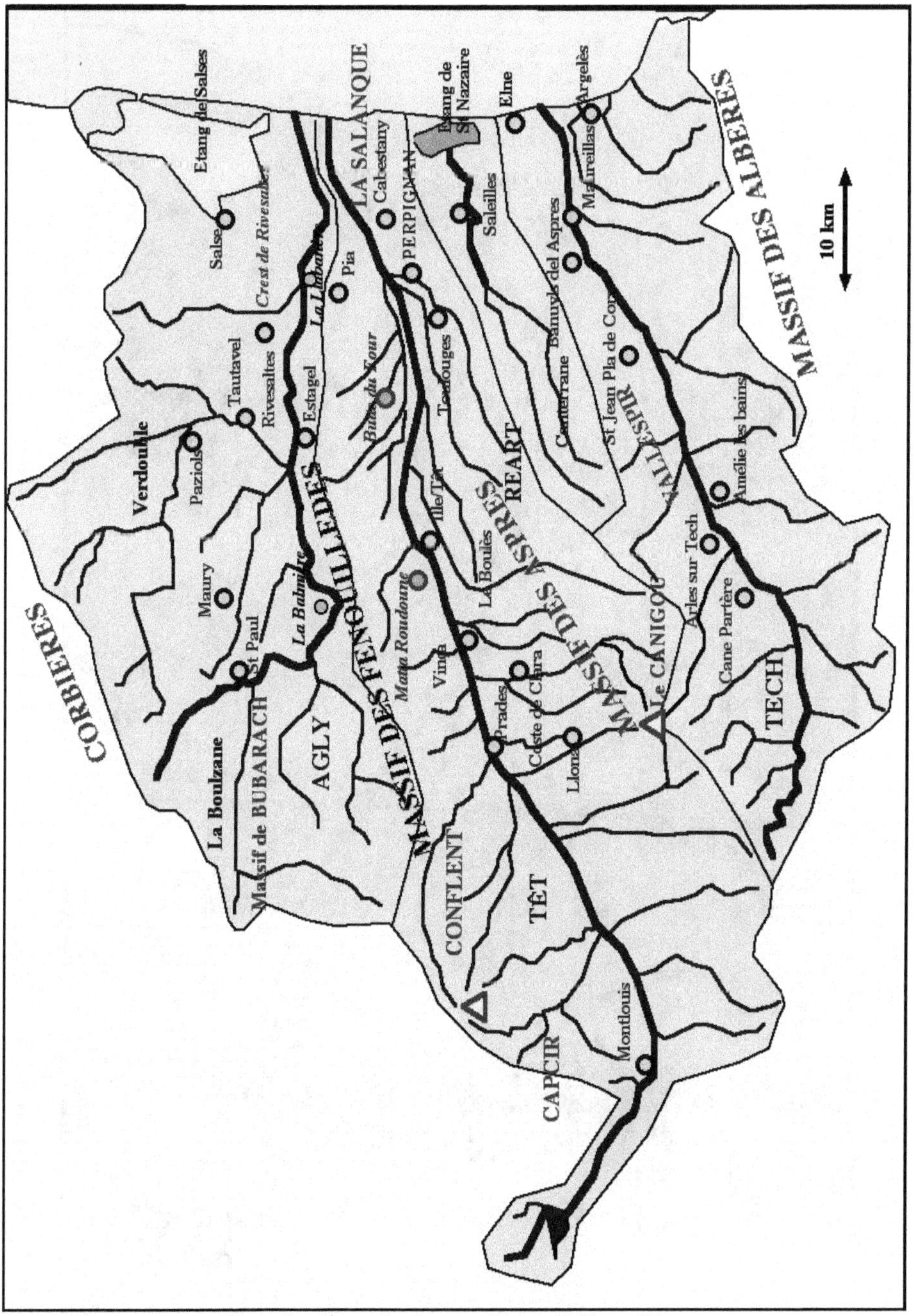

Carte du réseau hydrographique du Roussillon

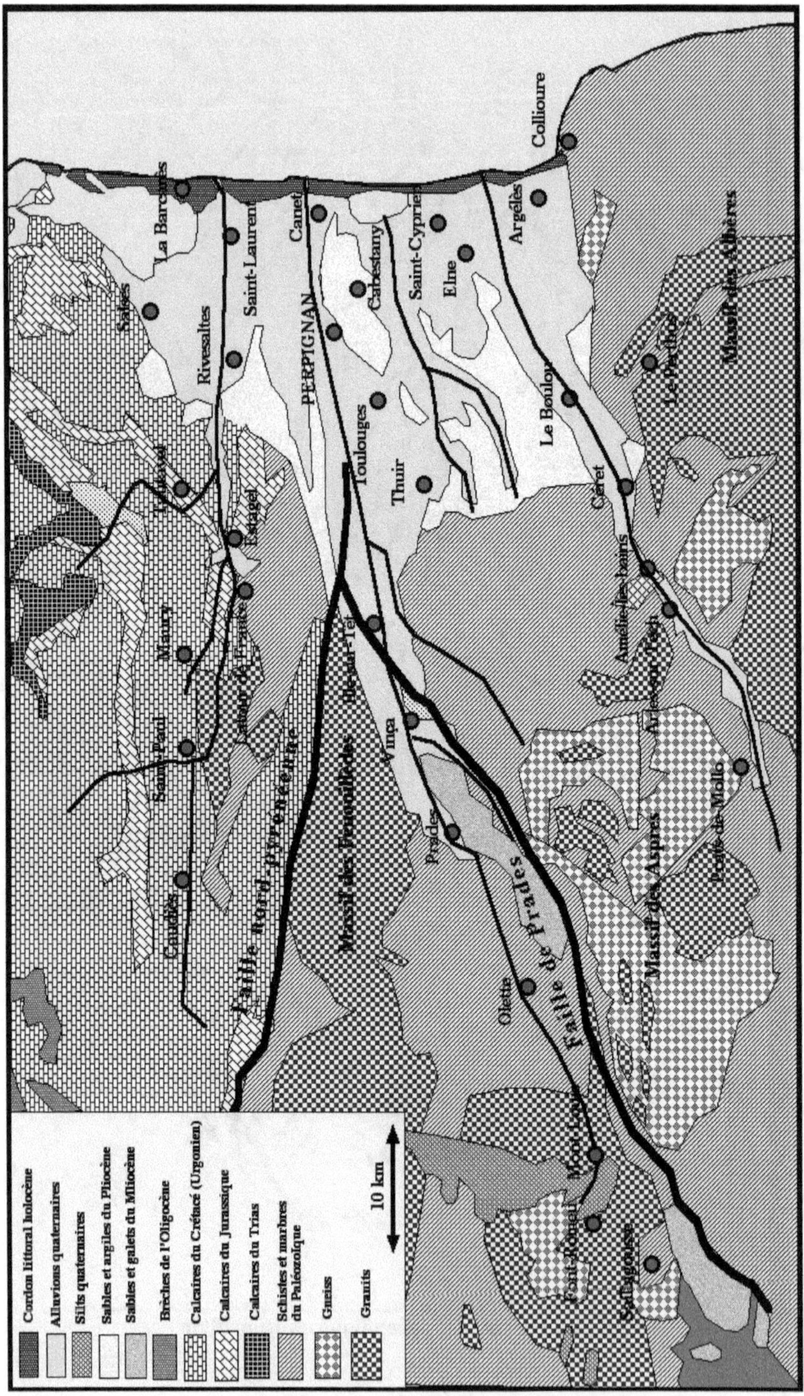

Esquisse géologique des Pyrénées orientales

Première partie
Du concept de climats quaternaires aux terrasses du Roussillon

En aucune façon notre but n'a été de réaliser une nouvelle interprétation du Quaternaire du Roussillon. La réalité tient à ce qu'il nous avait été demandé de procéder à la réalisation d'une cartographie détaillée des niveaux ayant constitué le biotope de l'Homme de Tautavel.

C'est ainsi que nous avons commencé par la description et la représentation des terrasses des vallées de la Têt et de l'Agly, en mettant l'accent sur les secteurs les plus proches de la Méditerranée. Comme, la publication de la thèse de Marc Calvet, simplifia considérablement cette tâche, du fait de la précision des descriptions, nous avons été conduit à étendre cette cartographie à d'autres vallées : notamment à la Têt en amont du barrage de Vinça, et à l'Agly dans sa course au travers du massif du Fenouillèdes, et à ses affluents : ruisseau de Maury, Boulzane et Verdouble. Le fruit de ce travail, 10 cartes au 1/25 000, fut remis au Professeur Henry de Lumley, à la fin de l'année 1996.

Mais, la difficulté à établir une coordination topographique entre les différents niveaux alluviaux, nous conduisit à chercher une réponse dans le profil longitudinal des lits holocènes et des terrasses pléistocènes qui leur sont topographiquement associées. Ce long travail a permis de démontrer à la fois, le rôle des variations de faciès rencontrées lors de l'incision des réseaux, celui de la succession d'ambiances climatiques glaciaires et interglaciaires, et enfin le rôle majeur de la poursuite des mouvements tectoniques tout au long du Pléistocène et de l'Holocène.

Cette première partie est donc consacrée à l'histoire géomorphologique des Pyrénées-Orientales, dans laquelle, pour ce qui nous concerne, l'événement majeur reste le Quaternaire, avec la mise en place d'un système hydrologique et hydrographique marqué par un englacement et le désenglacement sporadique des hauts sommets. C'est à ce moment que les terrasses alluviales se sont mis en place.

Quant à l'approche scientifique, elle a porté sur la lecture des travaux des géologues et des préhistoriens, sans oublier les géographes. Il a ainsi été possible de réaliser une synthèse de la prise de conscience des processus, ayant abouti à une compréhension des mécanismes climatiques, hydrologiques et hydro-dynamiques qui se sont succédé.

Si au travers de leur topographie, les Pyrénées orientales ne constituent pas une montagne jeune au sens des Alpes, c'est un ensemble géologiquement récent où l'orogenèse commencée au Cénozoïque, conserva une activité continue durant le Pléistocène et l'Holocène.

1 - Climats et écoulements au Quaternaire

Le Roussillon n'échappa pas à la succession des ambiances périglaciaires et interglaciaires, qui, depuis le Pliocène, ont affecté l'ensemble de la planète. À sa propre latitude, l'ambiance interglaciaire est un climat de type méditerranéen marqué par l'opposition entre un hiver relativement doux, marqué par une pluviométrie abondante (et parfois cataclysmale avec l'occurrence d'averses cévenoles en automne), et un été très sec, voire aride en juillet-août. La proximité du littoral favorise les contrastes de températures entre la mer et l'arrière-pays montagneux. Le vent d'ouest, l'Autan des Gascons, franchit les Corbières et les chaînons pyrénéens, attiré par une ascendance thermique au-dessus de la Méditerranée. Ce mécanisme engendre la Tramontane, un fœhn parfois très violent, qui dessèche le pays en toute saison et accentue l'aridité.

Au cours des maxima glaciaires, les sommets des Pyrénées se couvrirent de névés et de glaciers. La présence de cirques, de verrous, de vallées surcreusées est attestée sur les versants du Canigou ; on y connaît des lacs de verrou et des vallums morainiques, mais ces derniers sont hauts perchés dans la montagne : les glaciers des Pyrénées-Orientales étaient courts. En effet, l'abri et surtout l'éloignement d'un Océan Atlantique situé 200 km plus à l'ouest qu'aujourd'hui du fait de la régression, avaient fortement réduit les apports pluviométriques. Les Pyrénées et le Roussillon ont certes connu une ambiance périglaciaire froide, mais elle était sèche, avec une « *paléotramontane* » apparemment plus violente que la tramontane actuelle. On dispose de preuves matérielles indiscutables : le remplissage éolien des grottes (dont celle de l'Arago), la déflation importante dans les formations fines du Pliocène (les « *estany* »), et l'éolisation des galets de roches dures (quartz, lydiennes) et aussi des outils dans lesquels ils furent façonnés.

Ce climat périglaciaire connut des nuances que l'analyse palynologique du remplissage des grottes a bien rendues. Mais on retiendra surtout les conditions propices à l'érosion et à l'écoulement. En haute montagne, l'alternance saisonnière et nycthémérale du gel et du dégel fournissait des débris rocheux en abondance. L'alternance entre des étés adoucis par la Méditerranée et des hivers très rudes du fait de l'extension des hautes pressions polaires continentales vers le sud, générait un violent écoulement pluvio-nival et/ou nivo-torrentiel de printemps. Nous ajouterons que la taille décimétrique des galets traduit la violence de la débâcle glacio-nivale. Enfin, le contraste entre une mer tiède et un continent froid aggravait le gradient barométrique entre le Nord-ouest et le Sud-est, avec la genèse de pluies de type cévenol en automne, accompagnées d'un formidable écoulement pluvio-torrentiel.

La violence du ruissellement et l'ampleur des débits devaient être la contrepartie de la rareté de l'écoulement.

1.1 - Réflexion sur les climats quaternaires

Depuis les travaux de Milutin Milankovic, il est reconnu que la température moyenne de la planète se modifia à plusieurs reprises du fait des variations des divers critères astronomiques cycliques : excentricité de la translation de la Terre autour du Soleil, inclinaison de l'obliquité du plan de l'écliptique, précession des équinoxes. Les boucliers et les montagnes de l'hémisphère nord se sont couverts de glaces.

Pendant les phases chaudes, ou interglaciaires, la répartition des climats était celle que nous connaissons aujourd'hui. Ainsi, l'Europe occidentale connaissait un climat tempéré favorable aux forêts de feuillus, et les Pyrénées-Orientales étaient soumises au climat méditerranéen, à son écosystème forestier sempervirent. À l'inverse, pendant les phases froides, ou pléni-glaciaires, les zones climatiques chaudes et tempérées se resserraient autour de l'équateur, alors que les moyennes latitudes étaient confrontées à un écosystème de toundra, de steppes et/ou de « *barren grounds* » selon la latitude et la continentalité. L'Europe occidentale était steppique et dans les Pyrénées-Orientales, le climat méditerranéen, au sens strict, était dégradé en un écosystème plus froid et plus sec.

En Roussillon, la circulation atmosphérique estivale de secteur ouest générait des « *paléotramontanes* » dans les vallées ouvertes à l'est. En hiver, l'influence des vents catabatiques issus de l'inlandsis fennoscandien apportait une bise glaciale qui, entrant en contact avec une Méditerranée plus chaude, provoquait des averses de pluies et de fortes chutes de neige, en automne, au moment du changement de saison.

1.1.1 - Quelles furent les ambiances climatiques ?

S'il est évident que la dynamique fluviale se modifia fréquemment (mais de façon cyclique), c'est dans les modifications des climats continentaux qu'il faut en rechercher l'origine. Le mieux est de raisonner à partir de la situation actuelle, dont l'atmosphère est l'objet de mouvements verticaux imaginés par Hadley dés le XVIIe siècle.

1°) L'atmosphère est soumise à trois mouvements méridiens : les cellules polaires, de Hadley et de Ferrel, qui sont aussi des lieux d'échanges énergétiques entre les pôles et les tropiques.

➢ Selon leur température, les molécules d'air sont plus ou moins denses, mais leur densité moyenne provoque une pression dite normale de 1 015 hPa.

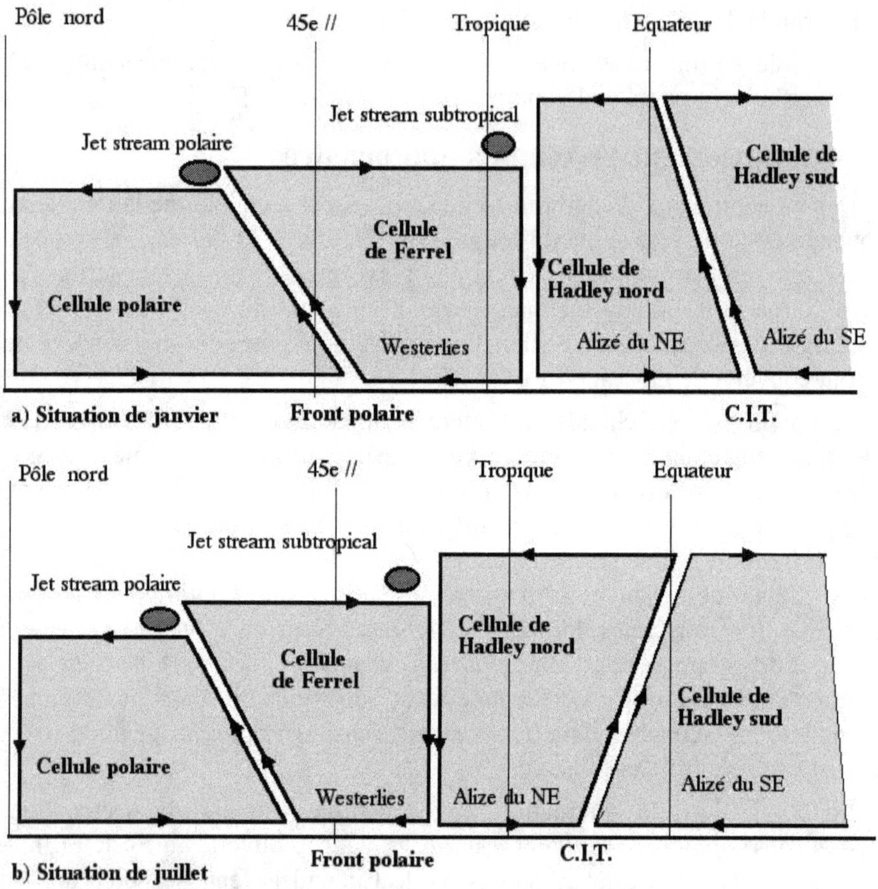

Document 1.1 - Organisation théorique de la circulation saisonnière dans l'hémisphère nord

➢ Dans l'air froid, les molécules se contractent et leur densité s'accroît. Ceci explique la présence d'air subsident dans les régions polaires où siègent des anticyclones thermiques (P > 1 015 hPa).

➢ Au contraire, dans l'air chaud, ces molécules se dilatent et leur densité décroît. On explique ainsi l'ascendance équatoriale de l'air, lieu géométrique de nombreuses dépressions (P < 1 015 hPa).

➢ Toutefois, cette circulation méridienne est interrompue par une violente circulation zonale stratosphérique située à la latitude des deux tropiques et nommée jet-streams.Ces deux jets y provoquent une subsidence dynamique, et malgré l'apport d'énergie thermique solaire, leur voisinage est le lieu géométrique d'anticyclones dynamiques (p > 1 015 hPa).

Les latitudes moyennes sont une zone de contact météorologique (document 1.1). En effet, issu des anticyclones thermiques, l'air polaire s'étale vers le sud, où il se heurte à de l'air tropical issu des anticyclones dynamiques, et qui s'étale vers le nord. À la rencontre de ces deux masses d'air, l'atmosphère ne peut que s'élever le long d'un plan : le « *front polaire* », lieu géométrique de perturbations génératrices de pluies. La cellule de Ferrell s'y déplace en latitude selon les saisons.

➢ *Au solstice d'été*, l'anticyclone (des Açores) remonte vers le nord et le front polaire est rejeté dans cette direction : le temps est moins humide et chaud.

➢ *Au solstice d'hiver*, l'anticyclone (des Açores) regagne les tropiques et le front polaire recouvre largement les moyennes latitudes : le temps est très pluvieux et frais.

➢ *Aux équinoxes,* la situation est intermédiaire : c'est l'automne ou le printemps.

Enfin, il faut faire intervenir des mouvements latéraux dus à la force de Coriolis : du fait de la rotation de la terre, tout objet qui se déplace est soumis à deux composantes, sa vitesse réelle et sa vitesse apparente due à la rotation de la terre.

➢ Ainsi, tout objet se déplaçant de l'équateur vers les pôles est dévié sur sa droite dans l'hémisphère nord et sur sa gauche dans l'hémisphère sud.

➢ Par conséquent, entre l'équateur et les tropiques, à la base de la cellule de Ferrel, circulent des vents de secteur est : les alizés du N.E. et du S.E. Entre les tropiques et les fronts polaires, à la base de la cellule de Hadley, circulent des vents de secteur ouest : les Grands frais ou Westerlies.

➢ Depuis les pôles, descendent des vents de secteur est : la bise des régions tempérées nord.

2°) Quelle fut la circulation atmosphérique en période glaciaire ? Si elle fut perturbée, il faut retenir que seule la position des cellules en latitude changea. En effet, la force de Coriolis étant identique, les flux d'air restèrent de même direction : en particulier, les moyennes latitudes conservèrent l'influence de flux d'ouest, en été, et de flux de N.E, en hiver. En réalité, la situation resta simple ; l'extension des glaces sur l'ensemble de l'hémisphère nord donna une force inégalée aujourd'hui à la cellule polaire nord.

Le résultat fut un déplacement général de l'ensemble du système météorologique planétaire vers les basses latitudes. La circulation saisonnière peut se résumer ainsi (document 1.2) :

➢ *Au solstice d'hiver*, l'anticyclone thermique de la cellule polaire s'étalait largement vers le sud ; l'hiver devenait démesurément long comme sur les marges du Groenland aujourd'hui. Depuis les inlandsis, dévalaient des vents catabatiques (à l'image de l'hiver antarctique) de direction nord-est. Pour l'Europe occidentale, ils se trouvaient canalisés par les vallées alpines, la vallée du Rhône et les vallées pyrénéennes : ce « *paléomistral* » et cette « *paléotramontane* » ont érodé les galets des plus anciens niveaux alluviaux fossiles. Le temps pouvait être sec et étonnamment froid jusqu'à des latitudes supratropicales, avec, à l'image du pourtour des inlandsis actuels, un violent blizzard.

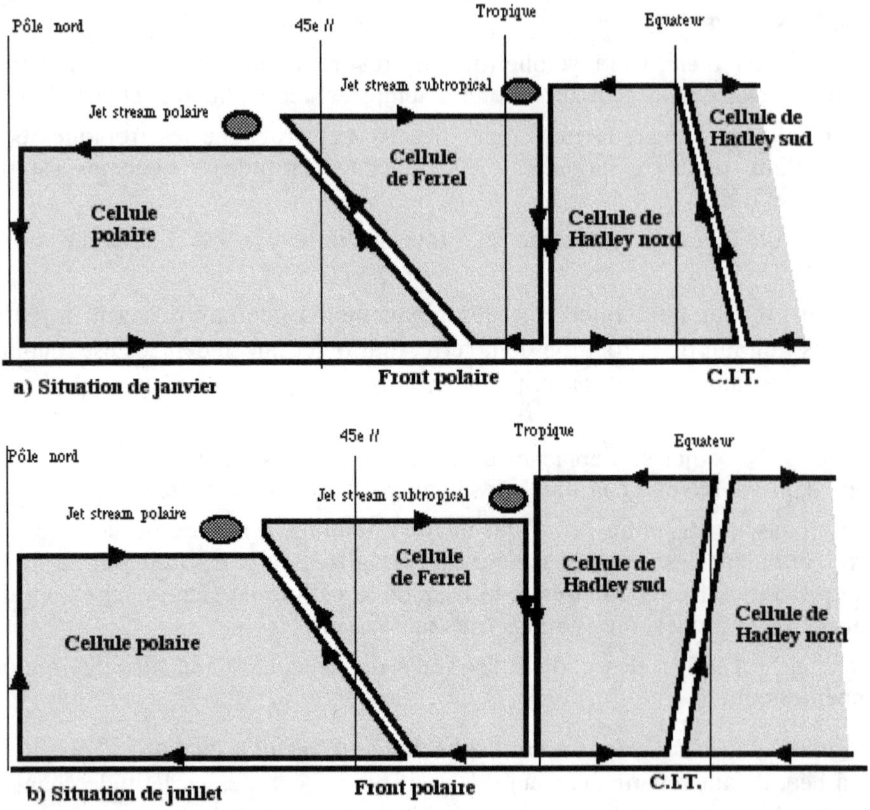

Document 1.2 - Organisation de la circulation atmosphérique aux moyennes latitudes au cours d'une période glaciaire

➢ *Au solstice d'été*, l'anticyclone (des Açores) remontait vers le nord à une latitude voisine de l'actuelle, mais pour une période très courte. L'été a pu se réduire à quelques semaines. C'est en cela que le climat ressemblait à celui de l'Arctique actuel. À ce moment, le front polaire se situait au voisinage du 45e parallèle : le temps devenait plus chaud et les passages pluvieux plus nombreux. Toutefois, il ne faut pas oublier la régression marine ; le littoral atlantique était situé 200 km plus à l'ouest, ce qui provoquait une forte continentalité, avec un été pluvieux certes, mais moins qu'aujourd'hui : comme une sorte d'Alfold froid.

➢ *Les saisons intermédiaires* se trouvaient fortement réduites. Il faut se souvenir que nous raisonnons autour du 45e parallèle ; aussi la hauteur du soleil au-dessus de l'horizon était-elle la même qu'aujourd'hui, et l'arrivée du printemps était plus brutale qu'en Arctique actuel. La remontée des températures ne pouvait être que rapide et elle déclenchait une étonnante débâcle des fleuves et la fonte rapide de la partie supérieure du permafrost. L'occurrence de l'hiver devait se réaliser avec la même brutalité, ce qu'illustrent encore les vents catabatiques du Groenland ou de l'Antarctique.

Aussi observa-t-on une modification complète des climats des moyennes latitudes. Dans le centre des continents, la variété semi-aride du domaine continental l'emporta, avec une végétation steppique. Sur les façades occidentales des continents, la réduction du domaine océanique s'opéra face à des situations très froides, alliées à la Toundra (en France de l'ouest, le permafrost est observé jusqu'à la Garonne), et souvent très sèches du fait de la continentalité.

On peut décrire le déroulement d'un cycle saisonnier au cours d'un optimum glaciaire. L'Europe occidentale resta soumise à des flux d'ouest. Toutefois, la présence des inlandsis provoquait une expansion de l'air polaire continental vers l'ouest, une réduction de l'espace occupé par l'air polaire océanique, mais aussi le maintien de l'air tropical océanique dans sa situation statistique actuelle. Il en résultait des types de temps assez différents d'aujourd'hui.

➢ *En été*, la circulation restait marquée par la concurrence entre l'air tropical et l'air polaire avec une succession de perturbations cycloniques venues de l'Atlantique : ce temps apportait les pluies nécessaires à l'écoulement.

➢ *L'automne*, à l'image des conditions arctiques actuelles, se trouvait confronté à l'arrivée massive d'air polaire en provenance des inlandsis, et accompagné de vents catabatiques violents porteurs de blizzard. Pendant une courte période, le contraste thermique avec l'air tropical engendrait un vaste tapis neigeux.

➢ *L'hiver* était soumis à un temps anticyclonique interminable, et marqué, jusqu'aux Pyrénées, par des conditions périglaciaires et la constitution d'un permafrost jusqu'à une latitude assez basse.

➢ *Le printemps*, aussi bref que l'automne, voyait le retour des conditions cycloniques, mais avec une brutalité supérieure à celle des conditions continentales actuelles de l'arctique canadien ou sibérien. Au voisinage du 45e parallèle, le soleil montait très haut en latitude ; le dégel ne pouvait être que très brutal.

1.1.2 - Les conséquences hydrologiques

Aujourd'hui, l'écoulement des moyennes latitudes est essentiellement pluvial. Une fois chue, par infiltration, cette eau participe à la constitution des nappes qui assurent la pérennité de l'écoulement, tandis qu'un écoulement rapide apparaît quand le sol se retrouve saturé en eau. Toutefois, la plus grande partie s'évapore car le pouvoir évaporant de l'atmosphère est très élevé. C'est l'exoréisme généralisé (voir ci-dessous).

1°) Quelle était situation à la veille des glaciations ? Il est crédible de comparer les fleuves cénozoïques des domaines stables des moyennes latitudes à ceux des boucliers des régions tropicales actuelles. Le tracé d'un oued oligocène charriant des galets de chailles et de quartz depuis le Limousin jusqu'en Ile de France, a été parfaitement identifié en Berry, en Touraine et en Beauce par J.C. Yvard, et le mince épandage de gros galets de quartzite miocènes du Camp de la Barre, entre Vingrau et Tuchan, rappelle ce mode d'écoulement dans le Cénozoïque du Roussillon. Ces écoulements se réalisaient en subsurface du niveau atteint par les pédiments, et participaient à l'érosion aréolaire. À l'image de ce qui s'observe sur les fleuves des boucliers tropicaux, les lits étaient démesurément larges, encombrés d'alluvions où, en période d'étiage, l'eau s'écoulait dans un système de chenaux en tresses ou anastomosés.

a) Les premiers indices d'incision n'apparaissent qu'au début du Quaternaire avec ceux des premiers refroidissements. Dans la terminologie ancienne, les plus anciens alluvionnements associés à un refroidissement climatique sont constitués par la haute terrasse. Or, au cours de l'extension des inlandsis canadiens et fennoscandiens, les climats ont seulement été décalés vers le sud, et cela de façon cyclique. On peut envisager le schéma suivant.

- *L'hiver était une période faiblement dynamique.* Toutefois le gel disjoignait les éléments des roches cohérentes en place, donnant un potentiel de débris pouvant être repris par la débâcle. Mais ce n'est qu'à son commencement et à son achèvement que la succession du gel et du dégel produisait les gélifracts pouvant être repris par la solifluxion, le ravinement et l'écoulement.
- *Cette situation s'exacerbait au printemps avec la débâcle* avec la formation de grèses sur les versants, le ravinement du permafrost par l'écoulement dysréique, et la reprise des gélifracts par l'écoulement nival. C'est au cours de cette saison que se constituait le matériel qui alimentait les nappes alluviales.
- *L'été et l'automne connaissaient un calme relatif,* l'essentiel du ravinement des versants avait été réalisé par la fonte des neiges, tandis que les averses cycloniques pouvaient entretenir une action géomorphologique dans les secteurs où le sous-sol perpétuellement gelé maintenait des conditions dysréiques. Mais toute activité géomorphologique dynamique cessait avec le retour du tapis neigeux.

On peut alors concevoir l'écoulement fluvial et sa dynamique comme suit. L'hiver était la saison d'étiage du fait de la rétention nivale. La neige d'automne et celle de quelques perturbations s'accumulaient sur le sol profondément gelé. Le bref printemps était alors marqué par une incroyable débâcle. Soumis à des conditions de dysréisme froid, le sous-sol éternellement gelé ne pouvait assimiler tant l'eau de fonte nivale et glacielle, que l'eau des averses, et il en résultait une crue pluvio-nivale comme on l'observe encore dans l'écoulement nival de plaine de l'Arctique. Mais le processus ne pouvait être qu'amplifié par des conditions astronomiques de moyenne et non de haute latitude. Dans de telles conditions hydrologiques, à l'amont du réseau, sur le permafrost, se constituait une lave torrentielle capable d'évacuer les plus gros éléments issus de la gélifraction, du démantèlement des dépôts tertiaires et de la reprise des blocs préparés par des systèmes d'altérations hérités. On n'en comprend que mieux l'extension de nappes de cailloutis, là où les fleuves et rivières en crue n'étaient plus capables que de déplacer des sables et des limons.

Il en résulte aujourd'hui l'enchevêtrement des lentilles de sable limoneux et de cailloutis au sein même des terrasses alluviales.

b) Il devient concevable de schématiser les processus et les conséquences hydromorphologiques de la première crise glaciaire de la fin du Pliocène. Les palynologues ont démontré que la réponse du couvert végétal à une dégradation thermique est presque immédiate. Très vite, l'écoulement était confronté à un contexte de rhéxistasie : la dégradation du couvert végétal provoque un recul anormal de l'évapotranspiration et l'excédent pluviométrique destiné à l'écoulement est accentué. Mais le sol n'est plus protégé par la végétation, ce qui a pour conséquence une action érosive intense : ravinement et torrentialité. On peut estimer que le dessin des réseaux hydrographiques fut alors mis en place (avec l'antécédence de paléo-réseaux mio-pliocènes) : c'est le début de l'incision des surfaces d'aplanissement.

➢ Au cours du maximum périglaciaire, la fonte printanière des neiges incisait le permafrost, et donnait naissance à un très dense réseau de vallons périglaciaires à l'amont de ce réseau.

➢ Au cours de son fonctionnement saisonnier, l'écoulement afférent s'y chargeait des produits de la gélifraction, qui, vers l'aval, accompagnaient la genèse d'une onde de crue pluvio-nivale ; en outre, il assurait le transport saisonnier, comme le dépôt de cette charge, dans le chenal principal.

➢ Il se constituait une importante nappe alluviale, dont le souvenir perdure dans l'extension latérale des basses terrasses de la Loire, de la Vienne, de la Creuse, du Rhône, de la Garonne et du Roussillon.

➢ Dans ces conditions, un équilibre entre la charge et le profil en long des réseaux était réalisé et l'incision se trouvait momentanément interrompue, car l'essentiel de l'énergie dispensée par l'onde de crue était consacré au transport de sa charge : c'est l'origine du profil d'équilibre. Mais ici, le rôle du niveau de base n'entre pas en jeu (ou très modestement).

La crise périglaciaire s'achevait par un réchauffement apparemment rapide, avec une reconstitution du couvert végétal.

➢ La circulation atmosphérique tendait vers une situation interglaciaire, avec la réapparition d'une circulation hivernale sous les moyennes latitudes.

➢ Par rapport aux situations périglaciaires, le volume d'eau mobilisé était plus important, dans un contexte de couvert végétal encore pauvre.

➢ On estime que cet écoulement plus abondant et plus fréquent gagnait en compétence car la charge, devenue moins abondante du fait de l'occurrence de conditions interglaciaires, libérait l'énergie suffisante à la reprise de l'incision.

➢ Toutefois, le retour d'une végétation adaptée à des conditions tempérées réduisait le quotient d'écoulement, et l'exoréisme prenait peu à peu la place du dysréisme. La compétence de l'écoulement se réduisait et l'incision du profil finissait, quand l'équilibre énergétique était atteint.

Ce mécanisme cyclique s'est reproduit à chaque occurrence d'une nouvelle glaciation : fourniture d'une masse importante de matériaux et construction d'une plaine alluviale au cours de l'optimum périglaciaire, incision au début (et à la fin) des conditions interglaciaires. Dans le contexte d'une grande stabilité tectonique, il se produisit une incision cyclique des lits, vers un équilibre jamais atteint, dont l'étagement des terrasses marque les paliers. En dehors de la proximité des estuaires, les variations du niveau marin ne sont guère intervenues.

Ce processus fut d'autant plus actif en Roussillon, que la conjonction de la proximité de la mer, l'occurrence de paléotramontanes, et la méridionalité, ont accentué le contraste entre des étés secs et plus doux, et des hivers froids et enneigés. La débâcle, associée à l'occurrence de pluies à « caractère cévenol », provoquait un afflux d'eau important sur des versants accidentés et dénudés, et dans des chenaux secs une partie de l'année. Nous verrons que les analyses granulométriques confirment un écoulement plus souvent fluvio-torrentiel que nival. Il faut donc s'interroger sur les mécanismes hydrologiques responsables.

2°) Il faut raisonner en termes de bilans. En effet, sur un espace donné (ici le Roussillon), quel que soit le climat, il existe des flux hydriques : les précipitations et l'écoulement. Vers l'espace considéré existe ainsi un flux entrant constitué par des précipitations pluviales et neigeuses et par l'émergence des nappes phréatiques. Mais cet espace restitue cette eau par un flux sortant dominé par l'évapotranspiration (évaporation sur le sol et les nappes d'eau, respiration et photosynthèse des plantes vertes), l'écoulement et l'infiltration vers les nappes phréatiques (document 1.3).

a) Un bilan hydrologique se présente comme n'importe quel budget, avec un actif et un passif :

Actif : $\mathbf{P + (R + \partial R_1)}$

Passif : $\mathbf{Etr + (Qd + Qh + Qst) + (R + \partial R_2)}$

À l'**actif**, **P** rassemble l'ensemble des précipitations, **R** représente l'estimation des réserves des nappes phréatiques, et **∂R**$_1$ traduit alors la restitution que **R** opère pendant une durée déterminée.

Le **passif** est plus complexe :

➢ *L'évapotranspiration* concerne la consommation naturelle sous l'action de la chaleur d'origine solaire ou *évaporation physique*, et la consommation réalisée par les êtres vivants pour la satisfaction de leurs besoins physiologiques ou *transpiration*), elle est nommée **Etr.**

➢ On nommerait **Q** la *part des précipitations écoulées*, mais celle-ci utilise trois voies distinctes : un *ruissellement direct* à la surface du sol et nommé Q_d sur les schémas, un *écoulement hypodermique dans les horizons du sol* ou Q_h, (souvent on regroupe Q_h et Q_d en un *écoulement rapide de crue* E_{rc}) et un *écoulement souterrain* ou Q_{st}, une eau infiltrée, mais restituée rapidement par les nappes

➢ Il ne doit pas être confondu avec **∂R**, la *recharge des réserves*, qui constitue les *pertes par infiltration et gel*, opposées aux *pertes par évaporation*.

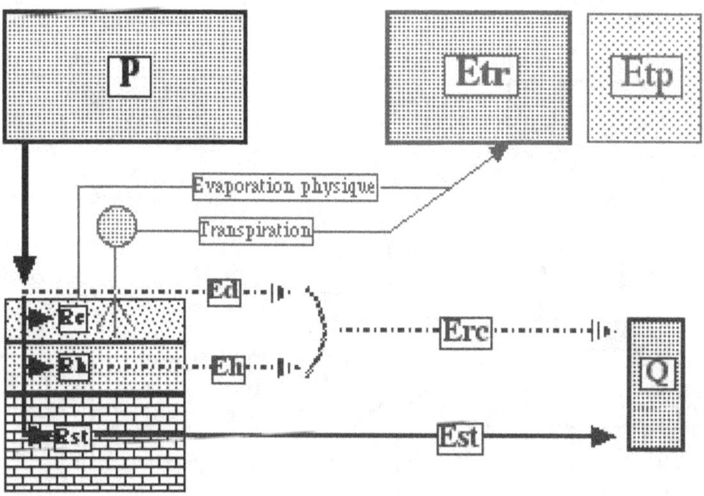

Document 1.3 - L'exoréisme généralisé

b) De l'actif au passif en milieu froid : on y rencontre trois cas de figures qui intéressent les régions froides (documents 1.3 -1.5). Le premier concerne l'écoulement normal ou *exoréisme*, dans lequel cet écoulement se fait par la voie fluviale en direction des océans ; surtout, l'apport pluviométrique **P** est supérieur à l'**Etr**. Mais cet exoréisme peut être perturbé. Dans un premier cas, il s'accentue du fait d'un apport **P** particulièrement élevé, c'est le dysréisme. Mais l'environnement peut être déséquilibré, avec notamment un recul de l'évapotranspiration **Etr** (le froid réduit l'évaporation et ralentit la photosynthèse), et évoque alors un exoréisme perturbé par la rhexistasie.

c) L'exoréisme généralisé nous servira d'exemple de modélisation de l'hydrosystème (document 1.3a). Le schéma proposé vise à en matérialiser les éléments et leurs flux. C'est le cas le plus fréquent sur la planète. Le document 1.3 peut être décrit ainsi :

➢ À gauche, en haut, les entrées : la largeur du rectangle est proportionnelle à la hauteur des précipitations.

➢ À gauche, en bas : les divers réservoirs dans leur superposition et leur connexion.

➢ À droite, en haut, les sorties atmosphériques : la flèche en gras représentant l'**Etr**, la flèche en maigre l'**Etp** ou *évapotranspiration potentielle* c'est-à-dire celle qui se réaliserait si la quantité d'eau pluviale était infinie.

➢ À droite, en bas : les sorties par l'écoulement fluvial : $\mathbf{Q = Q_d + Q_h + Q_{st}}$. Les flux pérennes sont en continu et les flux intermittents sont en pointillés.

Sur ce schéma, on peut effectivement broder les autres grands types de variations, selon que prédominent soit les conditions climatiques, soit celles du substratum.

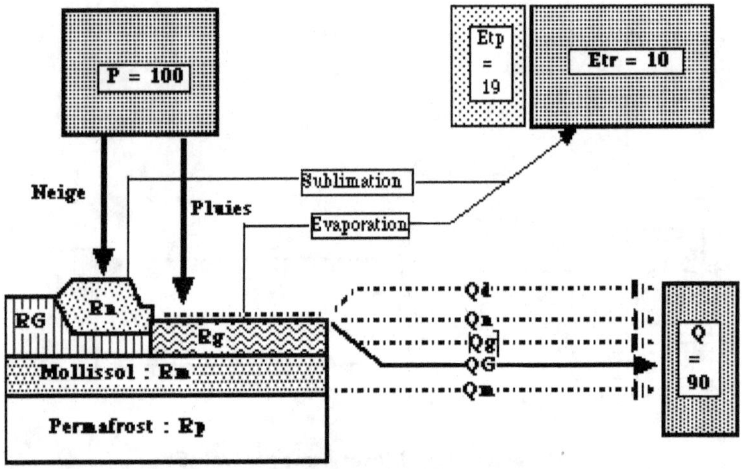

Document 1.4 - Le dysréisme froid

d) Le dysréisme froid se rencontre aujourd'hui là où le froid est tel que l'Etp est très faible et rejoint une Etr elle-même peu active. Ici, les précipitations neigeuses prennent l'avantage, et de nouveaux réservoirs apparaissent :

➢ $\mathbf{R_n}$ la couche de neige ou réservoir nival qui conserve l'eau, en hiver (maigri par sublimation), et donne Q_n, l'écoulement nival.

➢ $\mathbf{R_g}$ la couche de glace ou **réservoir glaciel** qui recouvre fleuves et lacs en hiver et ne s'écoule qu'au printemps $\mathbf{Q_g}$ ou écoulement glaciel.

➢ $\mathbf{R_G}$ ou **réservoir glaciaire** si un glacier est en amont, et qui peut aussi se sublimer, mais alimente l'écoulement glaciaire et sous-glaciaire $\mathbf{Q_G}$.

➢ $\mathbf{R_m}$ ou **eau du mollisol** issue des réserves $\mathbf{R_p}$ du permafrost qui dégèle en été, qui donne un écoulement $\mathbf{Q_m}$ mais alimente aussi de l'évapotranspiration, dans la toundra ou la prairie alpine.

On ne le rencontre plus qu'à très haute altitude ou aux très hautes latitudes. En haute montagne, seuls les glaciers donnent un écoulement constant, mais cet écoulement hivernal devient squelettique. En plaine, aux hautes latitudes, ce régime peut se maintenir en situation de piémont comme certaines rivières de l'Alaska. Sinon, l'écoulement disparaît complètement durant de très longs mois d'hiver, et il a été appelé *régime pluvio-nival à gel intense*. Mais ce *dysréisme froid* s'est étendu jusqu'aux confins de la Méditerranée au cours des ambiances climatiques glaciaires. Il affectait alors la plus grande partie des cours d'eau du Roussillon.

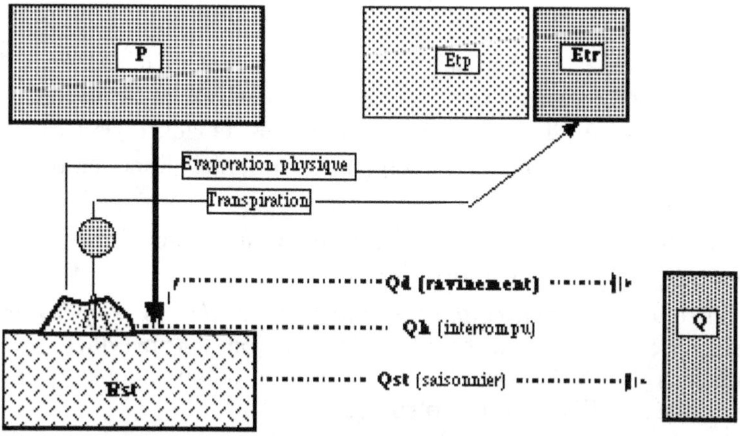

Document 1.5 - L'exoréisme perturbé par la rhexistasie

e) Dans l'exoréisme perturbé par la rhexistasie, il faut que les conditions naturelles soient bouleversées par la réduction artificielle ou naturelle de l'évapotranspiration qui provoque un accroissement du ruissellement avec réduction de l'écoulement hypodermique et souterrain. En effet, la disparition de la végétation est riche en conséquences.

➢ Le sol, alors à nu, est raviné, ce qui supprime le *réservoir pédologique* $\mathbf{R_h}$ et son *écoulement hypodermique* $\mathbf{Q_h}$ en faveur du ruissellement $\mathbf{Q_d}$.

➢ Le manque de couverture meuble empêche l'infiltration vers le réservoir souterrain dont la capacité diminue, les nappes n'affleurent plus, les sources tarissent et l'écoulement souterrain devient saisonnier.

➢ Un bon exemple est aujourd'hui illustré par le pourtour méditerranéen quand il y a surexploitation du milieu naturel : trop forte pression rurale, surpâturage, incendie de forêts, mitage périurbain.

On arrive à une ambiance sèche, avec une très forte **Etr**, les réservoirs superficiels ne fonctionnent plus faute de sols, les réservoirs souterrains ne sont plus alimentés car la destruction de la couverture végétale sur les versants exacerbe le ruissellement $\mathbf{Q_d}$. Cette situation concerna l'Europe centrale et occidentale au XIVe siècle et au XVIIIe siècle, les Etats-Unis dans les années 1930-1940, le pourtour méditerranéen depuis l'Antiquité. Mais surtout elle se reproduisit durant chaque crise climatique du Quaternaire. C'est avec une forte probabilité qu'on peut estimer que les cours d'eau des Pyrénées-Orientales : Agly, Têt, Réart et Tech, ainsi que leurs principaux affluents : Maury, Desix, Verdouble et Canterrane, furent affectés par les conditions conjuguées du dysréisme froid et de la rhexistasie.

3°) Quel était alors le régime des cours d'eau ? En faisant référence aux processus actuels, selon la part prise par la neige et la pluie, on distingue deux types de régimes ayant pu affecter le Roussillon au cours des ambiances froides (document 1.6a).

a) Dans le régime nival, l'actif provient exclusivement d'un stock de neige annuel qui disparaît entièrement en été (document 1.6a). Ce véritable régime nival ne se rencontre plus qu'aux hautes latitudes, et, ici, nous l'illustrons par l'Ienisseï qui associe absence de précipitations liquides de novembre à mars et forte évapotranspiration de juin à août.

➢ *En hiver*, les températures sont négatives de novembre à mars, mais elles s'accroissent brutalement en avril-mai.

➢ *Le printemps, très bref, connaît une hausse rapide des températures*. Aux temps glaciaires, une explosion de la végétation dut marquer les espaces méditerranéens, car, à l'inverse de la Sibérie, le soleil montait à près de 50 degrés au-dessus de l'horizon au solstice d'été.

➢ Le résultat est une *débâcle nivale violente* et un écoulement très bref ($\mathbf{Q_n}$, $\mathbf{Q_g}$, $\mathbf{Q_m}$) dont 80 % sont réalisés entre avril et août. Le reste de l'année n'est qu'une longue période de basses eaux. En effet, le manteau neigeux, constitué seulement au début de l'automne, est très mince et fond très rapidement, ce qui explique que l'écoulement soit en avance de deux mois sur les températures, et qu'il soit retourné en situation de basses eaux dès le mois de juin. Il en résulte une immodération très élevée : 102. La caractéristique de cet écoulement reste une violente crue de printemps. La remontée brutale des températures en avril-mai, provoque une violente fonte des neiges qui engendre une crue dont le maximum est en juin. C'est la débâcle sur les fleuves russes et canadiens.

b) Le régime pluvio-torrentiel doit être évoqué pour le Roussillon, par exemple tel qu'il est encore réalisé sur la Canterrane, un affluent du Réart (document 1.6b).

➢ L'eau de ruissellement peut être fortement chargée d'alluvions de toutes tailles, on peut évoquer une lave nivo-torrentielle capable de charrier des galets et des blocs, qui vont encombrer le lit pendant le long étiage.

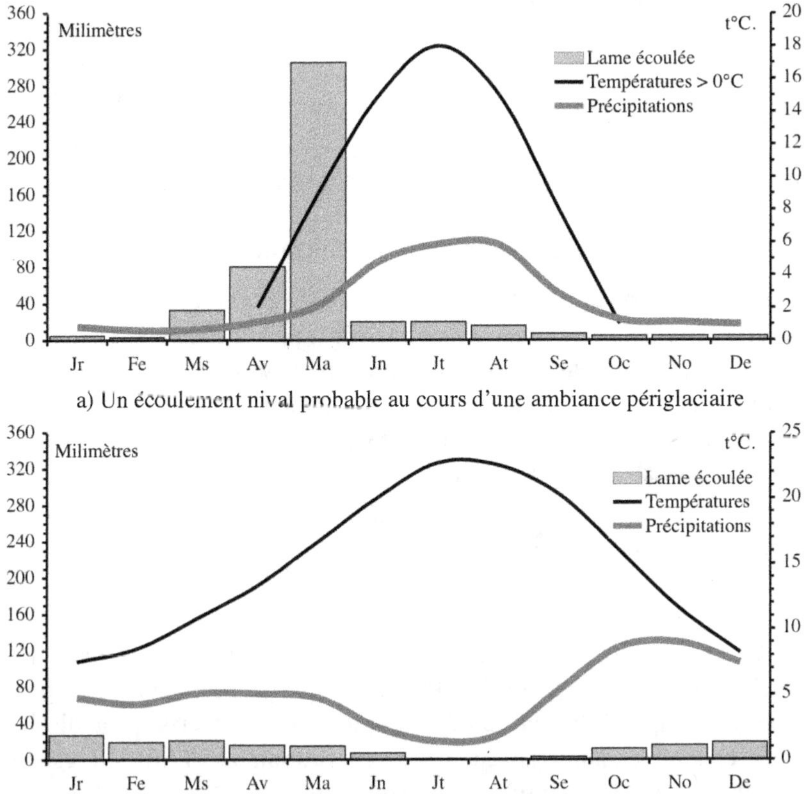

b) Un écoulement pluvial méditerranéen actuel

Document 1.6 – Les modes d'écoulement du Roussillon probables au Quaternaire

➢ Le climat est méditerranéen et la saison froide (automne et hiver) est celle de la pluviométrie maximale, principalement centrée sur l'automne. Il y a donc excédent de précipitations par rapport à l'évaporation : une condition favorable au dysréisme, et accentuée par la rhexistasie.

L'écoulement en est le reflet. En hiver, les pluies excédentaires alimentent directement les chenaux, le régime est pluvial, mais les réserves issues de l'infiltration vers les nappes phréatiques sont modestes. En été, l'évaporation accompagne l'accroissement des températures et dépasse l'apport pluvial. Les pluies, pourtant abondantes sont presque totalement absorbées par les plantes et l'évaporation. Le trait caractéristique de ce régime est son opposition de phase avec les températures.

➢ Aussi, est-il probable que le renversement de tendances à la fin de l'été ait favorisé des trombes d'eau issues de la rencontre de l'air chaud et humide méditerranéen avec l'air très froid issu de l'Atlantique. Ce processus existe encore : on le connaît sous le nom d'averses cévenoles ; les contrastes saisonniers d'une ambiance glaciaire devaient l'accentuer.

➢ Ces pluies survenaient sur des versants dénudés par une paléotramontane desséchante. L'abondance de cônes de déjection torrentiels fossiles en fournit la preuve.

Toutes les conditions se trouvaient réunies pour la réalisation d'un alluvionnement abondant mais bref ; l'essentiel du matériau reposait dans le lit des fleuves côtiers, dans l'attente d'une nouvelle crue.

4°) Le type de régime quaternaire se déduit de la granulométrie des alluvions, car la compétence à transporter des débris n'est pas la même quand il s'agit du vent ou d'une lave torrentielle. Cette compétence au transport d'une charge en suspension et par translation dépend de deux facteurs : la viscosité du fluide et sa vitesse. Aussi, la masse prise en charge par un doux zéphyr sera-t-elle différente de celle d'une lave torrentielle.

a) On utilise les principes de la granulométrie établis par Krumbein et Inman. Les sables dont les diamètres sont compris entre 40 μ et 2,5 mm sont répartis en 18 classes granulométriques selon une progression géométrique qui correspond à la croissance de la taille des mailles des tamis utilisés. Après tamisage, le contenu de chaque classe est pesé. Pour une comparaison plus aisée, le poids total de l'échantillon est rapporté à 100, tandis que les résultats sont reportés sur un axe orthonormé où la maille décroissante est en abscisses, tandis le poids relatif de chaque échantillon est porté en ordonnées. Enfin, il est courant d'utiliser une courbe cumulative, plus expressive.

Il existe plusieurs indices dont le calcul permet de préciser le type de classement auquel on est confronté.

➢ À partir de la médiane (méd. = 50%), du premier quartile (Q.1 = 25 %) et du troisième quartile (Q.3 = 75 %) on calcule ...

➢ ... l'**hétérométrie : Hq = (Q.1 + Q.3)/2** qui permet de définir la qualité du classement. Sur un sédiment bien classé, Hq est élevé. Quant à la valeur de la médiane, elle indique la nature du sédiment : sur un sédiment grossier, la médiane concerne plus des 2/3 de l'échantillon ; sur un sédiment fin, elle en concerne moins du 1/3.

Sur le document 1.7.a, les courbes granulo-métriques cumulatives de quelques formations sableuses types sont présentées. On distingue trois grandes familles de courbes.

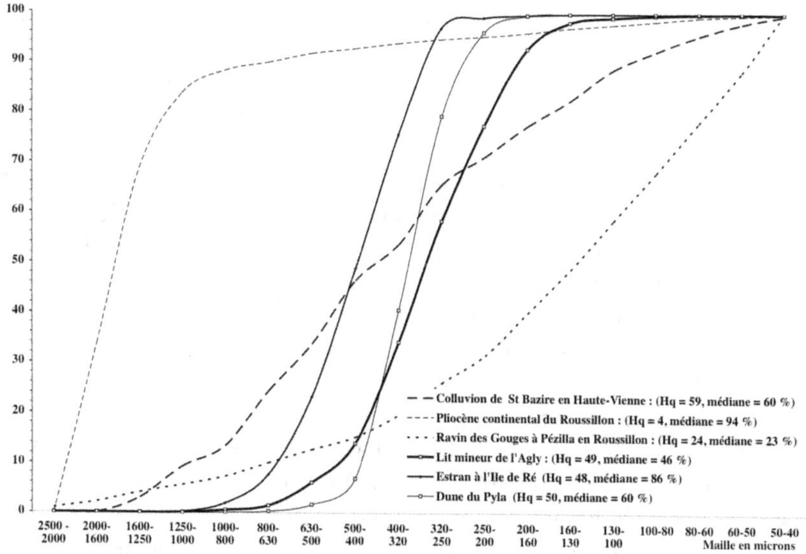

a - Quelques formations types

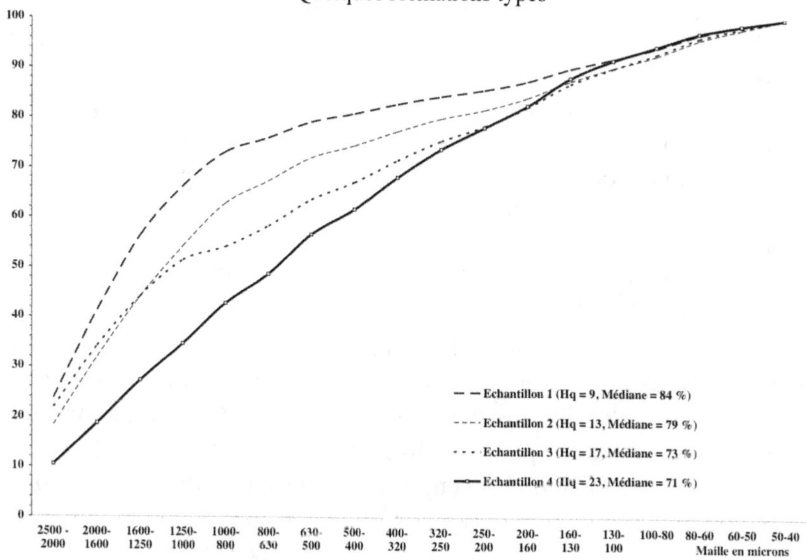

b - Terrasses de l'Aven près de Pont-Aven

Document 1.7 - Quelques courbes granulométriques

➢ Les *droites* sont la traduction d'un sédiment non trié, donc in situ (ou presque), comme les arènes granitiques et les colluvions. La colluvion de St. Bazire, en Haute-Vienne, est effectivement très mal triée : Hq = 24, ce que traduit aussi une dissymétrie modérée : médiane = 60 %. Les écoulements visqueux, comme une lave torrentielle ou une coulée de boue, sont capables de déplacer des éléments hétérogènes, et comme, du fait de leur grande viscosité, leur marche peut cesser brutalement, ils laissent aussi des alluvions non, ou mal, triées.

➢ Les *sigmoïdes* traduisent, à l'inverse, un dépôt faisant suite à un transport sur une assez longue distance. Elles sont une bonne indication de la compétence du fluide concerné, car les éléments trop grossiers pour avoir été transportés ont été abandonnés, alors que les plus fins restent en suspension. Les sables de la Dune du Pyla, transportés par les vents dominants, sont bien classés (Hq = 50). C'est aussi le cas de ceux de l'estran de l'île de Ré (Hq = 49) et du lit mineur de l'Agly (Hq = 49). Mais, alors que la répartition des sables du lit mineur de l'Agly (Méd. = 46 %), et de la Dune du Pyla (Méd. = 60 %) est assez bien équilibrée, la charge de l'estran de l'île de Ré est plutôt grossière (Méd. = 86 %).

➢ Les paraboles (convexité vers les ordonnées élevées) traduisent un sédiment dont la charge est essentiellement située dans la fraction grossière. C'est le cas des sables pliocènes continentaux du Roussillon. Ils sont bien classés : Hq = 4, mais presque exclusivement grossiers : Méd. = 94 %.

➢ Les *hyperboles* (convexité vers les ordonnées faibles) traduisent, à l'inverse, un sédiment dont la charge est essentiellement fine. Les sables du cône de déjection du ravin des Gouges, près de Pézilla (66) sont mal classés (Hq = 24), mais ils sont fins : Méd. = 23 %.

➢ Paraboles et hyperboles sont révélatrices d'un transport brutal auquel fait suite une accumulation forcée : étalement sur un delta, dans une nappe d'eau, sur un cône de déjection. Les sables pliocènes du Roussillon appartiennent à des cônes de déjection coalescents, mais ces « allures » accompagneront aussi les alluvionnements consécutifs à la fonte brutale d'un tapis neigeux : une alluvion ancienne (terrasse) grossière et mal classée suggère une origine nivale, nivo-torrentielle et/ou fluvio-torrentielle.

b) Analyse de quelques exemples : la plupart des alluvions rencontrées dans les écoulements nivaux actuels présentent un profil granulométrique sigmoïdal. Ce n'est pas le cas des alluvions anciennes. Pour illustrer la dégradation du climat océanisé vers une ambiance périglaciaire, nous avons utilisé quatre échantillons sableux de la basse terrasse de l'Aven, dans le Finistère (document 1.7b).

Il s'y dessine deux cas de figure.

➢ Les échantillons 1 et 2 sont représentatifs d'un écoulement de crue. Ils sont assez bien classés, avec un tri plutôt concentré vers des sables grossiers : si on retient le seuil des sables dont le diamètre est compris entre 1 et 2,5 mm, nous y trouvons les 3/4 de l'échantillon 1 et les 2/3 de l'échantillon 2. Si on associe cette granulométrie à la présence de galets roulés atteignant 20 cm, ces deux échantillons sont le reflet d'un écoulement abondant, mais bref. Il n'existe qu'une débâcle nivale, une averse torrentielle ou l'éclatement de la Mousson qui soient, sous les climats actuels, capables de produire saisonnièrement ce mode d'écoulement. Du fait de la latitude, c'est le régime nival qui doit être retenu.

➢ Les échantillons 3 et 4 sont plus hétérogènes, et les éléments > 1 mm concernent moins de la moitié du total. Plus que le fruit d'une débâcle nivale, on pourrait évoquer un apport latéral, de type solifluxion, et remaniant les arènes granitiques.

Quoi qu'il en soit, l'environnement décrit est inscrit dans le cadre d'une ambiance périglaciaire responsable d'un écoulement nival.

1.2 – Réflexions sur le profil longitudinal des cours d'eau

L'évolution du profil longitudinal des cours d'eau conserve à la fois le « souvenir » des surfaces d'érosion cénozoïques et de l'incision cyclique du Quaternaire. Pour ce qui concerne, au moins, les moyennes latitudes qui ne furent pas englacées, mais qui eurent à subir l'alternance d'un climat périglaciaire et d'un climat interglaciaire tempéré, l'incision ne fut pas un processus constant. Elle fut marquée par la succession de cycles d'érosion et d'incision des vallées et de cycles d'alluvionnement et de construction des terrasses alluviales. Le résultat actuel fut la constitution d'un système de terrasses, le plus souvent étagées et marquant les paliers au cours desquels les cours d'eau cessaient de creuser.

Tout le temps du Pléistocène, il y a étagement assez régulier des terrasses, le niveau le plus ancien occupant la position la plus élevée. On notera l'ampleur de l'incision qui s'est établie, à l'aval, bien au-dessous du niveau actuel des mers : la basse terrasse est ennoyée sous les dépôts du delta sous-marin issu de la transgression flandrienne.

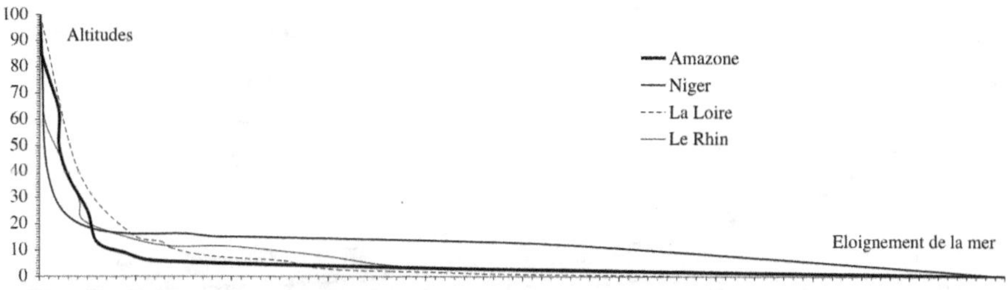

Document 1.8 – Profils mûrs des grands cours d'eau

1.2.1 - L'incision des réseaux hydrographiques

À la fin du Cénozoïque, la topographie de l'Europe hercynienne et pré-hercynienne était constituée par des pédiments modelés autour des reliefs résiduels : les profils actuels de l'Amazone et du Niger en donnent encore une certaine image (document 1.8).

a) Le profil est hyperbolique ou mûr ou sénile, selon la terminologie de Davis. En effet, issu des Andes équatoriennes, le profil de l'Amazone, jusque-là très redressé, s'aplanit brutalement quand il pénètre dans la cuvette précambrienne d'Amazonie. De même, très pentu dans le massif ancien du Fouta-Djalon, en Guinée, le Niger voit son profil brutalement se réduire quand il pénètre dans le bassin sédimentaire précambrien du Mali. Ces deux organismes quittent l'un une montagne jeune, l'autre un véritable Monadnock, pour pénétrer sur des surfaces d'abrasion dont le nivellement a commencé à la fin du Précambrien.

Le même schéma concerna l'Europe occidentale. De vastes pédiments étaient doucement inclinés vers la Manche, l'Atlantique et la Mer du Nord. Des monadnocks de roches dures, peu élevés étaient suffisamment massifs pour donner un contraste topographique : Massif Armoricain, Massif Central, Vosges. Des cours d'eau saisonniers au lit à peine incisé y prenaient naissance : une paléo-Loire vers Paris, puis vers l'Anjou, après sa capture par la Mer des faluns, une paléo-Meuse qui, ignorant le pendage des couches vers Paris, gagnait déjà la Mer du Nord sur une surface éo-oligocène façonnée vers le nord.

b) Comment les profils évoluèrent-ils par la suite ? La réponse est fort simple : le profil des grands cours d'eau ne fut pas modifié (document 1.8).

On constate une importante ressemblance qui ne peut s'expliquer que par une origine semblable : dés la fin du Cénozoïque, le Rhin (issu des Alpes) et la Loire (venue du Vivarais) présentaient la même allure que les géants intertropicaux, avec à l'amont un profil très tendu, inscrit dans une montagne élevée. Inversement, les profils médian et aval sont très peu inclinés : reflet des surfaces d'érosion développées au pied des reliefs dans un contexte climatique aux saisons très contrastées.

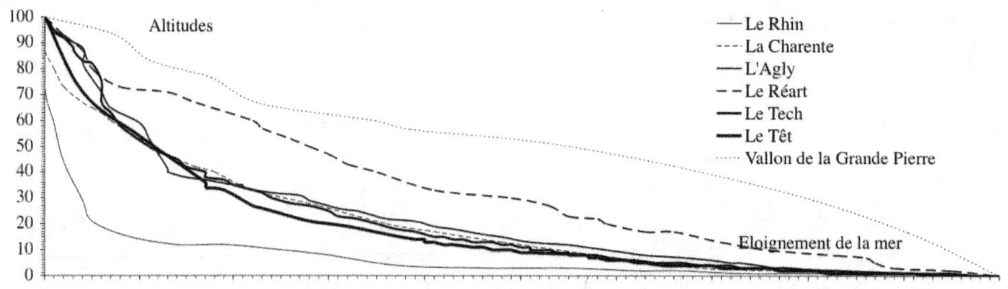

Document 1.9 - Profils relatifs du Rhin, de la Charente et d'un vallon périglaciaire avec les cours d'eau du Roussillon

c) Les profils des grands organismes fluviaux sont donc en grande partie des héritages. Cependant, les cours d'eau de taille plus modeste présentent une autre originalité. Le document 1.9 montre, à la même échelle, le profil de la Loire (110 000 km^2 à Montjean), de la Charente (35 000 km^2 à Saintes), de l'Agly (1 100 km^2) et du vallon de la « Grande Pierre », un réseau « périglaciaire » de 50 km^2, en Petite Beauce, sans écoulement apparent.

➢ Le *Rhin* conserve l'héritage des processus anciens : c'est en cela que son profil est sénile dans la typologie davisienne.

➢ La *Charente*, avec son profil parfaitement concave, serait l'archétype du profil mûr pour les partisans de Davis, et continuerait d'évoluer vers la sénilité. Il est exact que ce type de bassin versant de taille moyenne, fréquent aux latitudes tempérées, est en cours d'incision. Mais il est probable qu'il n'existait pas au Cénozoïque et que son occurrence est quaternaire. Aujourd'hui, bien que l'écoulement y soit pérenne, l'incision y est compensée par l'alluvionnement, et se trouve dans l'attente de processus propices à la reprise de son activité : rhéxistasie, crise climatique, mais aussi anthropisation (on citerait l'incision contemporaine de la Loire) ou néotectonique.

➢ Avec un profil globalement inscrit dans une parabole que les changements de faciès et les mouvements tectoniques récents n'ont apparemment que très peu retouchée, le *Tech*, la *Têt* et l'*Agly* s'inscrivent dans ce cadre de thalwegs quaternaires.

➢ Quant au Réart, son profil très tendu confirme l'inscription encore plus récente de sa vallée.

➢ Le *Vallon de la Grande Pierre* cessa de fonctionner au cours du réchauffement holocène. Ce vallon, aujourd'hui sans écoulement, est inscrit dans des calcaires lacustres. Ce n'est pas un profil jeune, il est en cours d'incision, dans l'attente de conditions climatiques plus propices. Ces vallons secs, fréquents en milieu calcaire, ne connaissent pas d'écoulement permanent. Seuls les cadereaux des montagnes méditerranéennes connaissent une activité sporadique ; mais une crue comme celle de Nîmes a davantage montré leur aptitude au transport des produits de l'érosion du bassin qu'à l'incision du chenal.

En effet, la tyrannie des conditions climatiques et écologiques peut seule influencer les processus. Trop d'eau, et la végétation est dense ; dans des conditions naturelles l'écoulement sera inefficace. Trop d'aridité, la végétation est rare, mais les écoulements aussi. Trop de gel bloque l'écoulement, qui réclame de l'eau à l'état liquide. L'idéal est une situation de crise, quand les versants se trouvent dépourvus de protection végétale alors que la pluviométrie est abondante. Or seules les moyennes latitudes ont connu ce genre de situation.

➢ Le travail d'érosion se traduirait ainsi dans le profil longitudinal du drain le plus long, par une incision inachevée.

➢ La vérité est que la notion d'équilibre est toute relative, car les systèmes d'érosion ont été modifiés à plusieurs reprises au cours du Pliocène et du Quaternaire.

1.2.2 - Rôle des ambiances climatiques quaternaires

Il faut prendre en compte les héritages paléo-climatiques. À l'évidence, ces réseaux ont fonctionné dans le cadre de bilans hydrologiques aujourd'hui disparus de nos latitudes. Il faut rattacher ces mesures au concept de l'érosion fluviale selon Schumm (document 1.8). Une plaine alluviale achevée par un delta se constitue à l'aval de tout système fluvial ; c'est la zone de stockage des alluvions venues de la zone de production. Or cette dernière constitue l'amont du système.

Mais quand ces réseaux ont-ils le mieux, le plus efficacement fonctionné? Quand les relations climat-environnement étaient les plus favorables à l'érosion ; c'est-à-dire lors d'une situation de ***dysréisme***.

1°) Hypothèse en l'absence d'inlandsis : les moyennes latitudes boréales connaissent une ambiance interglaciaire et un environnement forestier favorables à la stabilité hydrodynamique. Sous la plupart des latitudes, règne alors l'exoréisme généralisé ...

$$\mathbf{P = Q_r + Q_{hr} + Q_{st} + Etr}$$

... quand l'Etp n'est que légèrement supérieure à l'Etr.

L'écoulement est alors pérenne car, en toute saison, les perturbations de front polaire apportent des précipitations, même sur le pourtour de la Méditerranée. Sans intervention humaine, le couvert végétal protège le milieu, la zone de production est inactive : c'est la situation actuelle.

2°) Hypothèse en présence d'un inlandsis sur la Fennoscandie : l'extension des glaces continentales sur l'ancien (et le nouveau) monde apporte une ambiance périglaciaire. Ce contexte de toundra est favorable à la reprise de l'érosion.

L'Europe occidentale reste soumise aux flux d'ouest, mais les conditions météorologiques de l'Arctique sont projetées vers le sud et, du fait du gel et des précipitations neigeuses, des réserves nivales et glacielles se constituent au-dessus d'un permafrost. En hiver, l'anticyclone thermique polaire s'étale très bas en latitude et entretient un froid sec : le front polaire est alors rejeté aux latitudes supratropicales à l'origine des phases pluviales observées au Sahara. Mais, à l'approche du solstice d'été, l'anticyclone subtropical remonte vers le nord, projetant le front polaire au voisinage du 45e parallèle. Le temps plus chaud est accompagné de passages pluvieux : c'est la situation hivernale d'une ambiance interglaciaire. Surtout, du fait de la hauteur du soleil au-dessus de l'horizon (66 degrés au 45e parallèle), l'occurrence de l'été est très brutale (plus qu'en Arctique aujourd'hui) ; la rapide remontée des températures provoque une violente débâcle libérant une eau riche en énergie cinétique du fait de son abondance, de la précarité de l'évapotranspiration et de la fonte rapide de la partie supérieure du permafrost.

Cette situation est aujourd'hui réduite à la haute montagne et au domaine périarctique, mais chaque période glaciaire la généralisa plus au sud. *C'est le dysréisme froid : une fonte nivale brutale face à une Etp modérée.*

3°) Les conséquences hydromorphologiques sont évoquées par les réseaux de thalwegs. Ces réseaux dessinent généralement un ensemble arborescent, que Strahler modélisa en son temps.

➢ Leur organisation n'a rien d'anarchique ; elle obéit à des relations mathématiques précises qui furent mises en évidence par Horton dés 1945. Son disciple Strahler proposa en 1952 la relation suivante : « tout drain élémentaire porte l'ordre 1; la rencontre de deux drains de ce type donne un drain d'ordre 2, la rencontre de deux de ces drains donne un chenal d'ordre 3; et ainsi de suite ».

➢ Dans cette hiérarchie, l'ordre des drains est appelé **U**, et le nombre des chenaux (ou de thalwegs) est appelé **NU**. Si l'ordre varie de **1** à **n**, le nombre de drains de chaque ordre, nommé NU_1, NU_2,..., NU_n, va en décroissant quand **U** varie de **1** à **n**. (Horton 1945).

Or, l'écoulement incise l'amont du bassin, pour alluvionner son aval. C'est le concept que Schumm émit en 1977, quant au fonctionnement hydromorphologique des réseaux hydrographiques (document 1.8).

➢ *La zone la plus en amont est constituée des chenaux d'ordres 1 et 2.* Les cours d'eau y sont généralement de forte pente, et, malgré un faible débit, les processus d'érosion y sont intenses en raison d'un fort courant, et les fonds sont caillouteux. Cette partie, ou cours supérieur, est parfois appelée la zone de production ou zone d'érosion, car ce « chevelu » de petits cours d'eau alimente le système fluvial en eau et en sédiment. On y observe aussi des vallées dites en V, à chenal unique au cours rectiligne.

➢ *La zone intermédiaire est constituée des chenaux d'ordres 3 et 4.* Ici, la pente et la vitesse diminuent, alors que le débit et la largeur augmentent. Les fonds sont constitués de galets et de graviers, et, au fur et à mesure que la pente diminue, les processus de sédimentation deviennent prépondérants par rapport à l'érosion. Dans ce cours moyen, les alluvions arrachées aux versants de l'amont se déplacent vers l'aval au gré de chaque période de crue ; aussi l'appelle-t-on zone de transfert de l'eau et des matériaux. Comme la pente s'adoucit, le cours à chenal unique fait place à un cours à chenaux multiples, enserrant des îles caillouteuses dont la forte mobilité s'explique par un transport actif de matériaux. Ce sont les cours d'eau en tresse (Agly, Têt et Tech en été).

➢ La zone aval est constituée des chenaux d'ordres 5 et supérieurs. La pente devient très faible, et la vitesse du courant se réduit considérablement. Aussi, une grande partie des matériaux transportés se dépose pour former de larges plaines alluviales, ou des deltas. C'est la zone de stockage, ou cours inférieur, dans laquelle s'accumulent les alluvions. Ces rivières au cours plus lent reprennent un cours unique mais sinueux, formant des méandres plus ou moins prononcés, et l'on observe fréquemment des îles et des bras morts (la Loire dans ses vaux).

Dans une ambiance périglaciaire, ce concept de l'érosion fluviale (document 1.10) explique que l'amont des réseaux hydrographiques - les drains d'ordre 1 à 4 - constitue une zone de production très active. Dans les régions calcaires, les processus d'érosion apportent surtout des éléments relativement fins : les grèses, mais les bassins fluviaux couvrent aussi les massifs anciens producteurs de débris plus grossiers : éboulis, moraines.

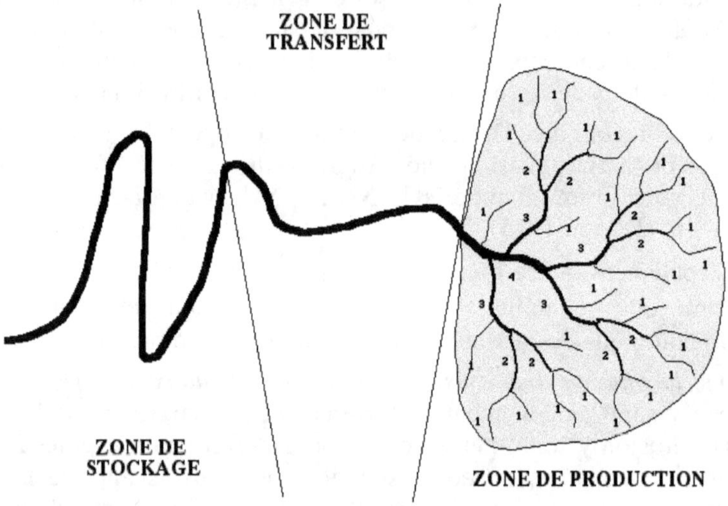

Document 1.10 – Processus d'érosion et d'alluvionnement selon Schumm, en 1977

Le fonctionnement du dernier glaciaire est le plus connu : l'étendu de la basse terrasse **Fy**, souvenir de la zone de transfert - drains d'ordres 5 à 9 - puis de stockage - drains d'ordres 9 et supérieurs - donne un aperçu de la production réalisée en amont. Un équilibre finirait par se réaliser entre les trois zones, aboutissant à l'incision d'un thalweg au profil hyperbolique. Mais cet équilibre n'est jamais atteint car l'ambiance périglaciaire ne dure qu'une centaine de milliers d'années, une durée géologiquement trop brève.

1.2.3 - Les terrasses alluviales dans le contexte du Quaternaire

Ce qui précède ne fournit qu'une image théorique, avec des références qui ne fonctionnent plus, mais de fortes présomptions font penser qu'ils fonctionnèrent au creux des ambiances périglaciaires et les nommer réseaux périglaciaires serait assez logique.

Prenons l'exemple de la Grande Pierre (document 1.9). Le réseau des thalwegs, drainant 37,2 km^2, se développe sur 291 km répartis en 6 ordres. Ce fut un des principaux affluents quaternaires de la Cisse. Son profil longitudinal parfaitement convexe démontre une incision inachevée qui produisait des quantités importantes de débris, transférés à la Loire par la Cisse.

Ce n'est qu'un exemple parmi des milliers d'autres sur l'ensemble du bassin ligérien. Mais que se passait-il quand ce système cessait de produire ?

1°) Les terrasses seraient le fruit de l'incision. En aval de la zone de transfert, (document 1.10) le cours d'eau abandonne sa charge et il se constitue alors une plaine alluviale, ou lit majeur, ou plaine d'inondation car c'est ici que le fleuve s'étend en période de crue. Or, à l'échelle du Quaternaire, c'est une situation instable, car les versants de vallées des grands fleuves sont accidentés de replats couverts d'alluvions anciennes qui sont autant de plaines alluviales fossiles.

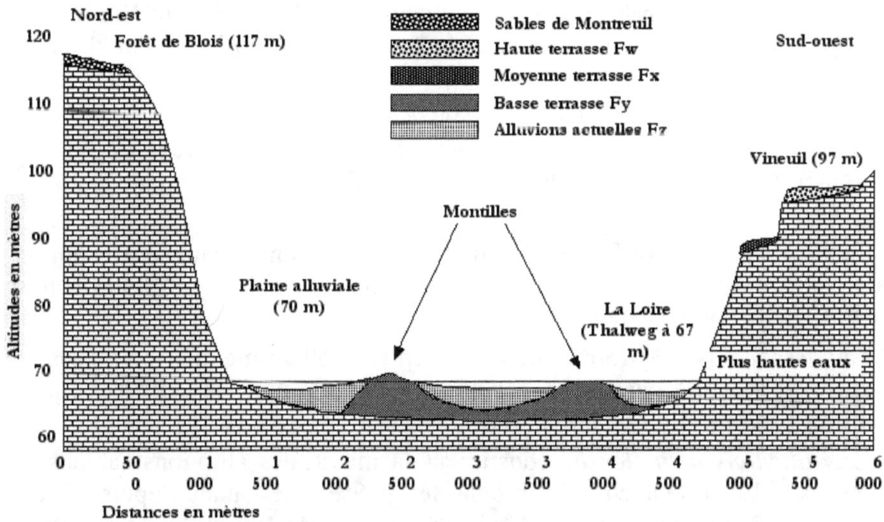

Document 1.11 - Coupe de la vallée de la Loire à Blois

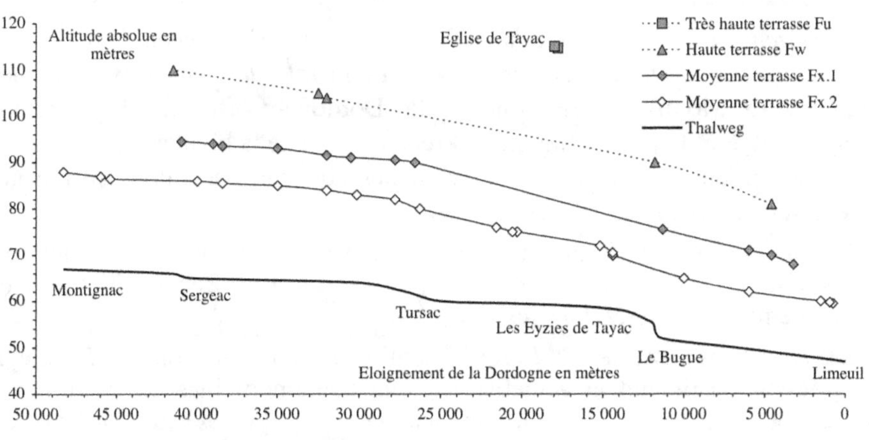

Document 1.12 - Le système de terrasses de la Vézère

a) L'étagement des terrasses de la Loire nous servira de modèle d'étagement dans une coupe transversale de la vallée. En effet, il est totalement étranger au contexte des Pyrénées Orientales : cours d'eau au profil mûr, stabilité tectonique, fort éloignement de la mer. Le document 1.11 résume l'étagement des terrasses de la Loire, et son système de terrasses a été décrit par M. Gruet (1976), en aval d'Orléans. Sur la rive droite, les calcaires lacustres (ravinés par le réseau réel de la Grande Pierre) ne sont pas incisés par les sables de Montreuil, dans lesquels on reconnaît le tracé hésitant d'une paléo-Loire. Sur la coupe de la vallée de la Loire près de Blois on observe :

➢ Les *sables de Montreuil* (40 m > thalweg) constituent une formation fluviatile sableuse et graveleuse qui se serait mise en place au fur et à mesure de la régression de la mer des faluns, ici helvétienne (Miocène) dont elle recouvre les dépôts. Cet alluvionnement serait le fait d'une paléo-Loire par définition post-helvétienne, un écoulement de type oued dans un environnement encore marqué par un climat chaud aux saisons très tranchées.

➢ La *haute terrasse « Villafranchienne » Fw* (30 m > thalweg) est encore à peine incisée, ce qui nous conduit à un quaternaire très ancien (stade isotopique 22 à 26).

➢ La *moyenne terrasse Fx* (20 m > thalweg) est fortement étagée par rapport à elle, et elle marque une étape importante de l'incision. Elle est attribuée soit aux stades 12 à 16, soit aux stades 6 à 10.

➢ La *basse terrasse Fy* (5 m > thalweg) représente l'ultime incision pléistocène en partie recouverte par les dépôts holocènes ultérieurs Fz : elle dessine des montilles insubmersibles dans le Val.

➢ Les *alluvions actuelles Fz* constituent la masse des alluvions sableuses et limoneuses. Elles sont emboîtées dans les précédentes, mais depuis 1970, la Loire incise à nouveau son lit jusqu'à abandonner des méandres et déchausser les piles de ponts.

b) L'étagement des terrasses de la Vézère servira de modèle d'incision longitudinale traduite par la succession des profils des terrasses (document 1.12). Entre Montignac et Limeuil, la Dordogne offre un bel exemple d'étagement dont le profil longitudinal rend compte de la régularité. Nous avons représenté graphiquement ici l'étagement des cinq terrasses, dont on retrouve toute la série alluviale sur une courte distance.

➢ Le *thalweg actuel Fz* montre une inclinaison assez forte, et surtout trois ruptures de pente au niveau de Sergérac, de Tursac et du Bugue. Elles relèvent de changements de faciès dans les calcaires.

➢ *Les moyennes terrasses Fx.1 et Fx.2* sont respectivement situées à 28 m et 20 m au-dessus du lit mineur actuel. Elles sont contemporaines des Hommes de Neandertal et des premiers Homo sapiens. On notera que les seuils de Tursac et du Bugue en accidentent le profil, ce qui en confirme l'origine géologique.

➢ La *haute terrasse Fw* est à 45 m au-dessus du lit mineur. Enfin, la *haute terrasse Fu* se résout à deux lambeaux perchés à 60 m au-dessus de l'église de Tayac, soit au niveau du causse environnant.

À l'orée du Quaternaire, l'incision était à peine marquée, l'écoulement se réalisait au même niveau que la surface d'érosion cénozoïque polycyclique qui s'incline depuis le Limousin. Le creusement des vallées a donc été un événement tardif et caractéristique du Quaternaire des moyennes latitudes. À quoi l'attribuer ? probablement à l'évolution fondamentale du climat à partir du Pliocène. Le Cénozoïque fut marqué par un climat aux tendances semi-arides : opposition entre un été long et sec et un hiver bref et pluvieux. Le « *sheet flood* », ou écoulement en nappe, en marquait les processus d'érosion : ravinement des reliefs, érosion aréolaire de l'amont des pédiments, et alluvionnement en épandage des parties basses. Les confins sahariens en donnent encore une image. Au Quaternaire, le climat va devenir froid et surtout plus humide : l'écoulement concentré l'emporta, et avec lui la formation d'un réseau hydrographique incisé par paliers au cours des crises climatiques, dont l'étagement des terrasses donne l'image.

2°) Une explication par une succession de crises : l'incision n'est pas régulière, sinon les terrasses, ces plaines d'inondation fossiles, n'existeraient pas, et il faut reconnaître que l'incision se fait par paliers successifs. Pendant une longue période, les alluvions produites dans la zone d'érosion ne se déplacent que très rarement dans la zone de transfert où elles constituent une plaine alluviale, inondée à chaque crue, période où elles peuvent alors se déplacer sur quelques centaines de mètres. Les lits des fleuves arctiques actuels, encombrés de galets et de blocs, entre lesquels ne circule qu'un filet d'eau entre chaque débâcle nivale, en donnent une image assez réaliste. Puis, brutalement (à l'échelle géologique), on observe une activation ou une réactivation de l'incision dans la zone de transfert et de stockage.

Dans les conditions climatiques interglaciaires, les chenaux d'ordre 6 et plus s'inscrivent au fond d'une vallée où le lit mineur sillonne dans une plaine d'inondation. Les *crues épisodiques et leurs dépôts limoneux en confirment le rôle de zone de transfert* ou de *stockage*. Dans les vallées du sud du Bassin de Paris, cette plaine alluviale apparaît en ordre U.5 des chenaux ou U.6 des thalwegs, soit dès l'aval de la zone de production. L'étagement des terrasses alluviales témoigne de la reprise de l'incision du fond de vallée. L'érosion linéaire est alors *répartie sur le réseau* parce que l'équilibre de l'hydrosystème est rompu.

Le mécanisme consiste en un « déplacement de la zone de production de l'amont vers l'aval ».

a) Le processus est violent et cyclique : à la fin d'une glaciation, la décrue glaciaire met un terme à la crise périglaciaire, alors que la circulation atmosphérique glisse vers une situation interglaciaire par retour du front polaire en saison froide.

Mais à l'interface périglaciaire-interglaciaire, avant le retour du couvert forestier, se produit un déséquilibre générateur d'une nouvelle phase de dysréisme. Le retour d'une abondante pluviométrie se fait donc dans un contexte de « biostasie pauvre », voire de rhexistasie. L'Etr encore faible, génère un écoulement abondant libérant une énergie cinétique incompatible avec le profil longitudinal acquis. La solution naturelle passe par l'incision du lit mineur à la recherche d'un nouvel équilibre : pente plus forte pour écouler un surplus hydrologique pourvu d'une charge moindre dans la zone de transfert et de stockage. En quelques siècles, le plancher alluvial du lit majeur périglaciaire est défoncé, sans que pour cela un nouveau profil soit atteint, car cette incision était vite annihilée par le retour d'une végétation adaptée à des conditions tempérées. Le quotient d'écoulement se réduit et l'exoréisme succède au dysréisme.

Si incision et alluvionnement cycliques sont consécutifs à la succession d'ambiances périglaciaires et interglaciaires, c'est l'ensemble du thalweg qui se trouve concerné. Au cours de l'ambiance périglaciaire, c'est l'amont qui s'incise, mais avec le retour d'une ambiance interglaciaire, l'incision glisse vers l'aval pour atteindre un équilibre inachevé et provisoire. Cette crise est une rhexistasie, car l'héritage périglaciaire laisse le sol presque à nu, l'Etr est alors modeste dans un contexte de fortes pluies, l'écoulement souterrain est saisonnier Q_{st}, mais, du fait de l'absence de végétation, l'écoulement hypodermique Q_h et le ruissellement direct Q_d sont très violents. Sans protection, le sol est agressé ; c'est ce qui se produit quand l'homme détruit la végétation méditerranéenne, par exemple : il en résulte ravinement et torrentialité.

b) Le rôle de la latitude et de l'échelle est primordial.

➢ Les *boucliers intertropicaux* n'ont pas connu les fluctuations climatiques quaternaires de manière aussi tranchée que les hautes et moyennes latitudes. Ici, les surfaces d'érosion héritées du passé n'ont pas été démantelées. La paléo-Loire des sables de Montreuil ne devait guère être différente à l'orée du Quaternaire.

➢ Avec les *cours d'eau des moyennes latitudes*, les concavités sont moins marquées sur la Loire (qui présente encore un profil concave) et sur la Charente. Si ces derniers cours d'eau sont incisés dans la surface polycyclique « post-hercynienne-éo-oligocène », c'est à une autre échelle que les géants arctiques.

➢ *Si l'on agrandit l'échelle*, ce rôle des héritages se réduit devant l'impact quaternaire. La Loire ne draine que 110.000 km², et la Charente 35 000 km². L'héritage cénozoïque est effacé. À chaque ambiance périglaciaire, la zone de transfert et de stockage fut engraissée par l'érosion de la zone de production. Mais au cours de la crise climatique qui achevait cette ambiance, l'écoulement défonçait ce pavage alluvial à la recherche d'un nouvel équilibre : pour preuve, un système de terrasses. Quoique l'écoulement y soit pérenne, les conditions interglaciaires annihilent une érosion linéaire compensée par l'alluvionnement, dans l'attente du retour de conditions propices à sa reprise : néotectonique, rhexistasie climatique (voire anthropique sur la Loire aujourd'hui). Pour la Grande Pierre, nous sommes au coeur de la zone de production, où l'incision n'est possible qu'en ambiance périglaciaire génératrice de dysréisme froid.

➢ La succession d'ambiances glaciaires et péri-glaciaires est une caractéristique des moyennes latitudes, elle a détruit les anciennes surfaces d'érosion qui se sont maintenues dans les régions de plus basses latitudes. Mais ce qui importe est qu'apparemment on soit, d'une part, passé d'un système d'érosion aréolaire à un système d'incision, et que, d'autre part, cette incision se réalise tout au long du thalweg. L'école davisienne expliquait aussi la formation des terrasses par une adaptation du lit au niveau général des océans. En amont, le courant est plus fort, aussi l'érosion est-elle plus intense et le lit est incliné afin que le courant ait la vitesse requise à l'évacuation des débris. Mais vers l'aval, le courant s'affaiblit, la pente diminue et c'est l'alluvionnement qui l'emporte. On comprend ainsi l'allure parabolique des profils d'équilibre. C'est le principe de l'adaptation à un niveau de base : un lac, une mer un océan. Une régression marine abaissait ce niveau de base, et l'on expliquait les étagements de terrasses, ou lits majeurs fossiles, par une modification du profil longitudinal à la recherche d'un nouvel équilibre. C'est sans doute vrai pour les terrasses proches de l'océan ou de la mer. On sait que les très basses terrasses de la Loire, ou de la Garonne, plongent sous les niveaux holocènes, un alluvionnement réalisé au cours de la transgression flandrienne il y a une dizaine de milliers d'années. Ces fluctuations du niveau de base expliquent aussi l'existence de terrasses sur les fleuves tropicaux

Mais les cycles glaciaires-interglaciaires sont trop brefs, pour que ce soit l'ensemble du bassin versant qui soit concerné par ce mécanisme. Il faut prendre en compte le déplacement des cellules météorologiques des moyennes latitudes : le retour de précipitations abondantes et liquides dans un contexte de rhexistasie provoquait une crise géomorphologique associée à une dynamique fluviale capable de défoncer le profil d'équilibre sans avoir recours au niveau de base.

Il faut aussi considérer mouvements tectoniques récents, si actifs sur le pourtour méditerranéen, et dont il a fallu tenir compte dans le contexte du Roussillon.

2 – Histoire géologique des Pyrénées-Orientales

La mise en place des séries quaternaires du Roussillon ne peut être séparée du contexte géologique, tectonique et géomorphologique cénozoïque. Alors qu'une sédimentation tertiaire lacustre se réalise dans le Bassin Parisien, l'occurrence de l'orogénie cénozoïque va modifier de façon fondamentale la topographie du Sud-est et du Midi, modifier la topographie du Massif Central avec le volcanisme, et provoquer un afflux de produits d'origine terrigène : sidérolithique, mollasses.

L'orogénie cénozoïque aurait commencé dans les Pyrénées pour ensuite gagner les Alpes. En fait, dès le début du Mésozoïque, la région alpine connaissait des mouvements anormaux. Dès le Trias, on observe une distension subcrustale affectant le continent euro-africain, issu du Précambrien et de l'orogenèse hercynienne arasée. Au cours du Jurassique supérieur (-154 à -135 Ma), cette distension provoqua l'ouverture d'un domaine océanique méridien, avec, sur la marge européenne, l'amorce d'une ride briançonnaise. Ce processus aboutit au Crétacé moyen (-108 à -88 Ma) à un processus de subduction, qui se transforme en une obduction au Crétacé supérieur (-87 à -65 Ma). À l'Éocène (-40 à -34 Ma), le déplacement relatif de la plaque eurasiatique vers la plaque africaine engendra des compressions tangentielles du sud vers le nord, puis de l'est vers l'ouest, qui provoquèrent le soulèvement des vieux socles hercyniens, et la compression puis le plissement des terrains crétacés et jurassiques. Ce mouvement s'amplifia au cours de l'Oligocène et du Miocène : les calcaires urgoniens continuant de se plisser, les axes des plis se brisèrent, et des pans entiers de calcaire se trouvèrent charriés sur plusieurs kilomètres. Simultanément l'érosion fluviatile et torrentielle attaqua ces montagnes, déversant dans l'avant-pays des quantités considérables de débris dans des mers bordières : les mollasses du Lannemezan. Ce n'est qu'au cours du Pliocène (-5 à -1,8 M.a) que contraction, surrection des massifs cristallins externes et rétrécissement de la chaîne, amorcés au Crétacé Moyen se ralentissent. La poussée orogénique marqua le pas. Toutefois, les Pyrénées sont, avec les Alpes du Sud, les régions françaises à la plus forte sismicité. De même l'érosion continua son oeuvre, avec l'apogée du cône du Lannemezan.

Dernier maillon de la systématique géochrono-logique, le Quaternaire ne concerne que les deux derniers millions d'années de cette courte histoire géologique. Mais son rôle fut fondamental dans la touche finale apportée au modelé. Les glaciations en constituent l'événement le plus spectaculaire. Les glaciers ont démantelé les grands édifices volcaniques du Massif central. Ils ont surtout ciselé le modelé des Alpes, du Jura, des Vosges et des Pyrénées : cirques grandioses, vastes vallées en auges. Toute la vie pyrénéenne porte l'empreinte de l'impact des glaciers.

Au cours des périodes les plus froides, la mer connut une régression, ce qui découvrit des sédiments sableux qui, repris par le vent, ont favorisé les épandages de loess et la formation de cordons dunaires, des cordons littoraux du Languedoc au delta du Rhône. À la fonte des glaces, la mer remonta en une transgression qui modifia les lignes de rivages. À la transgression flandrienne, nous devons les calanques de la Méditerranée. Enfin, l'activité tectonique est restée active, comme le marque la fréquence des séismes dans les ensembles alpins et pyrénéens.

2.1 - L'orogenèse pyrénéenne

À l'est de l'Ariège, les Pyrénées orientales et les Corbières constituent la partie la plus large du domaine pyrénéen, surtout si on y inclut le domaine catalan. Mais elles entrent dans l'histoire de cette chaîne si différente des autres montagnes de l'Hexagone.

Globalement, les Pyrénées s'élèvent brutalement au-dessus des plateaux du bassin aquitain, dessinant une muraille blanche de neige et crénelée qui fait toute la beauté de la perspective du boulevard des Pyrénées à Pau. Sur plus de 300 km, aucun col n'est à moins de 1 600 m. Pourtant, les altitudes restent modérées : pas plus de 3 352 m au Mont Perdu, mais le manque d'aération de la montagne fait que l'altitude moyenne se trouve être de 1 008 m, soit guère moins que les Alpes 1 121 m, pourtant beaucoup plus élevées en absolu. En fait, les Pyrénées manquent d'articulation. Il n'existe pas l'équivalent des longues vallées longitudinales alpines où s'engouffrèrent les grands ombilics glaciaires du Quaternaire. Ici, on ne rencontre que des vallées transversales encaissées malgré les retouches glaciaires et isolées par des cols élevés (2 180 m au Tourmalet), qui ont fait dire que dans leurs parties centrale et occidentale les Pyrénées ressemblent à des Cévennes soulevées à 3 000 m. Tout cela se trouve séparé de la plaine par les cônes de déjection du Lannemezan.

Mais cette disposition cesse d'être réalisée à l'est où les directions hercyniennes apparaissent en même temps qu'une tectonique cassante génératrice de fossés, ou seulement de cuvettes de subsidence. Des sédiments d'origine glaciaire se sont accumulés à l'amont, d'autres d'origine fluviatile ou marine au centre et à l'aval. La confrontation du rôle des transgressions et régressions quaternaires s'associa à un inexorable mouvement ascendant néotectonique pour engendrer des terrasses bien individualisées et portées à forte altitude.

Tout cela tient à la particularité de l'histoire géologique de la chaîne dont nous nous contenterons, dans un premier temps, de ne décrire que les phases principales.

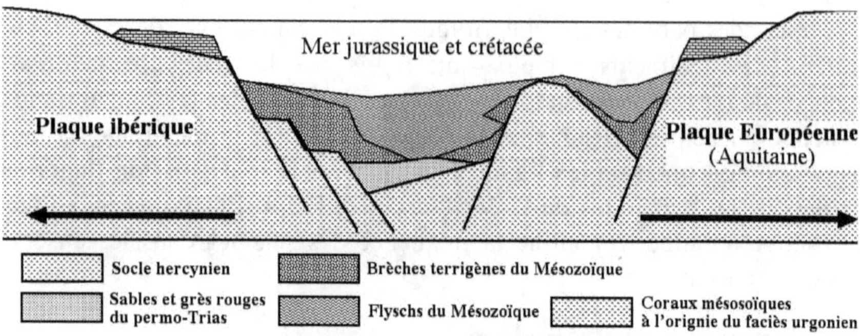

Document 2.1 - Le sillon des flyschs

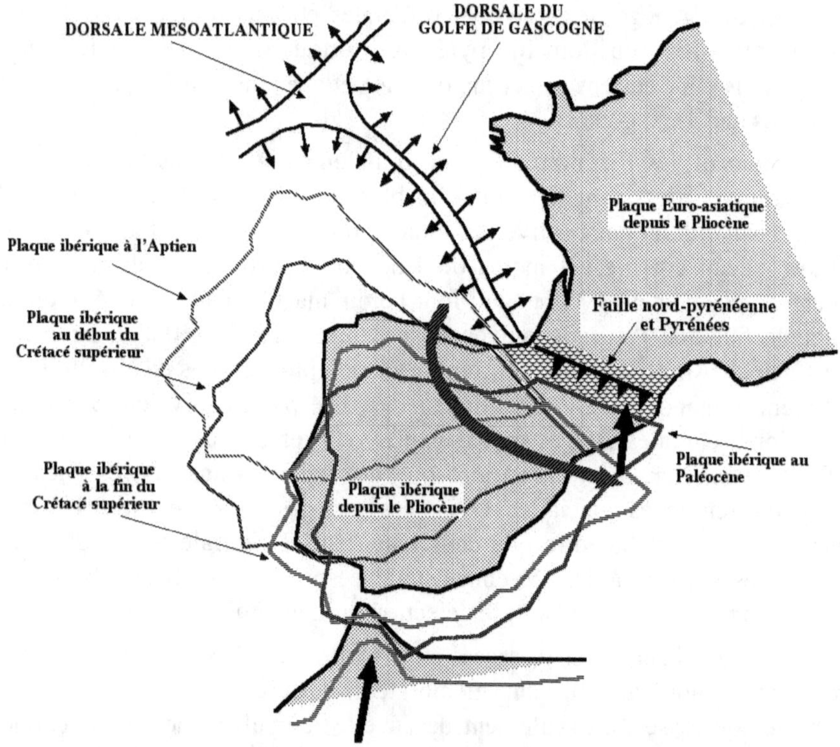

Document 2.2 - La rotation de la plaque ibérique et l'orogenèse pyrénéenne (L'Europe est supposée immobile)

1°) Ancienneté de l'orogénie pyrénéenne : l'armature est en effet hercynienne. Cette chaîne fut nivelée à partir du Permien dans un contexte de climat chaud, alternativement sec et humide. Ainsi s'explique la formation de cailloutis mêlés à une matrice argilo-sableuse, le tout fortement oxydé, qui constituent les grès rouges du Permo-Trias, emprisonnant des évaporites : du gypse et du sel gemme.

Pendant les 50.10^6 années du Jurassique, les formations hercyniennes furent submergées. L'ouverture de l'Océan Atlantique, entre l'Europe et l'Amérique du Nord, favorisa la formation d'un vaste bassin d'effondrement entre une plaque européenne et une plaque ibérique issues de la rupture de la chaîne hercynienne. Ce fossé fut envahi par la mer et comblé de sédiments terrigènes, des sables depuis consolidés en grès, et surtout des flyschs (aussi le fossé est-il nommé sillon des flyschs : document 2.1). Les marges portaient des récifs coralliens à l'origine du faciès calcaire de l'Urgonien. Simultanément, un volcanisme issu de la rupture du socle est à l'origine des ophites (roches magmatiques dont l'aspect évoque une peau de serpent), nées des éruptions locales.

Ce processus prit fin au milieu du Crétacé avec l'occurrence d'une première phase d'orogénie, entre l'Aptien et le Cénomanien. Il y a environ 100.10^6 années, au début de l'ouverture de l'Océan Atlantique, la plaque ibérique se sépara du Massif Armoricain selon une rotation antihoraire. Ce mouvement provoqua l'ouverture du golfe de Gascogne, d'une part, et la collision de la plaque ibérique avec la plaque européenne, d'autre part (document 2.2). Cette collision aboutit à la formation des Pyrénées stricto sensu, tout en coulissant le long de la faille nord pyrénéenne (zone d'accidents tectoniques). Elle aurait surtout été marquée par le soulèvement progressif des blocs hercyniens, dont le démantèlement cénomanien accumula des flyschs dans une fosse septentrionale.

La seconde phase fut contemporaine du soulèvement général des Alpes, elle constitue un moment de paroxysme orogénique. Elle aurait commencé plus tôt à l'est, où des mouvements survenus au Lutétien auraient été identifiés, pour se poursuivre jusqu'à l'Oligocène. Au Crétacé supérieur, à partir de -85.10^6 années, du fait de la poussée de la plaque africaine, le mouvement de la plaque ibérique s'orienta vers le nord, ce qui provoqua sa collision avec le bord aquitain de la plaque eurasiatique. Alors, la subduction de la plaque ibérique sous l'Eurasie fut responsable de la surrection des Pyrénées, principalement entre -80.10^6 et -20.10^6 années, entre le Crétacé supérieur et le Miocène.

Un pli de fond souleva et cassa le matériel hercynien, qui néanmoins resta enraciné, alors que la couverture sédimentaire était plissée par des mouvements tangentiels venus du sud. Ce plissement fut violent et dégénéra souvent en nappes de charriages. Il ne semble pas y avoir eu de très grands déplacements comme dans les Alpes, mais plus souvent de simples déversements. On a donc parlé d'une *chaîne* en anticlinorium , avec cependant des zones sédimentaires disposées symétriquement au nord et au sud d'un axe de massifs anciens. Les géologues ont donc défini dans la partie française la distribution suivante (document 2.3) :

➢ La *zone pré-pyrénéenne* est elle-même constituée, du nord au sud, d'un anticlinal éocène et crétacé, ou « Petites Pyrénées », et d'un synclinal cénomanien et d'un faisceau de rides très redressées. Plus à l'ouest, elle s'individualise dans les collines des Pyrénées-Atlantiques.

➢ La *zone nord pyrénéenne* ou *zone de l'Ariège* » est une suite de massifs hercyniens qui furent noyés dans un matériel surtout calcaire où la tectonique est très compliquée.

➢ La *zone axiale* est la plus haute, et elle sert grossièrement de frontière, c'est la plus étendue, mais c'est aussi la plus simple : une voûte du noyau hercynien déformé par le grand pli de fond tertiaire.

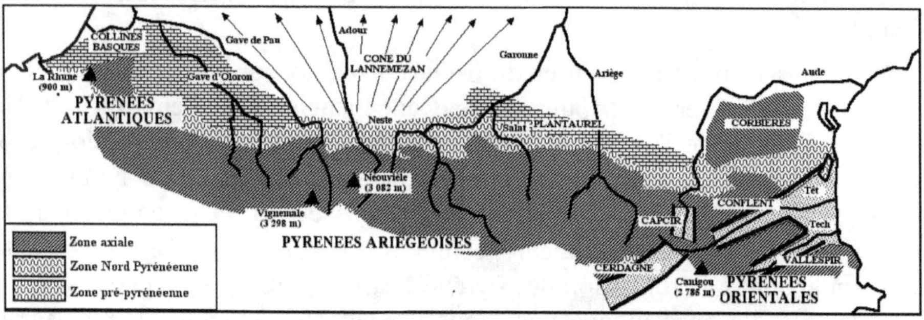

Document 2.3 - Esquisse géologique des Pyrénées

Pourtant, tout ceci est inégalement réparti, surtout du point de vue chronologique, et les Pyrénées sont difficiles à diviser en bandes longitudinales comme les Alpes (document 2.3). Surtout, alors que s'opérait cette surrection plus ancienne que celle des Alpes, les aplanissements vigoureux, plus étendus que dans les Alpes, « liment » les sommets et sont responsables de la constitution d'épais dépôts détritiques (les poudingues du Palassou par exemple), eux-mêmes fournisseurs de matériaux pour la plus grande partie des systèmes d'érosion quaternaires.

2°) Les systèmes d'érosion ont fonctionné très tôt et nombre d'eux concernent des héritages lointains. Dans cette présentation, on s'intéressera surtout aux formes récentes de l'érosion. Mais les hautes surfaces conservent encore la trace des aplanissements post-hercyniens qui favorisèrent plus tard l'extension d'icefields quaternaires.

Les érosions récentes, contemporaines de l'orogénie alpine, se sont surtout produites entre l'Oligocène et le Pliocène. Elles ont préparé l'action des glaces, quoique dans une moindre mesure que dans les Alpes. Elles furent provoquées par des mouvements à grand rayon de courbure, dont une preuve en est la situation de poudingues encore disposés horizontalement à près de 2 000 m. L'érosion que ces mouvements provoquèrent a livré une masse considérable de matériaux qui ont ennoyé l'avant-pays aquitain sous les immenses « cônes de déjection » du Lannemezan, qui masque parfois la zone des prè-Pyrénées. Ces mouvements ont aussi favorisé la dissection de la chaîne, mais sans l'aérer beaucoup, sous forme de sillons nord-sud creusés par les vallées, dont les eaux suivaient la ligne de plus grande pente. Il n'y aurait guère qu'à l'est que la structure (par ailleurs peu déliée) aurait pu être mise en valeur. Les retouches glaciaires restèrent modérées dans ce milieu méridional et déjà marqué par le climat méditerranéen dans sa partie orientale. Aujourd'hui, les Pyrénées n'ont conservé que 25 km^2 de glaciers actifs, sous la forme d'appareils résiduels : petits glaciers de cirque et de plateau du Néouvielle, du Vignemale et du Marboré.

On comprendra que les conséquences furent les mêmes au cours du Quaternaire, et les formes glaciaires héritées restent très modérées ; d'autant plus qu'il faut tenir compte des contingences locales. À l'ouest, la chaîne était plus arrosée, donc plus enneigée, mais dans un contexte orographique moins élevé qu'au centre et à l'est; si bien que les glaciers basques s'approchèrent plus de l'Atlantique que les glaciers roussillonnais et catalans ne s'approchèrent de la Méditerranée. Cette méridionalité limite aussi la trace des glaciations anciennes, souvent difficiles à déceler, et les épaulements en gradins sont si rares qu'on a longtemps admis l'hypothèse d'une seule glaciation pyrénéenne.

Il faut aussi reconnaître que la topographie préglaciaire ne favorisait pas la constitution de grands ombilics, telle l'absence de ces grands sillons longitudinaux typiques des Alpes et capables de constituer de vastes collecteurs donnant des surcreusements périphériques pratiquement absents ici. Aussi, comme les ombilics tributaires étaient minuscules, les vallées latérales sont suspendues très haut. Vers les sommets, les plates-formes héritées des aplanissements anciens facilitèrent, au contraire, la constitution d'icefields, comme on en observait dans les pays scandinaves, avec aujourd'hui de hautes surfaces beurrées de moraines, donnant une topographie de bosses et de cuvettes favorables aux lacs et aux tourbières, comme on pouvait en observer autour du Carlitte. Plus haut encore, les hauts sommets sont ciselés par des cirques, riches en lacs de verrous et qui, en « *ombrées* », conservent des névés jusqu'au coeur de l'été, comme sur le versant nord du Canigou.

Pourtant cette description générale, qui rendrait compte d'une certaine simplicité de l'ensemble, cache des nuances régionales très marquées, dans lesquelles il ne faut pas négliger les oppositions climatiques, hydrologiques et biogéographiques. Le cas des Pyrénées-Orientales en est le meilleur exemple.

3°) La persistance des activités tectoniques relève de la subduction d'une plaque sous un autre, et/ou du coulissage entre deux plaques ; ce sont des facteurs importants de risque tellurique. Or, les Pyrénées ont connu la subduction et le coulissage de la « plaque ibérique » et de l'Eurasie le long de la faille nord-pyrénéenne, principal accident tectonique. Ce mouvement des plaques induit localement une compression orientée NW-SE à NNW-SSE, et l'activité principale affecte le Nord de la zone axiale dans la partie centrale et occidentale de la chaîne, où le risque est anciennement reconnu.

➢ L'intensité évalue les dégâts matériels provoqués par la secousse sismique : l'échelle macrosismique d'intensité M.S.K. établie en 1964 par les géophysiciens Medvevev, Sponheuer et Karnik. Les dommages n'apparaissent que pour le degré V et les destructions au degré VII. Au degré XII, la géographie des lieux est complètement bouleversée. Les Pyrénées auraient connu des séismes d'intensité VIII (Les cheminées des maisons tombent) et IX (Les maisons s'écroulent. Les canalisations souterraines sont cassées).

➢ Ce ne sont pas des secousses négligeables. On citera : le séisme de Prats-de-Mollo en 1428 d'intensité XI qui détruisit des édifices solides jusqu'à Barcelone, Le Puy et Libourne, celui de Bagnères-de-Bigorre, en 1660, d'intensité VIII-IX, le séisme de Lourdes, en 1750, d'intensité VIII, le séisme du Val d'Aran, en 1923, d'intensité VIII, le séisme d'Arette, en 1967, le séisme de Mauléon en 1982, et surtout celui d'Arudy, en 1980, estimé comme le plus important séisme métropolitain du XXe siècle.

➢ La sismicité des Pyrénées-Orientales est moindre, cependant les données macrosismiques révèlent une crise importante durant le XVe siècle. Le 13 puis le 19 mars 1427, des séismes d'intensité VII-VIII et VIII auraient préfiguré le « grand tremblement de terre d'Olot » du 2 février 1428 et d'intensité IX. En 1996, les Pyrénées-Orientales furent encore secouées par un séisme mineur.

Dans un compte-rendu de l'Académie des Sciences de 1992 (Paris, 314, II, 1239-245), P. Philip, J.C . Bousquet, J. Escuer, J. Fleta, X. Goula et B. Grellet ont décrit des failles inverses d'âge quaternaire dans les Pyrénées orientales. Nous-mêmes, accompagnés de Marc Calvet, avons observé des éboulis indurés, recoupés par des failles, dans la région de Caramany et sur le versant espagnol. Or, ces évènements sont la suite d'autres, intervenus dès le Pliocène, et marqués par l'occurrence de mouvements verticaux avec formation de horsts et de grabens, en Roussillon.

2.2 - Les Pyrénées Orientales

C'est seulement entre la Garonne et l'Ariège que les Pyrénées constituent un ensemble complet constitué par une zone axiale cristalline intrusive, quoique la frontière la rejette en partie en Espagne dans la Maladeta, en contact anormal avec une zone nord-pyrénéenne ou zone de l'Ariège constituée par les massifs hercyniens des Trois Seigneurs (2.200 M) et du Saint-Barthélemy (2.440 M), noyés dans une enveloppe de sédiments calcaires. Elle est en contact anormal avec la zone suivante, une zone de « pré-Pyrénées » où se succèdent, du sud au nord, la zone des plis normaux très redressés, le sillon cénomanien et l'anticlinal éocène et crétacé du Plantaurel. C’est ici seulement, entre la Garonne et l'Ariège, qu’on observerait des amorces de sillons longitudinaux: le Val d’Aran dans la zone axiale et la Garonne en amont de Montréjeau, le Salat en aval de Saint-Girons et l'Ariège d’Ax-les-Thermes à Tarascon dans les deux autres zones.

En fait, à l'est de l'Ariège, dans les Pyrénées-Orientales, au sud des Corbières, cette division longitudinale est troublée par l’occurrence de fossés d’effondrement (document 2.4) : Cerdagne, Capcir, Conflent, Vallespir, séparés par des horsts : Fenouillèdes, Aspres, Canigou et Albères.

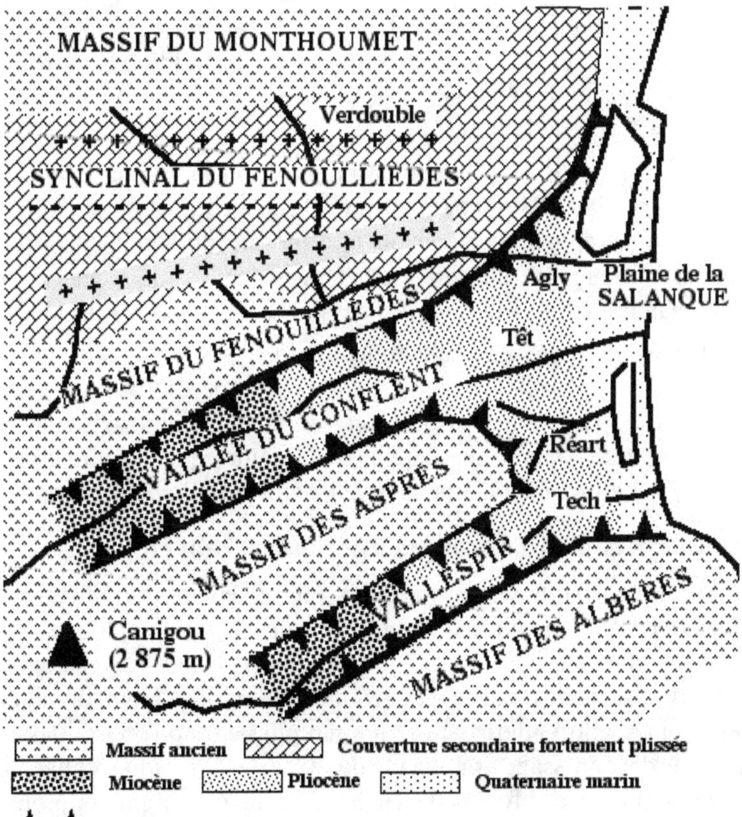

Document 2.4 - Esquisse géomorphologique des Pyrénées-Orientales

2.2.1 - Les ensembles morphostructuraux

L’orogénie est restée très puissante et l’on a écrit souvent que la montagne atteint en pleine force les rivages de la Méditerranée. Par contre, elle se morcelle fortement, selon un mode de dégénérescence qui n’est pas sans rappeler les Carpates. La montagne n’y a jamais été aussi large plus à l'Ouest, avec :

➢ *Au Nord on rencontre le socle hercynien du Monthoumet*. Dans la moitié occidentale des Corbières, ce morceau du Massif Central, isolé de la Montagne Noire par l'ensellement éocène du Seuil du Lauraguais, et qui disparaît vers l'est, sous les écailles de nappes de charriages aux formes décharnées, dont les écailles de Vingrau sont les plus spectaculaires.

➢ Au Sud, ce serait l'extrémité orientale de la zone axiale avec encore de très hauts sommets : le Carlitte 2 921 m, le Puigmal 2 913 m, et le Canigou 2 785 m.

➢ C'est entre les deux que la tectonique cassante pontienne engendra des bassins d'effondrement : Capcir (Aude), Cerdagne (Sègre) et Conflent (Têt) et de vastes plaines de subsidence ouvertes sur le littoral : Vallespir (Tech) et Roussillon (Têt et Agly). Ces plaines et ces bassins furent remblayés par des cônes de déjections et des sédiments marins au cours du Pliocène. Ce dernier est épais de 500 m dans le Roussillon.

Le résultat de ces efforts tectoniques, qui ont duré jusqu'au Quaternaire, fait que le Canigou approche les 3 000 m à moins de 50 km de la Méditerranée, et que dans ces conditions les cours d'eau : Tech, Têt, Aude et Agly se sont enfoncés en gorges épigéniques, au fur et à mesure du soulèvement. Mais ces rivières ont aussi construit des terrasses étagées par les mouvements verticaux positifs du Quaternaire, à l'intérieur des bassins et des plaines littorales.

Au contraire, les montagnes alentour, quoique portées à forte altitude, ont conservé la trace des aplanissements anciens, appelés localement « *Plas* », autour du Carlitte, du Puigmal et du Canigou. Si les reliefs sont ciselés par les anciens cirques, ces « *Plas* » sont nappés de moraines qui fournirent une grande partie du matériel alluvial au cours des cycles érosion/alluvionnement.

2.2.2 - Les dépôts du Cénozoïque inférieur et moyen

En effet, ce sont surtout eux qui nous intéressent le plus directement car, dans plusieurs cas, l'incision quaternaire du réseau hydrographique se réalisa à leurs dépens. Mais ils ont aussi fourni parfois une partie des éléments constitutifs des terrasses et des cônes de déjection. Trois domaines nous concernent plus particulièrement : le remplissage pliocène des rias du Roussillon, le remplissage miocène du Conflent et du Vallespir, et le remplissage oligocène des fossés de Tuchan, Tautavel-Vingrau et probablement de la partie méridionale du synclinal de Maury.

Il faudrait y ajouter un hypothétique épandage oligocène, par lequel nous commencerons.

1°) Les brèches oligocènes constituent, sur la carte géologique de Rivesaltes, deux affleurements topographiquement séparés par la nappe des calcaires du Dogger, du Malm et de l'Urgonien qui sépare la plaine de Tautavel de la « *Crest de Rivesaltes* ».

a) Les formations de Paziols-Estagel forment un conglomérat constitué de galets grossiers, généralement en provenance d'un démantèlement torrentiel des calcaires jurassiques et urgoniens. Elle se présente maintenant sous une forme consolidée : une brèche plus qu'un poudingue du fait de la modestie de l'émoussé des éléments.

Cette formation discordante jalonne une topographie de ravinement qui traduit un climat assez humide pour avoir donné de l'écoulement, dans un contexte de couvert végétal précaire pour assurer à l'érosion une emprise assez forte sur le milieu. Les nuances saisonnières étaient fortement contrastées, avec des phases pluviales violentes, séparées par une sécheresse prononcée : on reconnaîtrait volontiers une variante de climat de type méditerranéen ou de climat tropical à longue saison sèche. Enfin, l'ampleur des dépôts, 700 m dans le fossé de Tuchan, ne peut guère s'expliquer que dans un contexte tectonique très actif, de mise en place des écailles calcaires et du creusement des fossés et des synclinaux.

Les torrents accumulèrent des centaines de mètres de galets, jusqu'au comblement des cuvettes. Quand, au début du Pliocène, l'activité tectonique pyrénéenne se déplaça vers la côte, elle y attira un écoulement qui, au Quaternaire, allait inciser des vallées dans ces brèches, et révéler ainsi les fossés tectoniques : Tuchan, Tautavel-Vingrau, Maury. On peut citer quelques exemples :

➢ *La butte de Montrodon* est située à la sortie de Tautavel, vers Estagel, sur la droite. Elle laisse apparaître une cinquantaine de mètres de brèche calcaire aux galets d'aspect guère émoussé, qui ne seraient que les restes du remplissage du fossé de Tautavel. L'apport latéral, dans un contexte de lente subsidence, mais importante, est certain. Ailleurs, on nommerait cela une formation de Piémont.

➢ *Cami de Paziols et ravin du Mas d'En Siméon* : En allant de Tautavel à Tuchan, après le Mas de la Fouradade, ce sont des collines situées au pied de la « Muraille » des calcaires du Dogger, du Malm et de l'Urgonien de Roc Nègre. On y observe les mêmes formations ainsi que d'importants affleurements de gros galets de quartzite (mais qui ne semblent pas en place).

➢ *Remplissage de la plaine de Tuchan.* Près de 700 m de galets calcaires, centimétriques et cimentés en brèches se suivent le long des lacets de la départementale 39. Au Quaternaire, ces galets ont alimenté l'alluvionnement des terrasses au cours des crises climatiques. Le fossé de Tuchan, qui attira à lui ces formations torrentielles, est facilement délimité par deux failles « visibles » : l'une E-W au sud du Château d'Aguiller, et l'autre NE-SW révélée à la faveur du dernier vallon traversé avant d'atteindre le sommet du massif, vallon qui exploita la ligne de fragilité.

Le résultat est que dans les fossés où affleurent les marnes schisteuses de l'Aptien et de l'Albien, ces brèches donnent des inversions de reliefs : *Sami de*

Pazzi au nord-ouest (de Tautavel), *Montrose*, *Serra de la Poubelle*, *La Lola* entre Tautavel et la confluence Agly Ruisseau de Maury.

Entre Estagel et Maury, à la confluence du ruisseau de Maury et de l'Agly, cette brèche forme l'éperon de confluence (au creux d'un synclinal dans les calcaires urgoniens et jurassiques). Sa position la ferait confondre avec les moyennes terrasses des deux cours d'eau, si l'altération des galets de calcaires n'avait pas donné un ensemble fortement rubéfié, appelé *formation rutilante* que M. Calvet avait déjà rattaché à cette brèche. D'ailleurs la rubéfaction des terrasses n'a rien à voir avec la couleur de cette formation : rouge sang comme une groie du Poitou.

b) La formation dite des Brèches d'Espira de l'Agly s'étend sur le versant oriental de la nappe de calcaires du Dogger, du palm et de l'Urgonien séparant la plaine de Tautavel de la Crest de Rivesaltes, dont elle constitue le sous-bassement. Elle a été décrite par G. Clauzon sur les feuilles Perpignan (1989) et Rivesaltes (1994).

Cet auteur la décrit comme *« une épaisse et énigmatique formation »* continentale : la brèche d'Espira de l'Agly, plus largement développée sur la feuille limitrophe Rivesaltes. Ce sont des brèches et des limons rouges d'origine continentale, interposés entre le Mésozoïque, que cette formation ravine, et le remplissage pliocène qui la recouvre en discordance (la coupe est très visible à l'ancien pont d'Espira). L'ensemble n'est pas continu, mais constitue une alternance de conglomérats d'une épaisseur de l'ordre du mètre et de niveaux limoneux fortement rubéfiés, où s'intercalent parfois des encroûtements carbonatés. Cette formation aurait une cinquantaine de mètres d'épaisseur. Comme la précédente, cette formation fossilise une topographie de ravinement fortement karstifiées, et son matériel est toujours issu des calcaires crétacés et jurassiques, ce qui en fait une formation très carbonatée et fortement indurée par endroits. Nous l'avons observée en deux endroits:

➢ *Au sortir des « ruines du Camp Joffre »* prendre la départementale 5 qui traverse la zone industrielle de Nord Roussillon, et gagner le *Pont Bombes*, près du *Ma Bloy*. Dans une vallée en général sèche (un « ru » qui se dirige vers l'étang de Salses), l'incision montre une coupe sans équivoque.

➢ *Au sommet, s'étend le cône de déjection du Reboul*, soit 1 m maximum de cailloutis roulés et non-roulés, dont des galets de quartzites remaniés de l'Oligocène des plateaux, ce qui exclut toute confusion avec les brèches d'Espira.

➢ *En dessous, la brèche d'Espira de l'Agly* se présente comme elle est décrite ci-dessus par *G. Clauzon* .

➢ En suivant la D.5, vers *pouls*, on recoupe le *Reboul* (dont le cône de déjection recouvre la formation) avant d'entrer dans les garrigues. On observe nettement, au pied du pont, l'alternance de cette brèche calcaire et des lits de limons très rubéfiés. Le pendage serait vers le sud-est, vers Perpignan où nous démontrerons une subsidence.

Le problème est celui de la datation de cette formation. La précédente a été vieillie du fait de la découverte, en son sein, de la faune de Pazzi (feuille de Tuchan) indubitablement oligocène. Par analogie, la *brèche d'Espira* qui avait été tant bien que mal datée du Mio-pliocène sur la feuille Perpignan en 1989, a été rapportée depuis à l'âge oligocène.

2°) Les galets miocènes du Camp de la Barre : au lieu-dit le Camp de la Barre, entre Vingrau et Tuchan, vers la cote 302, le lapiez développé sur le calcaire urgonien du « Planal de la Caune de l'Arague », est recouvert par un épandage mince et indécis de gros galets de quartzite très anciens, car très rubéfiés. Ce dépôt se suit, par plaques, depuis le Planal de la Dévèze. Peu au-dessus de la Caune de l'Arago, en direction du nord, ils correspondraient à un écoulement N-S mal daté mais situé entre l'Aquitanien et le Vindobonien, et qui pourrait bien, à notre avis, être un témoin de ces « oueds » qui jalonnaient la surface oligo-miocène.

Selon A. Fournier et J.C. Miskovsky, ce dépôt est marqué par la présence de minéraux lourds : tourmaline, épidote, zircon, grenat, amphibole et de petits quartz bipyramidés du Keuper. Nous y avons nous-mêmes trouvé des nodules métalliques lourds. On attribue aussi à cette époque l'extension de la karstification de l'Urgonien. Souvent, les remplissages miocènes constituent la masse du Vallespir et du Conflent, mais ils ont aussi marqué l'espace par quelques épandages sur les confins des Corbières.

2.2.3 - Les dépôts pliocènes

Ils nous ont causé suffisamment de difficultés, du fait de leur ressemblance avec certains faciès de lambeaux des plus anciennes terrasses, pour nous y attarder. Ces problèmes se sont spécialement présentés à nous pour ce qui concerne l'existence des lambeaux des terrasses quaternaires et des cônes de déjection, entre les vallées du Tech et du Réart.

Le long de la vallée de la Têt, sur la rive gauche, on observe entre les orgues d'Ille-sur-Têt et Saint-Estève un talus avivé par l'érosion et bien souvent raviné par le ruissellement actuel. Un épais sédiment blanchâtre, constitué d'une alternance de niveaux sableux et de bancs de galets, dessine souvent un talus pouvant atteindre une centaine de mètres au camping d'Ille-sur-Têt, et encore 20 à 30 m à la *Butte du Four* à Millas, où il se trouve couronné par les galets de la moyenne terrasse.

Au cours de sorties de terrain en juillet 1993, le caractère fluviatile de cette formation nous interpella. Nous avions d'abord attribué ces niveaux à la terrasse quaternaire, mais, s'il s'agissait bien d'un faciès continental, celui-ci appartient au Pliocène. En effet, Depéret dés 1885, Bourcart en 1938, et A. Monaco, dans sa thèse en 1971, ont donné une description du Pliocène du Roussillon qui ne laisse aucun doute. Ce type d'affleurement apparaît régulièrement dans la vallée du Réart et de son affluent la Canterrane, ainsi que dans la vallée du Tech, sur la rive gauche entre Le Boulou et Elne (et particulièrement entre Ortaffa et Elne).

Il est admis que le remplissage du Roussillon peut être divisé en deux séries, marquées chacune par une discontinuité stratigraphique. Le mur du Pliocène constitue une discordance sur la roche encaissante, et se trouve marqué par une surface de ravinement dans le Messinien. Il est jalonné par quelques séquences continentales, et surtout recouvert de sédiments marins constituant le colmatage de ce qui devint une ria au cours de la transgression Zancléenne. Celle-ci donna le Pliocène marin fort bien représenté dans les sondages mais pas toujours visible, car il fut lui-même recouvert après émersion et nouveau ravinement. La seconde discontinuité de sédimentation, recouverte elle-même par une importante sédimentation continentale, ne sera ravinée que par les cours d'eau quaternaires, première trace des fleuves Têt et Tech.

1°) La série inférieure constitue le faciès basal du Pliocène, celui ***qui aurait précédé la transgression marine. Il apparaît au sud d'Espira et à*** l'ouest de Baixas où il est discordant sur le substratum du massif de Força Réal (ici des terrains sédimentaires du Primaire et du Secondaire). Il se trouve composé d'une brèche à matrice argileuse rouge où dominent des débris de schistes, qu'il ne faut plus confondre avec la « Brèche d'Espira ». Cette série nommée pBr1 sur la feuille de Rivesaltes est sous-jacente au Pliocène continental sommital.

2°) Les faciès marins seraient essentiellement sablo-marneux. Les marnes bleues et les sables arkosiques appelés **pM** sur la feuille Perpignan et **p1M**, sur la feuille Rivesaltes, s'intercaleraient entre deux phases continentales. Cette formation est décrite comme affleurant fortement au Boulou (vallée du Tech), à Espira de l'Agly et entre Néfiach et Millas. En effet, entre la haute terrasse de Poc Calbeil et le cône de déjection récent, les sables continentaux reposent sur un faciès marneux et riche en pectinidés et en ostréidés.

En ce même lieu, les auteurs de la carte de Rivesaltes signalent aussi un faciès deltaïque **p1** indiquant que géographiquement on se trouvait alors au fond de la ria ou plutôt dans l'un de ses diverticules.

3°) Comment se présente le puissant faciès continental ? Il a été parfaitement décrit dans la thèse de Monaco, puis sur la feuille Perpignan. La base est composée de limons, de calcaires et d'argiles à lignites. La masse centrale rassemble des sables arkosiques à dragées de quartz, passant latéralement et verticalement à des limons jaunes ou silts pédogénisés, et à des chenaux conglomératiques de galets centimétriques du même spectre que les terrasses et les alluvions actuelles de la vallée de l'Agly et de la Têt. Elle s'achève, au sommet, par des limons jaunes et des travertins.

a - Le faciès médian est le plus représentatif et c'est celui de la « falaise de Perpignan », et, d'après la carte de Perpignan, le talus individualisant les terrasses quaternaires étagées entre Rivesaltes et Pia.

Dans la vallée de la Têt, il individualise la terrasse de la Butte du Four entre Millas et Saint-Estève, et la terrasse de La Llabanère à l'est de Saint-Estève, sur la rive droite. Sur la rive gauche, il individualise alternativement les terrasses de Pia et d'Ille-sur-Têt. Rappelons que ce faciès a livré une très riche faune de mammifères. Il joue un rôle semblable dans la vallée du Tech en aval de Brouilla.

Ce faciès connaît néanmoins des variations latérales et longitudinales, qui sont bien individualisées sur la feuille Rivesaltes. C'est la variation latérale qui a permis d'introduire la subdivision des faciès **pBr1** et **pBr2**, qui, indubitablement, correspondent à des apports latéraux de type torrentiel. L'évolution longitudinale porte sur des alluvions allochtones avec évolution lente assurant la transition entre les faciès proximaux d'amont, situés aux débouchés des cônes (cailloutis grossiers d'Ille-sur-Têt), et les faciès distaux d'aval (limons jaunes, silts, concrétions carbonatées).

Nous avons réalisé une analyse granulométrique dans la fraction sableuse (document 2.5).

➢ *Le site choisi se tient au pied de la « terrasse de Mas Ferréol »,* le long de la départementale 112, de Millas à Estagel, dans la ligne droite située à l'ouest de la terrasse. Sur la droite, en venant de Millas, on le voit, face à un jardinet entouré de cyprès. Un afflcurement en bordure de route donne, sur environ un mètre, la succession de sables rubéfiés grossiers au sommct (on y a pris l'échantillon), d'un lit décimétrique de galets centimétriques de schistes et de quartz, et d'un banc inférieur de sables grossiers mêlés de galets schisteux et quartzeux.

➢ *L'analyse révèle une formation assez bien classée* dans sa fraction grossière certes, mais qui différera des formations quaternaires traduisant, elles, un écoulement beaucoup plus torrentiel sans classement. La courbe parabolique révèle une répartition qui croît exponentiellement avec la taille des granules traduisant un écoulement dont la compétence était impropre à transporter un matériel trop grossier. Ce genre de courbe, classique d'une tête de deltas ou d'un cône de déjection, peut traduire la formation **p1D** comme un faciès latéral de **p1C**.

➢ *Le calcul des indices confirmerait l'un de ces types de formations.* Le matériel est grossier avec une médiane de 1,22 mm (32 AFNOR) et un indice m.z = 10,58. Il n'est que moyennement classé : F.i = 0,98 (0,71 < F < 1,00), et très asymétrique avec des fractions grossières les mieux classées : Asq = 0,65, et fortement prépondérantes : ski = 0,98. Mais c'est un sédiment assez bien trié, l'hétérométrie Hq n'est que de 0,26.

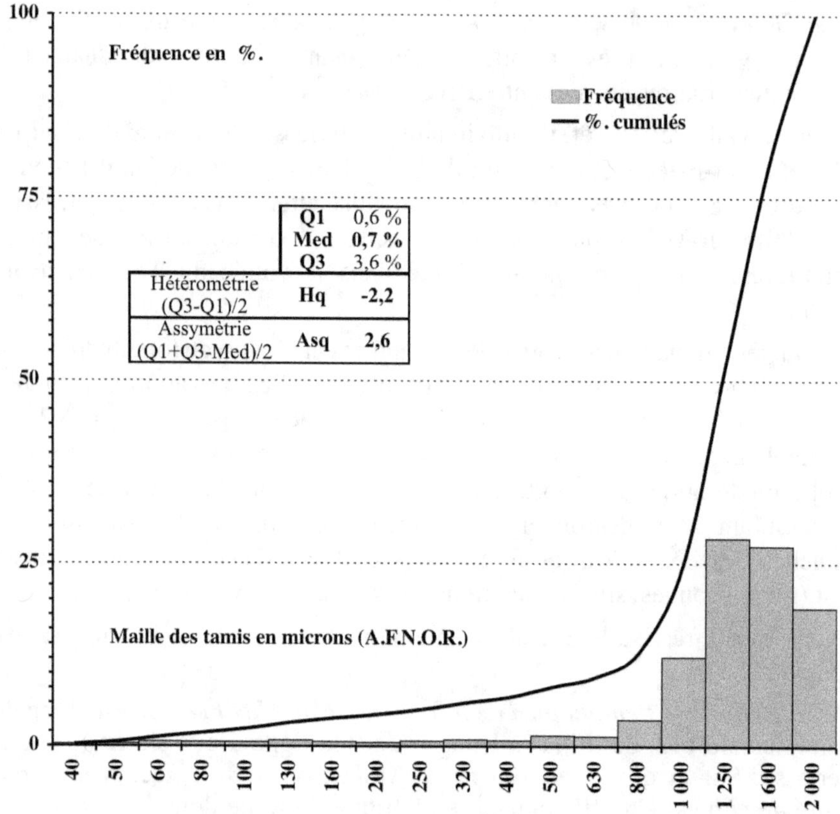

Document 2.5 - Profil granulométrique et indice du Pliocène continental à Millas.

➢ *Les coupes sont splendides sur la rive gauche de la Têt,* aux environs de Millas ou d'Ille-sur-Têt (au sommet d'une des « orgues », est individualisée la haute terrasse de Matta Roudoune). Sous les éléments de la terrasse fortement rubéfiée, les niveaux sableux non consolidés et les galets constitués en lentilles confirment le caractère de « séquence détritique fluviatile » de ce faciès.

b - Les brèches supérieures de « Força Real » ont été observées par l'analyse transversale du Pliocène entre Néfiach et Pézilla, le long de la faille dite de Força Real, qui marque le bord du fossé. Cette faille est en fonctionnement depuis au moins le Miocène. Le Pliocène continental **p1C** entre en contact anormal avec les séries schisto-grèseuses du massif de Força Real et le Silurien d'Estagel. Les sables continentaux sont alors surmontés par des brèches à éléments schisteux et à matrice de limons rouges.

Leur extension longitudinale, rigoureusement couplée avec celle de la faille, révèle leur origine syntectonique. Or, c'est exactement sur ce faciès que reposent les hautes terrasses à Mas Ferréol, (entre Los Porganés et la Baillobère) et surtout à Poc Calbeil où la formation prend l'allure d'une coulée de head très ancienne (ce qui n'aurait rien d'étonnant quand on sait l'ancienneté des glaciations) ; consécutive à une phase d'incision, elle aurait précédé l'alluvionnement d'une « paléo-Têt ». L'ensemble est fortement incliné vers le sud-est, pendage pouvant aller de 10 à 40 degrés.

Document 2.6 - Ravinement dans la brèche de Força Réal vers Espira de l'Agly.

C'est dans ce contexte qu'intervint la succession de climats périglaciaires et interglaciaires, au cours des deux millions d'années du Quaternaire. L'action du processus gel/dégel a accumulé un important matériel détritique à partir des sommets environnants ; la brutale fonte des neiges du printemps, ainsi qu'une importante torrentialité ont façonné des galets, des graviers et des sables, répandus jusqu'à la mer, selon des nappes alluviales colmatant les fonds de vallées. Mais la succession de régressions et de transgressions marines, tout comme l'influence de la néotectonique, ont construit tout un système de niveaux alluviaux étagés que nous allons décrire maintenant.

2.3 – L'occurrence du Quaternaire en Roussillon

La commission stratigraphique internationale a arbitrairement choisi la fin de l'événement Olduvai au cours de la polarité inverse Matuyama, il y a $1{,}64.10^6$ ans, comme début du Quaternaire. Mais d'autres admettent que le changement de polarité Gauss-Matuyama, vers $2{,}4.10^6$ B.P, serait plus judicieux, car il inclut l'antique Villafranchien.

Toutefois, le Quaternaire est un événement essentiellement climatique, où la répartition des terres et des mers dans l'hémisphère nord est devenue favorable à une climatologie changeante avec des saisons très marquées, pour peu que l'incidence des rayons solaires soit elle-même perturbée de façon cyclique. Les conditions géomorphologiques, hydro-logiques et écologiques n'en furent que les conséquences.

Nous évoquerons ci-dessous, notre interprétation des conséquences des ambiances glaciaires et interglaciaires pour le fonctionnement hydrologique des bassins versants. Mais il nous faut montrer auparavant ce que l'on voit et ce que l'on sait sur la répartition des alluvionnements fossiles des fleuves du Roussillon.

2.3.1 – Le système de terrasses fluviatiles

Le remplissage mio-pliocène du golfe du Roussillon subit l'incision linéaire du réseau hydrographique, au cours des phases régressives de la Méditerranée qui accompagnèrent les glaciations quaternaires. En phase terminale, à la suite de la transgression flandrienne, on estime que ces vallées se comportèrent comme de vastes calanques. Mais les courants marins alimentés par les fleuves côtiers construisirent des flèches et des cordons de galets, consolidés par des dunes, qui finirent par les colmater. Il en résulte, vers la côte, un paysage ambigu, où les dépôts continentaux holocènes des lits majeurs se glissent sous les sédiments marins et lagunaires des « *salanques* », encore couvertes d'étangs isolés de la mer par d'étroits cordons littoraux.

Nous vivons un interglaciaire et les remblaiements anciens sont recouverts par les sédiments marins les plus récents, quand ils ne sont pas sous le niveau actuel de la Méditerranée. Il en résulte qu'en dehors des formations littorales lagunaires ou dunaires, le Quaternaire est représenté par les formations continentales ayant accompagné les phases de remblaiement et d'érosion des trois principaux cours d'eau issus des montagnes de l'ouest : Agly, Têt, Tech auxquels il faut aussi ajouter le Réart et son principal affluent, la Canterrane. L'histoire serait alors apparemment simple, et du fait de leur proximité, les mêmes niveaux devraient se retrouver sur les quatre fleuves côtiers. Cependant, s'il est reconnu que les vallées de la Têt et du Tech étaient déjà incisées à la fin du Pliocène, celles de l'Agly et du Réart ne se seraient incisées qu'au cours du Quaternaire. Pour Henry de Lumley, les terrasses dites du Réart ne sont peut-être que les traces d'anciennes divagations du parcours de la Têt (ou du Tech).

Un second problème vient troubler la répartition des niveaux. Vers l'amont, des seuils tronçonnent les vallées en deux grands ensembles, où l'on ne peut affirmer que des niveaux apparemment en connexion topographique soient réellement contemporains. Le plus net est la Plaine du Roussillon proprement dite, où les niveaux anciens ne présentent guère de solutions de continuité, et à laquelle se rattachent les alluvion-nements quaternaires des fleuves côtiers.

➢ Les terrasses de la vallée de l'Agly et de ses affluents issus du massif des Fenouillèdes, la Desix et le ruisseau de Maury en particulier.

➢ Les terrasses de la vallée de la Têt en aval du défilé de Rodès.

➢ L'ensemble des terrasses du Réart et de son affluent la Canterrane.

➢ L'ensemble des terrasses de la vallée du Tech puisqu'il ne semble pas exister de gorges isolant des portions de vallées en aval du village du Tech, en Haut-Vallespir, village en amont duquel nous avons limité nos investigations. Le Vallespir lui-même s'ouvre largement sur la mer.

Au contraire, sur certains bassins hydrographiques, du fait de la présence de seuils rocheux recoupés en gorges épigéniques, il existe des plaines isolées. Il pourrait être hasardeux d'en relier les terrasses à celles de l'aval.

➢ *Sur la Têt en amont de Rodès*, entre Vinça et Prades, s'étend la plaine du Conflent, où nous avons observé un système de trois terrasses, associé à des lambeaux de puissants cônes fluvio-torrentiels issus du Canigou.

➢ *Sur les affluents de l'Agly*, dans la traversée des accidents tectoniques qui les affectent, M. Dubar a reconnu un système de trois terrasses le long du Verdouble, dans les plaines de Tautavel et de Tuchan. Nous-mêmes en avons repéré deux dans la vallée de la Boulzane, en amont de Caudies de Fenouillèdes.

Enfin, un dernier problème sera soulevé par J. Collina-Girard et surtout par M. Calvet ; celui de la poursuite de mouvements tectoniques jusqu'à nos jours, ce qui expliquerait l'altitude absolue de certains niveaux, ainsi que leur déformation. Cela pourrait rendre dangereuse toute interprétation à partir des altitudes relatives.

Or si la littérature scientifique est riche et ancienne pour ce qui concerne certains secteurs, elle a longtemps fait cruellement défaut pour d'autres. Pourtant, les premiers travaux remontent au début du XXe siècle.

2.3.2 – Légendes des cartes géologiques au 1:80 000

Longtemps, les terrasses n'ont été étudiées que de façon partielle. Toutefois, nous devons rappeler les grandes lignes de ces premiers travaux et en mentionner les principaux sites, dont la plupart sont surtout le long de la vallée de la Têt, entre Prades et Perpignan, où huit terrasses ont été très tôt individualisées.

➢ Les *hautes terrasses*, entre 200 m en amont et 15 m en aval, appartiendraient au Pléistocène ancien dont, par ordre chronologique décroissant, les principaux sites sont Mata Roudoune et Mas Ferréol, sur la rive gauche de la Têt, au Nord de Millas, puis Cabestany de part et d'autre de ce village, sur les deux rives du même cours d'eau.

➢ Les *moyennes terrasses*, entre 100 m en amont et 10 m dans la plaine, sont attribuées au Pléistocène moyen. On peut observer la plus ancienne à la Butte du Four, près d'Ille-sur-Têt, sur la rive gauche, et elle se suit jusqu'à Perpignan. Une plus récente est celle de La Llabanère, sur les deux rives de la Têt en amont de Perpignan. La plus récente est celle de Pia, toujours en amont de Perpignan, sur les deux rives de la Têt et de l'Agly.

➢ La *basse terrasse*, entre 45 m et 2 m, qui s'étend d'Ille-sur-Têt à l'étang de Salses, relève de la fin du Pléistocène.

➢ Enfin, on a isolé une *très basse terrasse* à Prades, mais qui disparaît rapidement sous les alluvions récentes.

Cette présentation ne serait pas complète si on ne rappelait pas que ces Pyrénées appartiennent déjà au monde méditerranéen : la végétation y est ténue, l'olivier pousse encore à près de 900 m en Capcir et en Vallespir. La végétation naturelle de la basse montagne serait une forêt de chênes verts (sauf sur les sols siliceux des Albères où le chêne-liège est spontané). Au-dessus, se situerait l'étage du hêtre et du sapin, avec des châtaigniers à la base de l'étage. Enfin, au-dessus de 2 300 m règne une pelouse. C'est bien là l'étagement classique d'une montagne méditerranéenne.

La dégradation végétale au cours des phases froides dut respecter cette méridionalité, tout comme l'écoulement fut, à l'image d'aujourd'hui, soumis à l'opposition d'une saison froide très pluvieuse et d'une saison chaude fortement marquée par l'aridité. La rapidité de la fonte des neiges, et la violence des orages enflent les cours d'eau, et la charge transportée est alors considérable. Or, cette opposition saisonnière ne peut qu'être renforcée au cours des glaciations, ce qui ne pouvait qu'accroître la compétence des torrents.

Avant 1911, Depéret, Doyen de la faculté des sciences de Lyon, tenta une première synthèse du système de terrasses. Dans les vallées du Tech, de la Têt et de l'Agly, il avait vu un système de trois terrasses **a1a**, **a1b** et **a1c** selon les conceptions stratigraphiques du temps. Bourcart, qui reprit ces travaux, eut une vision différente, *puisque pour lui il n'y a qu'une seule et même terrasse.*

Nous avons repris ces travaux anciens sur les cartes géologiques au 1/80.000 de Perpignan et Quillan, mais surtout de Prades et Céret.

1°) Les terrasses du Tech ont été reconnues assez tôt, et levées de 1907 à 1910 par Depéret pour la carte géologique de Céret au 1/80 000 publiée en 1911. Il y repéra trois ensemble alluviaux.

➢ Une *moyenne terrasse caillouteuse* **a1b**, de 15 à 20 m d'altitude relative, se développe entre le Boulou et Brouilla. Réduite à l'état de lambeaux, sur la rive gauche du Tech, on la décrit comme constituée de gros blocs désordonnés d'origine glaciaire. Elle couronne les sommets des buttes pliocènes à Elne et Saint-Cyprien. Depéret l'assimilait à son homologue du bassin de la Têt.

➢ Une *basse terrasse caillouteuse* ***a1c***, de 5 à 6 m d'altitude relative, est décrite comme bien marquée entre Amélie-les-Bains et Banyuls-Del-Aspres, pour disparaître à partir de Brouilla, sous la *plaine alluviale* **a2** (d'où la simplification **a2-1a** à **a2-1c** donnée à ce niveau confus en aval de Brouilla). Au Sud, sur la rive droite du Tech, Depéret la reliait aux larges cônes de déjection, très surbaissés, provenant des torrents des Albères. Mais cette liaison n'était que topographique, car il datait les cônes **a1b**, comme la moyenne terrasse.

➢ Les *alluvions modernes* **a2**, des basses vallées du Tech, mais aussi du Réart, sont fines et sablo-limoneuses en surface, caillouteuses en profondeur. Elles se seraient constituées au début de la transgression flandrienne, et elles dessinent, en aval de Brouilla, un niveau holocène équivalent de la plaine de la Salanque. Notons aussi, que déjà, sur l'interfluve entre le Tech et le Réart, Depéret avait mis en évidence des dépressions sans écoulement naturel, creusées dans les limons du Pliocène (étangs de Canohès, de Villeneuve-la-Raho, de Nils, de Bages), qu'il nota *Étangs d'eau douce desséchés* **a2**.

2°) Sur la Têt, Depéret et Bourcart avaient aussi défini un système à trois terrasses. Un fleuve à écoulement torrentiel aurait isolé les lambeaux des moyennes terrasses : **a1a** pour Depéret, mais qui reste **a1** pour Bourcart. La construction d'un vaste alluvionnement aurait donné le système des basses terrasses : **a1b** pour Depéret, (mais qui reste **a1** pour Bourcart). Cela se serait achevé par le surcreusement du secteur moyen et la subsidence du secteur aval donnant les très basses terrasses a1c et la plaine holocène **a2**.

Ces datations relatives furent celles de la feuille Céret, mais aussi de la feuille Perpignan au 1/80.000.

a) Depéret donnait la description suivante, pour ce qui concernait la partie aval.

➢ Les *terrasses quaternaires caillouteuses* **a1a** de 30 à 35 m, sont généralement très démantelées et à l'état de lambeaux.

➢ Une *moyenne terrasse* **a1b,** de 15 à 20 m d'altitude au-dessus des thalwegs actuels, forme des plaines étendues au Nord de Thuir.

➢ Puis sont décrits les mêmes niveaux que sur le Tech: une *basse terrasse quaternaire* **a1c**, caillouteuse, seulement élevée de 5 à 6 m au-dessus des basses eaux, et des *alluvions modernes* **a2**, fines et sablo-limoneuses en surface, caillouteuses en profondeur ...

b) La partie amont est surtout décrite sur la feuille Prades au 1/80 000 levée de 1904 à 1921 par L. Bertrand, professeur à l'Université de Paris, et O. Mengel, directeur de l'observatoire de Perpignan, et publiée en 1925. Ils comprirent la complexité des faits *: « En raison du régime torrentiel de ces vallées sur toute l'étendue de la feuille et de l'existence d'anciennes ruptures de pente ou d'anciens barrages sur leur trajet, ayant constitué des niveaux de base locaux et indépendants pour leurs diverses parties successives, on ne saurait rencontrer pour ces terrasses la régularité d'altitude au-dessus de la vallée actuelle qui existe dans les parties basses des vallées, à régime plus régulier. Les notations données à ces terrasses ne sauraient donc être considérées comme rigoureusement correspondantes, et elles n'ont qu'une valeur locale. »*

➢ Les alluvions anciennes **a1** correspondent à la succession des phases d'alluvionnement et de creusement des vallées et dessinent des terrasses plus ou moins continues. Sur la vallée de la Têt, à l'aval de Prades, on relève trois terrasses nettement distinctes « dont les cotes au-dessus de la vallée actuelle, prises en face du village d'Eus, sont les suivantes ».

➢ Une terrasse inférieure **a1d**, souvent mal individualisée de la plaine alluviale **a2**, une terrasse **a1c** à 20 m et une terrasse **a1b** à 35 m.

➢ Surtout, il est décrit une terrasse **a1a** à 100 m, où, dés cette époque, il a été constaté qu'elle se rattachait, par un cône de raccordement fluvio-glaciaire, aux moraines des glaciers du Canigou.

➢ Par contre, plus en aval, au-dessous du pointement granitique de Vinça et en amont de celui de Rodès, si la terrasse supérieure apparaît toujours avec la même altitude relative d'environ 100 m, trois terrasses plus basses ont été distinguées, avec des altitudes relatives plus grandes qu'en aval: **a1d** : 15 m, **a1c** : 27 m et **a1b** : 40 m environ.

La basse plaine est constituée d'*alluvions récentes* **a2**, mais le cours d'eau est à régime torrentiel ; la plaine formée par des alluvions récentes ne dépasse que de quelques mètres le niveau des basses eaux actuelles et sa distinction d'avec la terrasse la plus inférieure des alluvions anciennes est souvent assez difficile.

Enfin, des *cônes de déjection actuels* **a2A,** en cours de formation, et *anciens* **a1A**, inactifs, sont décrits.

c) Cette répartition a été légèrement modifiée par les travaux de M. Casteras, P. Cavet, G. Guitard, A. Oytracht et E. Raguin, sur la feuille Quillan au 1/80 000, aux levés achevés en 1963 et publiée en 1967.

➢ Cependant, les alluvions anciennes a1 sont décrites de façon trop succincte.

➢ En effet, de nombreux lambeaux s'étagent aux altitudes relatives suivantes : a1a de 120 à 100 m, a1b de 80 m, a1c de 60 m, a1d de 30 m, a1e (haute terrasse) de 20 à 30 m, a1f (basse terrasse) de 15 à 20 m et enfin a1g à 10 m et moins.

➢ Des alluvions *récentes* **a2** accompagnent le cours de la Têt ...

On ne note pas d'améliorations sur les descriptions anciennes dans une réalité qui apparaît d'emblée bien plus complexe pour qui parcourt le terrain.

3°) Sur l'Agly, les premiers auteurs n'avaient reconnu que les terrasses situées en aval d'Estagel. Depéret y retrouva les « trois niveaux » de la Têt et du Tech, qu'il décrit ainsi :

➢ La *terrasse quaternaire caillouteuse* **a1a** à l'est de Baixas, sur l'éperon de confluence, est sans solution de continuité topographique avec son homologue de la Têt (cependant le spectre des galets est celui de l'Agly).

➢ La *Crest de Rivesaltes* ou *moyenne terrasse* **a1b** sur la rive gauche, plate-forme de graviers cimentés en conglomérats, est inclinée vers le sud-est. Depéret l'avait reconnue contemporaine de la *moyenne terrasse* **a1b** *du Tech*. Elle restera notée ***a1*** par Bourcart.

➢ La *basse terrasse quaternaire* **a1c** caillouteuse s'étale surtout en aval de Rivesaltes.

➢ Les *alluvions modernes* **a2** prennent une extension considérable entre Perpignan et Salses. Elles y constituent l'ancien marais de la « *Salanque* » et, vers l'est, elles se confondent peu à peu avec les terrains lagunaires.

Toutefois, en dehors des alluvions modernes « certains » ne virent qu'un seul et même niveau de terrasses que Bourcart nommera ***a1***, et qui aurait été accentué vers l'amont par un soulèvement d'ensemble ayant provoqué l'incision du réseau hydrographique. En revanche, vers l'est, on aurait un golfe marin noyé par la transgression flandrienne d'où émergent des buttes de terrains pliocènes: Elne, Latour Bas Elne, Saint Cyprien.

2.3.3 - Apport des préhistoriens

Dans les années « 1970 », H. Got a effectué les analyses sédimentologiques, H. Alimen la paléo-pédologie et Henry de Lumley l'étude de l'outillage et des données paléontologiques des stations préhistoriques. En 1976, Henry de Lumley établit la première chronologie globale, et il avait identifié huit niveaux topographiques alluviaux, auxquels il attribua le nom de la terrasse éponyme la plus représentative.

*1°) **Les hautes terrasses sont très dispersées**,* ce sont des lambeaux topographiques nommés a1a par Depéret, visibles sur la rive gauche de la Têt en aval d'Ille-sur-Têt, entre la Têt et le Réart, au sommet de buttes pliocènes, et entre le Réart et le Tech.

Les quartz dominent à 50 % et l'ensemble est fortement granito-gneissique ; les sols, d'origine fersialitique, sont datés d'une phase tempérée du Pléistocène moyen par H. Alimen, et Henry de Lumley y a distingué trois niveaux appartenant au pléistocène ancien, du fait de la présence d'une abondante « *pebble culture* ».

➢ La *terrasse de Mata Roudoune* est un lambeau inaccessible dans le site des « *orgues* » d'Ille-sur-Têt.

➢ Celle de *Mas Ferréol* est constituée de lambeaux entre Néfiach et Baixas sur la rive gauche de la Têt. Les galets de quartz y sont patinés en violet et ont subi deux phases d'éolisation.

➢ La *terrasse de Cabestany* est, quant à elle, située en contrebas de la précédente, et surtout elle apparut individualisée sur la rive droite, en aval de Perpignan, autour de Cabestany, où elle couronne des buttes pliocènes. Elle ressemble à la précédente, mais le sol fersialitique est ici plus évolué et très fortement lessivé.

*2°) **Les moyennes terrasses*** sont mieux développées et plus étendues que les précédentes, ce sont les terrasses **a1b** de Depéret. Selon Got, elles constituent la terrasse de Manadeil sur la Têt, celle de Pia sur l'Agly, et celle du Sud d'Ortaffa sur le Tech, où elles sont constituées de galets granito-gneissiques et de schistes. Mais l'approche la plus complète resta celle d'Henry de Lumley, reprise par J. Collina-Girard, qui les situa dans le Pléistocène moyen en y distinguant trois niveaux :

➢ La plus élevée, la *terrasse de la Butte du Four*, apparaît sur les deux rives de la Têt, et les galets de quartz n'ont subi qu'une seule éolisation, et apparaissent orangés et jaunâtres.

➢ En contrebas, la *terrasse de la Llabanère* se tient également sur les deux rives de la Têt, en amont de Perpignan, et en aval d'Ille-sur-Têt

➢ Enfin, la *terrasse de Pia* n'a été observée que sur la rive gauche de la Têt et la rive gauche de l'Agly - la Crest de Rivesaltes. C'est la terrasse inférieure de Got avec 50% de galets calcaires et schisteux.

3°) Le système des basses terrasses fut attribué au Pléistocène supérieur.

➢ La *terrasse d'Ille-sur-Têt* appartiendrait au Pléistocène moyen, avec des sols bruns du type climatique de l'Europe centrale (H. Alimen). Elle est très étendue sur la rive droite de la Têt en aval d'Ille-sur-Têt.

➢ Une terrasse d*e Prades*, appartenant au complexe Pléistocène récent, avec des sols hérités de podzols boréaux francs très lessivés, fut reconnue en amont de Rodès et actuellement du barrage de Vinça.

C'est à la suite de ces travaux qu'est venue l'habitude de définir ces niveaux par toponyme plutôt que par un indice. Surtout, par rapport aux travaux plus anciens, les niveaux quaternaires n'étaient plus datés par leur seule altitude relative.

2.3.4 - Données des cartes géologiques récentes

La couverture géologique au 1/50 000 était encore très incomplète en 1993. Seules deux cartes avaient récemment été publiées : la feuille Perpignan, en 1989, et celle de Rivesaltes en 1994. Le Quaternaire y avait été décrit par G. Clauzon, qui y reconnaissait toujours un système - bien pratique au demeurant - de hautes, moyennes et basses terrasses, mais qui rajeunit tout de même les vieilles terminologies de Depéret et de Bourcart.

1°) On y décrit un système des hautes terrasses Fw. Seules celles de la Têt et de l'Agly sont analysées, et deux niveaux seulement y ont été reconnus. Le haut niveau de Mata Roudoune est rattaché par le déterminant **Fw** à la terrasse de Mas Ferréol, dans laquelle il reconnaît la seule haute terrasse.

Typiques de la rive gauche de la Têt en aval du barrage de Vinça, ces hautes terrasses se limitent à une série de lambeaux au contact du massif cristallin et métamorphique de Força Réal, entre Néfiach et Baixas. Puis, entre Mas Ferréol et Poc Calbeil, ces lambeaux recouvrent même la faille séparant le massif de Força Réal de la Plaine du Roussillon, ce qui en fait sans aucun doute une formation postérieure à la sédimentation pliocène.

Leur altitude relative - 100 m, au droit de Poc Calbeil - en fait le niveau le plus élevé et le plus ancien de la Têt. Elles sont en effet postérieures à la brèche de Força Réal - zancléen supérieur - qui constitue ici le toit du remblaiement pliocène, dont elles tronquent le sommet, ce qui prouve une phase érosive intermédiaire. Enfin, par leur position relative face aux niveaux plus récents, G. Clauzon les plaçait, avec vraisemblance, dans un Pléistocène ancien.

2°) Le système des moyennes terrasses Fx constitue un ensemble à problèmes, car, d'une part, la plus ancienne est bien endommagée pour une moyenne terrasse, et, d'autre part, il apparaîtrait que les plus récentes se décomposent en plusieurs niveaux.

Globalement, G. Clauzon avait relevé trois niveaux, surtout développés sur la Têt, sans pour cela être absents de l'Agly. Le puissant cône torrentiel de la *Crest de Rivesaltes*, issu des Corbières, vient s'étaler sur le plus bas niveau dans l'axe du Reboul. G. Clauzon a donné deux éponymes - terrasse de Cabestany ou de Peyrestortes - selon l'édition de la carte.

➢ La *moyenne terrasse de Cabestany* (**Fx1** sur la feuille Perpignan) doit son nom au site même de Cabestany. La *moyenne terrasse de Peyrestortes* (**Fxa** sur la feuille Rivesaltes) n'est également présente que sur la rive gauche où elle dessine de vastes lambeaux de Millas à Peyrestortes. G. Clauzon admettait sa ressemblance avec la terrasse éponyme de Cabestany. Elle se situe à quelques mètres en contrebas de celle de Mas Ferréol, de Millas à Peyrestortes, en contournant l'éperon de confluence de Baixas, entre l'Agly et la Têt. Les industries archaïques récoltées en surface, leur position stratigraphique, leur stade d'altération et d'éolisation permettraient de les dater (très approximativement) du Pléistocène moyen, ce qui les rajeunit par rapport à la datation d'Henry de Lumley. L'auteur insiste fortement sur une « *erreur de J. Collina-Girard qui assimile cette terrasse à la basse terrasse du Réart, par le biais d'un gauchissement qui ne serait qu'une confusion dans l'analyse du matériel archéologique* » (Cf. Notice de la carte p. 12-13).

➢ Les *autres moyennes terrasses sont dénommées* **Fx2** *sur la feuille Perpignan et* **Fx.b (1 ou 2)** *sur la feuille Rivesaltes*. Sur cette dernière, l'ensemble dessine un assez large palier toujours sur la rive gauche, qui va en s'élargissant du pont de Millas jusqu'à l'aéroport de Perpignan où sa largeur est de plus de 2 km. On en retrouve quelques lambeaux sur la rive droite sous forme de buttes : butte de Saint-Féliu-d'Avall, butte du Mas Saint-Antoine, du Soler. Sur la feuille Perpignan, ce niveau constitue l'ensemble alluvial le plus élevé de l'éperon de confluence entre la Têt et l'Agly ; il couronne le Pliocène où il domine l'Holocène $\mathbf{Fz_2}$ de l'Agly, et la basse terrasse du Pléistocène final au sud-est. Le cours de la Têt qui déposa cette terrasse se développait donc nettement plus au nord que le cours actuel (ou faisait un méandre vers le nord avant d'atteindre la région actuelle de Cabestany). Enfin, l'auteur attribuait à cette terrasse des formations du Réart situées en contrebas de la terrasse de Cabestany, et dominant la basse terrasse.

➢ Une particularité est que là où J. Collina-Girard et Henry de Lumley avaient reconnu deux terrasses différentes sur la rive gauche de la Têt : celles de la Butte du Four et de La Llabanère, G. Clauzon semble déjà y voir un dédoublement d'un même niveau d'alluvionnement, où les deux *terrasses éponymes sont respectivement appelées* **Fx.b1** *et* **Fx.b2**. En effet, en aval de

Saint-Estève, ces deux terrasses sont séparées par un talus passablement émoussé, du fait d'un façonnement ultérieur en glacis.

Cette hypothèse a été largement reprise dans la thèse de M. Calvet. G. Clauzon reconnaît ce niveau dans le bassin de l'Agly, mais ici cette terrasse, d'ailleurs moins développée, ne subsiste qu'à l'état de lambeaux discontinus. Enfin, sa position topographique, son degré d'altération (une seule éolisation au lieu de deux selon J. Collina-Girard) et les industries de surface permettent de l'attribuer au Pléistocène moyen.

Au débouché de la Chaîne du château de Quéribus, G. Clauzon, décrit de vastes épandages perchés de galets calcaires étalés vers le sud-est. La même formation est décrite à l'ouest de Baixas au débouché de torrents du massif de Força Réal. Il les détermine **Jx.b**, ce qui les rattache au complexe de la terrasse **Fx.b** mais sans en donner les raisons.

3°) Le système des basses terrasses Fy dessine deux niveaux étagés sur les cartes géologiques de Perpignan et de Rivesaltes.

➢ La *basse terrasse de Pia (***Fy.1** feuille Perpignan*)* se tient entre les vallées de la Têt et de l'Agly, en contrebas de la terrasse de la Llabanère et entre l'Agly et l'étang de Salses (site de la Crest de Rivesaltes). Très peu érodée, elle porte en surface des sols bruns. C'est la *basse terrasse de Toulouges (***Fy.a** sur la feuille Rivesaltes*)* qui reste très peu affectée par les différentes altérations : pédogenèse, patine éolienne moins accusée, et les galets cristallins s'observent même en surface. Ainsi, il est à noter que « *le talus qui la sépare des épandages plus récents est pratiquement indemne d'entailles tandis que la pédogenèse n'y dépasse guère le stade de la brunification* » (G. Clauzon). Cette terrasse se développe surtout sur la rive droite de la Têt, au contact des Aspres. Il a été relevé qu'au droit de Millas, l'altitude relative est de 30 m et qu'à Case de Pène, son équivalent sur l'Agly est à la même hauteur relative, ce qui donne la mesure du creusement postérieur. À l'ouest de Saint-Nazaire, la *moyenne terrasse du Réart* présente un ensemble de caractères similaires qui la feraient dater de la même époque. La présence d'industries moustériennes de surface (Henry de Lumley, 1971) a permis d'attribuer cet ensemble de terrasses à la fin du Pléistocène moyen (antérieur à 30 000 ans).

➢ La *basse terrasse de Rivesaltes-Ille-sur-Têt (***Fy.b** sur la feuille Rivesaltes*)* apparaît d'une remarquable fraîcheur morphologique et pétrographique, avec une altération négligeable qu'il s'agisse de l'altération pédologique ou l'éolisation qui, ici, est d'ailleurs absente. Elle s'inscrit en contrebas de la terrasse de Toulouges. Elle devient la *basse terrasse de Bompas* **Fy2** sur la feuille Perpignan, et elle se rattache en fait aux autres terrasses de l'Agly et de la Têt par son spectre pétrographique ; et ici, il n'y a plus d'altération. Vers l'aval, sur la feuille Perpignan, ce niveau passe en discordance sous la terrasse holocène.

Dernier apport de période froide, ces terrasses sont inscrites dans celles de Pia et de Toulouges, mais sont aussi recouvertes par les terrains holocènes ; on peut les dater de la fin de la dernière glaciation voire du Tardiglaciaire.

➢ On y décrit aussi des cônes torrentiels, dont le plus spectaculaire est le celui du *Roboul* **Jy1** qui recouvre la basse terrasse vers le nord-ouest, au débouché des torrents venus des Corbières. Le matériel calcaire est peu émoussé, et encroûté comme un épandage de piémont. C'est un spectre pétrographique radicalement différent de celui de la basse terrasse, avec des galets de calcaire, de grès, issus du Cénozoïque de la zone sous-pyrénéenne et des Corbières. Cette « *Crau* », ou « *Crest* » dans le langage local, est le plus souvent indurée en poudingues. Cette torrentialité expliquerait le tracé du cours actuel de l'Agly. Au sud-ouest de Baixas, au débouché de torrents issus du massif de Força Réal, des formations du même type ont reçu le même âge, du fait qu'elles entaillent des *cônes* **Jx.b**.

4°) Les niveaux holocènes ***Fz*** rassemblent les alluvions plus ou moins actuelles qui constituent les plaines d'inondation et la plaine proprement dite du Roussillon.

➢ La Plaine de la Salanque est constituée par les alluvions des *« basses terrasses » holocènes :* **Fz1**. Sur l'Agly, la Têt et le Réart, ces basses terrasses présentent des caractères communs: l'altération est absente, et les galets n'apparaissent qu'en dessous d'un mètre, la surface étant le domaine des sables et graviers. Les terrasses holocènes de l'Agly et de la Têt constituent la Salanque proprement dite : ensemble margino-littoral résultant de la transgression flandrienne (Max. vers 5 000 B.P.)

➢ L'Agly déboucha autrefois dans l'étang de Salses, lequel cessa de se colmater, et où subsiste un *épandage alluvial saumâtre :* **Fz1**, marquant l'extrémité de son ancien « delta », à 2 m d'altitude et correspondant à l'optimum de la transgression flandrienne vers 4 500 B.P. Il n'en va pas de même pour le Réart qui pourrait avoir colmaté l'étang de Saint-Nazaire dans les prochains siècles.

Il faut enfin noter que ses niveaux holocènes furent inondés lors de la crue cataclysmale d'octobre 1940, ce qui signifierait que la dynamique sédimentaire actuelle appartient toujours à l'Holocène. Ce genre de catastrophe, pour rare qu'il soit, n'a rien d'exceptionnel en milieu méditerranéen (voir les événements de ces dernières années), nous imaginons mal la construction des cités de Saint-Hippolyte, Saint-Laurent-de-la-Salanque, Claira, Toreilles, Villelongue de la Salanque et Sainte-Marie, au nord de Perpignan et de Théza, Torreilles, Corneilla-del-Vercol au sud, dans un secteur qui peut être entièrement recouvert par les eaux. Ces villages ont leur coeur construit sur une butte, mais il est impossible de dire si l'origine est un lambeau de terrasses plus anciennes ou une butte pliocène ; nous y reviendrons.

Sous le nom d'alluvions actuelles, on désigne les dépôts du cours des deux fleuves principaux: Têt et Agly, où il est fréquent de rencontrer des galets centimétriques, voire décimétriques, durant les étiages. Ils traduisent la violence de l'écoulement et de l'érosion dans ces rivières au régime pluvio-évaporal méditerranéen, à forte influence nivale pour les plus longs. Elles ont été mieux décrites sur la feuille Rivesaltes:

➢ La *plaine alluviale holocène (***Fz.a** sur la feuille Rivesaltes et **Fz.2** sur la feuille Perpignan*)*, terme à notre avis préférable à celui de basse terrasse utilisé sur la carte, correspond à la remontée glacio-eustatique holocène et elle est en connexion avec la plaine de la Salanque. Elle ne domine que de quelques mètres le thalweg dont elle constitue le lit majeur, recouvert par les plus fortes inondations, telle la crue d'octobre 1940. Il s'agit donc d'une terrasse en cours d'élaboration, dont le faciès est constitué de sables grossiers à matrice silteuse grise, qui n'est que le produit des débordements. En profondeur, les alluvions présentent toutes les caractéristiques du lit actuel.

➢ Quant aux *alluvions actuelles* (**Fz.b**) *du lit mineur* elles ne sont que les produits en transit dans le lit des rivières. Ces alluvions ne sont jamais emboîtées dans des alluvions plus anciennes, et elles ravinent et reposent directement sur la roche en place (substratum pliocène dans le bassin du Roussillon, formations méso- ou paléozoïques ailleurs).

2.3.5 - Apports de la thèse de Marc Calvet

C'est le document le plus récent que nous ayons eu entre les mains. Bien qu'il s'étende à un domaine bien plus vaste que le Quaternaire du Roussillon, il nous fut d'une très grande utilité pour peaufiner nos cartes et parachever la rédaction de cette notice. Il donne surtout l'hypothèse la plus fraîche quant à la répartition des niveaux fluviatiles et torrentiels du Quaternaire.

À la suite de l'interprétation d'analyses granulométriques, de spectres argileux, de l'altération des galets et des matrices, l'auteur a distingué cinq niveaux alluviaux topographiques pour lesquels il abandonna (peut-être à tort) les éponymes d'Henry de Lumley. Les niveaux alluviaux y sont dénommés T, numérotés de **T.1** pour les plus récents à **T.5** pour les plus anciens, le symbole To étant attribué aux alluvions actuelles des lits mineurs des cours d'eau. On y apprend surtout que ces nappes alluviales se raccordent parfois à des systèmes de cônes de piémont également étagés, mais où les niveaux anciens ont souvent été arrachés par l'érosion.

1°) M. Calvet utilise une autre systématique qui s'appuie essentiellement sur l'analyse de l'état d'altération des niveaux alluviaux. Par exemple, au sujet des galets, on distingue, par ordre d'altération croissante, les galets sains, les galets fragiles, les galets friables, et les galets fantômes.

a - Les bas niveaux T.1 et T.2 sont peu altérés.

➢ *La* ***nappe T.1*** *constitue l'épandage le plus récent largement étalé sur la Têt, et sur le Tech.* Elle est bien décrite par la coupe d'En Marty sur la Têt: « Nappe de 6 à 8 m à contact basal ravinant en chenaux métriques ». La matrice est claire - grise à beige - sur toute son épaisseur, elle est sableuse - sauf à proximité des versants où elle se charge d'éléments pliocènes. Les micas sont rares ; les feldspaths, plus abondants, ne sont pas altérés. Les galets contiennent surtout des éléments sains ; seules les granodiorites présentent une altération parfois avancée. La nappe de l'Agly, riche en calcaire, présente de modestes indurations. Les argiles offrent un spectre uniforme de la base au sommet, avec prédominance de kaolinites associées aux halloysites. Coiffée par les limons de débordements, cette nappe apparaît fine en surface. Les sols appartiennent à la catégorie des sols bruns, calcaires sur l'Agly, et lessivés et acides sur les nappes de la Têt et du Tech. C'est la *basse terrasse d'Ille sur Têt* pour J. Collina-Girard, et **Fy.2** pour G. Clauzon.

➢ *La* ***nappe T.2*** *est toujours en surplomb de la précédente.* En surface, on relève un net enrichissement en galets de quartz - certains sont patinés en ocre jaune clair. Dans sa masse, le matériel reste identique, mais l'altération se précise, même si seuls les granodiorites sont fortement altérées, et si dans l'ensemble les galets sont seulement fragiles. La matrice reste sableuse, le colmatage argileux n'est que passager. Dans les sables, les quartz restent minoritaires, mais les feldspaths marquent un début d'altération. Surtout, l'ensemble acquiert une teinte ocre rouille liée à la mobilisation du fer, même si l'évolution pédologique est encore celle des sols bruns sur les dépôts acides. Mais il s'agit déjà d'un véritable sol fersialitique sur les calcaires de la nappe de l'Agly. Cependant, le spectre argileux est peu différent de **T.1** avec des kaolinites associées aux halloysites. Pour J. Collina-Girard, c'était la *basse terrasse de Rivesaltes*, et **Fy.1 - Fy.a** pour G. Clauzon.

b - La nappe « très évoluée » T.3 est très répandue. M. Calvet la décrit comme se démultipliant en plusieurs nappes sur la Têt, mais avec des nuances sédimentologiques qui ne sont guère significatives.

➢ Le point commun est l'altération généralisée des galets, dont 50 % sont friables ; seuls quelques schistes et moins de 50 % des quartz sont sains, alors qu'on voit apparaître des galets fantômes. La « *fragilisation* » des quartz est la conséquence d'une ferruginisation visible dans les fissures et les « *caries* ». En surface, les quartz représentent 80 % des éléments, avec quelques galets de schiste gréseux et de grès quartzite. Ces galets sont alors patinés en rouge, lie-de-vin et ocre jaune, donnant un cortex millimétrique. Cet horizon à quartz peut atteindre 0,50 à 1 m. Dans la matrice, les feldspaths sont « très altérés, usés, friables et teintés d'ocre vif ». Mais ils sont toujours plus nombreux que les quartz. Le spectre argileux reste sans évolution verticale : la kaolinite toujours associée à l'halloysite, devient plus importante en quantité. Mais l'important est la rubéfaction qui descend jusqu'à la base de la nappe alluviale et qui ne pénètre jamais le Pliocène. Ce serait une intense altération in situ. Les sols sont du type fersialitique, avec une évolution plus poussée à Brouilla, sur le Tech, qu'à Pia et à la Llabanère sur la Têt. Ce niveau est absent en Conflent.

➢ J. Collina-Girard y avait vu trois niveaux de moyennes terrasses : Pia, la Llabanère et la Butte du Four ; G. Clauzon semble rattacher la *terrasse de Pia* à **Fy.1**, mais il avait envisagé un dédoublement des plus hauts niveaux avec **Fx.b2** et **FX.b1**, sur la feuille Rivesaltes parue aussi en 1994.

c - Les hauts niveaux T.4 et T.5 sont fortement altérés et très dégradés.

➢ Le ***niveau T.4*** existe en Conflent, mais est surtout typique du Roussillon, sur la rive gauche de la Têt, où l'altération est intermédiaire entre **T.3** et **T.5**. La part des galets fantômes dépasse 20 % et celles des galets friables 50 %, en ne tenant pas compte des galets pluri-décimètriques qui ne sont jamais fantômes. En surface, l'enrichissement en quartz et en quartzite est de 100 %. Quant à la patine, elle reste de la même couleur qu'en **T.3**, mais le cortex est d'épaisseur centimétrique. Le contraste entre l'horizon supérieur délavé et la base colmatée est encore plus net que sur **T.3**. La kaolinite est toujours associée à l'halloysite ; sa part dans le spectre atteint 30 % ; mais surtout la montmorillonite fait son apparition sur **T.4** à Banyuls del Aspres, Baixas. Il en résulte un profond bariolage hydromorphique (coupe de Baixas) et l'apparition de pisolithes ferrugineux et de nodules rouge rouille, dans la fraction sableuse. Le « *Vieux sol* », à argilisation profonde, rubéfié, serait l'aboutissement d'une évolution très longue. Nous retrouvons ici la *haute terrasse de Cabestany*, décrite par J. Collina-Girard, mais que G. Clauzon rajeunit en moyenne terrasse **Fx.1** ou **Fx.a**, selon les cartes.

➢ Quant au *niveau* **T.5**, il est en général très mal conservé. L'altération est tellement poussée que la distinction entre galets fragiles, friables et fantômes n'est que formelle, et le plus souvent il ne s'agit que de véritables fantômes, intégrés à la matrice et guère plus cohérents, et même les gros galets peuvent être pulvérulents. La différence avec **T.4** est surtout que l'altération a été suffisamment longue pour « *dissoudre sur place l'ensemble de la nappe alluviale* », réduite à une couche de galets de quartz mêlée d'argile rouge, qui peut recouvrir des chenaux métriques où subsistent quelques galets fantômes (entre Château-Roussillon et Cabestany, à Banyuls-dels-Aspres, ou au Mas de la Garrigue). Les horizons délavés et sableux sont maintenant très épais et le colmatage argileux n'est marqué qu'à l'extrême base de la nappe. Tous partagent son ancienneté, Henry de Lumley en détacha un hypothétique niveau plus ancien au-dessus des orgues d'Ille-sur-Têt : *Mata Roudoune*, mais il s'agit surtout du niveau de *Mas Ferréol* de J. Collina-Girard et **Fw** de G. Clauzon.

d - Les cônes de piémont constituent souvent une interface entre les terrasses et la plupart des bordures montagneuses.

➢ *Au pied des Albères*, trois générations de cônes de piémont (très minces, quelques mètres seulement) ont été isolées. La principale appartient à la génération **T.2**, sur le cône de Maureillas ; un raccord par talus est visible au site des Timonières, mais, plus à l'Ouest, le plan passe en continu à la nappe **T.1** des galets sains du Tech. La génération **T.1** est mal représentée : quelques langues de galets sains qui « *bavent* » sur le cône de Laroque, ou « *s'encochent faiblement* » en contrebas des cônes **T.2** de Maureillas, Sorède et Argelès. Quant à la génération **T.3**, elle ne dessine que *« quelques lambeaux sur les Buttes de Laroque à Mas Rières »*, et « *entre Valmy et Argelès* » (lambeaux néanmoins aisément repérables).

➢ *Au pied des Aspres*, Birot avait déjà relevé un ensemble de cônes qui se soudent au plan **T.2**. Pour Calvet, ce sont des formes polygéniques, dont la mise en place a pu se poursuivre jusqu'à l'actuel : cônes à l'est de Corbère, cônes de Corbère, qui ne sont pas disséqués ; celui de Castelnou l'est à l'amont mais pas à l'aval où il est clair que le torrent a encore divagué aux temps historiques (alluvions schisteuses d'aspect très frais). Mais les coupes montrent que l'essentiel du cône est rubéfié donc ancien, et enrichi de quartz patinés. Il assimilable à **T.2**.

➢ *Au pied des Corbières*, un cône a été construit, passant à la nappe **T.2** de l'Agly. Des niveaux plus récents pourraient se raccorder à **T.1** face à Rivesaltes, mais, il n'est pas exclu qu'on ait un cône polygénique ayant fonctionné jusqu'à l'épisode « **T.1** » (présence de chenaux anastomosés très frais à l'amont du cône).

2°) Le cas du Conflent est plus particulier et M. Calvet lui réserve tout un chapitre. La dissymétrie de cette vallée est évidente, et les torrents venus du Nord n'ont pas construit de piémont. Au contraire, les torrents descendus du Canigou ont construit des « *rubans alluviaux* », et de « *véritables cônes* » dans des bassins évasés du fait d'un remplissage miocène.

➢ *Les **basses terrasses** T.1 et T.2* sont très bien représentées dans le bassin de Prades, où un raccord colluvial concave avec talus les relie aux hauts niveaux.

➢ **T.3** est absent, mais **T.4** « constitue par contre une très belle unité tronçonnée par les vallées affluentes, constituant un plan perché »

➢ *Il ne doit pas être confondu avec **T.5*** marqué sur le sentier de Marcel au-dessus du pont de Vinça alors que le lambeau situé à l'Ouest du Fort de Villefranche appartiendrait à **T.4**).

➢ *Ce **niveau T.4 est visible à Llonat***, encore moyennement altéré, ce que confirment les lanières **T.5** qui le dominent de 30 m au Mas del Couscou et aux Costes de Clara, au Sud de Prades: alluvions fortement altérées, avec une majorité de « *fantômes* » dans une matrice bariolée d'hydromorphie.

Au Sud de Vinça, les apports latéraux dessinent des cônes en éventail, au débouché de la Lentilla et du Llech. Il y a bien 15 m de T.4 accrochés à l'escarpement bordier (Tuilerie-Col de Saint-Féliu) ; des « *pastilles* » de **T.3** existent peut-être au-dessus du cimetière d'Estoher, et au col de Saint-Féliu, et plus sûrement entre Rigarda et Vinça (série de galets de gneiss). Mais l'essentiel est constitué par la nappe **T.2**, raccrochée à l'escarpement de Joch par des cônes polygéniques.

Ce niveau T.2, essentiellement schisteux, se retrouve le long de la rivière de Rigarda, et il forme aussi le palier supérieur du couloir alluvial du Llech, entre Estoher et Espira de Conflent, où, au Nord, des glacis concaves assurent le raccord entre les collines néogènes et **T.2**. Par contre, le niveau **T.1** est très réduit, et « se démultiplie » en 2 ou 3 paliers sur la Lentilla (le plus bas est très récent car appelé garrigue, sa mise en valeur est abandonnée).

Dans les vallées de la Llitera et de la Rotja, l'incision a isolé des replats **T.2** et **T.1**. Mais sur le Cady, à Corneilla-de-Conflent, des placages de blocs énormes pourraient appartenir à **T.3**, voire T.4, niveau recoupé par la D.27 à l'Est de Vernet-les-Bains, au-dessus de la cote 744. Ce niveau T.4 se retrouve sur la Rotja à la Planeille (70 m d'altitude relative).

Mais la pièce principale reste le cône ancien de Fillol, où, vers Sirach, sont ainsi conservés plusieurs jalons alluviaux montrent le raccord du cône à la terrasse T.4 de la Têt : blocs friables, fantômes, matrice argileuse abondante.

	H. de Lumley (1964)	**Calvet (1994)**	**Clauzon (1994-1998)**	Âge probable
Alluvions actuelles	Lit mineur	T0	Fz2	Actuel
	Lit majeur	T0	Fz1	Holocène
Basse terrasse	Ille sur Têt	T1	Fy2	Tardiglaciaire
	Rivesaltes	T2	Fya - Fy1	Pléistocène supérieur
Moyenne terrasse	Pia	T3	Fya - Fy1	Pléistocène supérieur
	La Llabanère	T3	Fxb1 - Fx2	Pléistocène moyen supérieur
	Butte du Four	T3	Fxb	Pléistocène moyen inférieur
Haute terrasse	Cabestany	T4	Fxa - Fx1	Pléistocène ancien supérieur
	Mas Ferréol	T4	Fw	Pléistocène ancien moyen
	Matta Roudoune	T5	Fw	Pléistocène ancien inférieur

Document 2.7 - Hypothèses sur la datation absolue des terrasses du Roussillon

2.3.6 - Quelle datation absolue ?

Calvet a utilisé la majorité des procédures réalisables. Il s'est en partie appuyé sur la comparaison avec les terrasses de l'Ariège et de la Garonne. Sur cette dernière, la moyenne terrasse est très altérée - rubéfaction, argilisation, lessivage intense, hydromorphie - semblablement au niveau **T.3**. Le niveau **T.2** ressemble aux basses terrasses de la Garonne et de l'Ariège - 50 % de galets altérés, rougeâtres dans la masse, sols bruns lessivés. Enfin, **T.1** s'apparente à la très basse terrasse, voire à la plaine alluviale: peu de galets altérés, sol brun.

S'agit-il de terrasses glaciaires ou interglaciaires ? Les nappes alluviales **T.1**, **T.2** et **T.3** plongent toutes sous l'holocène et correspondraient à des niveaux régressifs consécutifs aux glaciations. Le doute reste pour **T.4** et **T.5** qui subsistent, perchées au-dessus des littoraux holocènes ; mais ce pourrait être le fait de mouvements tectoniques récents (théorie très chère à M. Calvet et à notre avis très réaliste). Pour ce qui concerne la chronologie absolue, elle peut être appréhendée par la comparaison avec les pédiments du Languedoc fossilisés par des coulées volcaniques datées : 1,6 à $1{,}4.10^6$ ans à Valros et de $1{,}5.10^6$ ans à Lézignan (fossilisation d'un plan d'érosion et de vieilles alluvions), et 10^6 ans à Potences (fossilisation de deux lambeaux de terrasses à peine attaqués par l'érosion). Il devient vraisemblable de dater du Quaternaire ancien les niveaux **T.5** et les générations **T.3**.

Les outillages préhistoriques ont été utiles, dont ceux d'Henry de Lumley et de J. Collina-Girard, pour les niveaux anciens. Les gisements moustéroïdes, situés en aval de Pollestres (station du Mas de la Dévèze), étudiés par M. Martzluff dans le bassin du Réart, et retrouvés sur **T.3**, sont vus comme un argument prouvant l'absence de dépôts pléistocènes récents sur cette partie du Réart et l'âge « *quaternaire reculé* » de **T.3**. Sur le Tech, près d'Argelès, aux Aspres de la Sorède, ces industries se trouvent sur un lambeau de cône **T.2**, et au Boulou sur des glacis de versants raccordés à **T.2**. Henry de Lumley en signale sur la terrasse de Thuir.

Des gisements moustériens ont été analysés par Y. Blaize, dans le bassin de la Têt, à l'Anec, près de Rodès, sur le niveau **T.1**, ce qui donne un âge quaternaire récent à cette terrasse, peut-être le début Pléistocène supérieur. Sur la Têt encore, existe le gisement de Mas Moutou la Joliette, à l'industrie acheuléenne pour J. Collina-Girard, et Paléolithique Moyen pour J. Abelanet. Ce gisement de surface est sur le glacis de piémont issu du ravin de Montpin et se raccorde au niveau **T.2** du Roboul. Sur ce même niveau, J. Abelanet signale des trouvailles d'allure moustérienne.

Pour ce qui concerne le Paléolithique supérieur, Martzluff lui attribue des silex taillés épars sur le niveau **T.1** du Tech - quelques pointes foliacées solutréennes. Il n'y a guère que **T.1** qui puisse être attribuée au Pléistocène supérieur. Les niveaux **T.2** et **T.3** sont à rejeter dans le Quaternaire moyen (**T.3** serait très ancien). Pour **T.4** et **T.5**, il faut affiner l'exploitation de l'outillage.

M. Calvet conclut par un découpage chronologique provisoire, où le niveau **T.5** acheva de se mettre en place vers $1{,}5.10^6$ ans, avant de connaître une longue altération, et - faute de mieux - il le date du « *Villafranchien supérieur* ». Les niveaux **T.2** à **T.4** se rattachent au Quaternaire moyen, où il faut distinguer un Quaternaire moyen récent pour **T.2**, un Quaternaire moyen ancien pour **T.3** et un Quaternaire moyen très ancien pour **T.4**. Du fait de la modestie de la pédogenèse, le niveau **T.1** est attribuable à un Pléistocène final, ce que confirment les données archéologiques, et quelques mesures radiométriques du plateau continental. **T.1** pourrait être rapporté au début du Pléistocène supérieur. Le niveau **To** est une « *banquette alluviale, limoneuse, qui accompagne tous les* *cours d'eau entre 3 et 6 m* », il est d'âge variable. Sur la Têt, en Conflent, il renferme des « débris historiques » et fut remblayé par les crues de 1940, ce qui confirme son âge Holocène.

Remarques

C'est à partir de ces résultats que nous avons entrepris une cartographie systématique en 1993, Celle-ci était achevée en 1996 et déposée au Laboratoire départemental de Préhistoire du Lazaret, à ***Nice***. Mais nous restions sur notre faim.

Certes, l'origine paléoclimatique ne faisait aucun doute ; le gel et le dégel préparaient le matériau : débris de roches plutoniques et métamorphiques, plaquettes de schistes et de calcaires. Un ruissellement d'origine nivale et le plus souvent pluviale, avait repris ces éléments grossiers, pour les façonner en galets et les épandre dans les plaines alluviales. Toutefois les alluvions apparaissent mal triées, associant tous les stades granulométriques, des sables aux blocs ; parfois, les pièces grossières - galets décimétriques et blocs – sont à peine érodés. L'observation sur le terrain montrait la juxtaposition de véritables alluvions, bien érodées, quoique mal triées, disposées dans le sens de l'écoulement général, et de dépôts torrentiels avérés, apportés latéralement depuis les massifs montagneux : Corbières, Fenouillèdes, Aspres et Albères. L'ampleur du relief explique une partie de cette disposition, l'autre partie ne s'explique que par un climat resté méditer-ranéen, et opposant une saison restée relativement calme, à une autre saison marquée (comme aujourd'hui) par l'occurrence d'un ruissellement violent, fruit de la fonte des neiges en altitude, mais plus sûrement lié à des averses d'une grande brutalité, reprenant le matériau produit par l'action conjuguée du gel et du dégel.

Les auteurs du début du XXe siècle, puis J. Collina-Girard et Calvet, avaient bien remarqué l'ampleur des processus d'altération post-alluviaux. Au fur et à mesure que le temps passait, les alluvions subissaient l'éolisation et l'hydrolyse. Le résultat était une simplification du diagramme lithologique avec le temps. Si les alluvions les plus récentes sont de lithologie variée, reflet de la géologie du bassin versant - granits, gneiss, micaschistes dans les massifs anciens, calcaires et grès dans les massifs constitués de roches sédimentaires - on assistait à une « *fantomisation* » des galets cristallins, au fur et à mesure de l'ancienneté du dépôt : les galets cristallins perdant leur cohérence, jusqu'à devenir des « *galets fantômes* », selon l'expression de M. Calvet, et pouvant se déliter au doigt. Avec le temps, seuls les quartz subsistaient (comme dans les sédiments pliocènes), avec un degré d'éolisation progressif pour les éléments superficiels.

Enfin, l'étagement des terrasses que nous observions paraissait incompatible avec des cours d'eau dont les sources ne sont qu'à une cinquantaine de kilomètres de la mer, à vol d'oiseau. Les hautes terrasses de l'Agly, de la Têt, du Réart et du Tech, sont encore perchées à plusieurs dizaines de mètres au-dessus du lit actuel à quelques kilomètres de la Méditerranée, à Cabestany et/ou à Elne. À Ille-sur-Têt, la haute terrasse de Matta Roudoune (250 m) est à 120 m au-dessus du lit de la Têt. Mais, en milieu montagnard, une telle incision n'est pas anormale. Toutefois, sur l'ensemble des cours d'eau du Roussillon, les auteurs s'entendent pour ne décrire qu'une seule moyenne terrasse (**T.3** de M. Calvet). Pourtant, sur la Têt, en aval de Vinça, elle se « *démultiplie en trois niveaux* ». Il n'y a aucune raison paléoclimatique, et il faut faire intervenir la poursuite des mouvements tectoniques cassants pendant tout le Quaternaire.

Lors de notre travail de cartographie, nous avons observé des variations importantes de l'altitude absolue de toutes les terrasses. Cela nous a depuis amené à en dessiner les profils longitudinaux. La réponse a été très claire : en dehors des ruptures de la pente générale de ces profils, occasionnées par des variations de faciès, il en est dont l'explication ne peut reposer que sur la poursuite de mouvements néotectoniques post-alluviaux, donc très récents.

Ce qui suit n'est donc pas le seul fruit d'une cartographie systématique, mais une relecture des alluvionnements et de leur évolution ultérieure.

Deuxième partie
Chronostratigraphie des terrasses

Les alluvionnements anciens sont des lits majeurs fossiles, construits à la suite d'écoulements plus ou moins cataclysmaux. Mais il faut ajouter que la présence d'un seuil lithologique favorise l'accélération du courant et entretient un *rapide* ; par contre, en amont et en aval, ce seuil génère un ralentissement et une *mouille* où les alluvions se déposent. Toutefois bien des seuils sont aussi d'origine tectonique, et ils ont pu interférer sur l'alluvionnement des lits majeurs actifs, au moment de leurs rejeux, comme sur la répartition topographique des alluvionnements fossiles ou terrasses. C'est ce dernier cas qui devrait aussi attirer notre attention. Mais auparavant, il est souhaitable de présenter la géographie actuelle de ces systèmes de cinq terrasses alluviales.

1°) Cette deuxième partie représente en quelque sorte la notice des cartes qui lui sont associées

Tous les niveaux incontestablement alluviaux ont été cartographiés au 1/25.000.

➢ En vertu du principe reconnu d'un étagement des terrasses en Roussillon, les altitudes absolues et relatives de ces niveaux deviennent des arguments de chronologie relative, et elles ont été soigneusement relevées.

➢ L'importance du vignoble permet une description précise de la surface du sol, le calcul du pourcentage des galets de quartz et leur état d'altération qui sont un argument de chronologie relative.

➢ Des dizaines de coupes ont été photographiées et relevées. De nombreux échantillons ont été prélevés, puis analysés par le laboratoire de sédimentologie du département de Géographie de l'Université de Poitiers. Un soin particulier a été porté à l'examen des galets de roches cristallines et métamorphiques, les plus sensibles à l'hydrolyse.

À partir de la plaine du Roussillon, chaque système et chaque niveau de terrasses ont été suivis de l'aval vers l'amont. La réponse apportée à l'âge relatif des terrasses de la Têt autour de Cabestany a supprimé la dernière solution de continuité entre les systèmes et les niveaux de terrasses des vallées ouvertes sur les Salanques : Tech, Réart et basse vallée de l'Agly. De l'étang de Salses à Argelès-sur-Mer, basses plaines, replats et buttes pliocènes couvertes d'alluvions, dessinent un ensemble géographiquement cohérent par son altitude, l'altération des galets, l'évolution des sols, et qui reproduit chaque fois la géochronologie de la basse vallée de la Têt.

La vraie difficulté fut de synchroniser l'âge des niveaux des bassins fermés : ainsi le Conflent qui est séparé de la basse vallée de la Têt par le seuil rocheux de Rodès, mais aussi les bassins fermés de Caudiès, de Maury, de Tuchan, de Tautavel sur l'Agly et ses affluents. Tous possèdent, cependant, le même système de trois terrasses. Toutefois, leur raccordement avec les systèmes ouverts reste problématique en l'absence de datations absolues, car les seules réalisées à ce jour ne concernent que la Plaine de Tautavel, par Larraich (1996), et la basse vallée de la Têt, par B. Debals (1998). Pour tous ces pièges, souvent associés à des déformations tectoniques quaternaires, nous avons eu recours à la mensuration de l'espace autant de fois que cela fut possible: soit par des mesures réalisées sur la carte au 1/25 000 I.G.N., soit par des mesures effectuées à l'altimètre directement sur le terrain.

Mais c'est principalement sans le soutien d'une cartographie géologique récente, que nous avons abordé le terrain en juillet 1993. Pendant cinq ans, chaque été, souvent l'hiver, nous avons arpenté les garrigues, muni de la couverture I.G.N. au 1/25.000 avec pour tout moyen documentaire une coupe réalisée par Henry de Lumley 15 ans plus tôt, et quelques articles et croquis publiés par Henry de Lumley, J. Collina-Girard et M. Calvet.

2°) Sur le terrain, un travail préliminaire portait aussi sur la qualité du dépôt.

Pour la plupart d'entre eux, les paléoalluvion-nements n'apparaissent pas en coupe ; ce sont des épandages de galets qu'on observe entre les ceps de vignes. Nous avons déjà souligné l'ampleur de l'hydrolyse qui finit par ne laisser apparaître que les roches résistantes, la plupart du temps des galets de quartz. Un simple regard permettait déjà de définir l'ancienneté par une estimation du nombre et de l'altération (chimique et éolienne) des galets. La présence de limons était, à l'inverse, un signe de jeunesse.

De retour au bureau, les notes et les relevés étaient tout de suite retranscrits sur une carte provisoire (que nous tenons à la disposition des chercheurs, elle est en ligne sur notre site). Et c'est au cours de ce travail de laboratoire que des anomalies topographiques sont apparues. Certes, il existe bien cinq niveaux de terrasses, mais elles se regroupent en trois ensembles suivant leur altitude absolue :

- Un double niveau de hautes terrasses, proches l'une de l'autre mais très haut perchées,
- Un double niveau de basses terrasses, proche du lit majeur actuel.
- Un seul niveau de moyennes terrasses, d'altitude intermédiaire, mais qui se démultiplie sur la Têt à Perpignan.

Nous aborderons ci-dessous l'impossibilité d'ignorer une tectonique encore active. D'ailleurs, M. Calvet avait depuis longtemps reconnu que les trois moyennes terrasses de la Têt aval n'étaient qu'une déformation synalluviale d'une seule moyenne terrasse. Il avait aussi contesté l'âge de la terrasse de Cabestany, apparemment un niveau beaucoup plus ancien, protégé par une faille. Mais, auparavant, précisons la méthode que nous avons utilisée pour un travail dont le résultat fut la rédaction d'une série de cartes au 1/25.000 qui depuis 1996 est déposée, pour mise en page, au Laboratoire de Préhistoire du Lazaret à Nice.

Nous en profitons pour aussi remercier Benoît B. Debals, Guy Polet et Jacques Spitéry, qui m'ont accompagné sur le terrain pendant toutes ces années.

3°) La méthode d'analyse qualitative des terrasses

Une bonne connaissance des bassins versants est indispensable dans le domaine des paléoécoulements. Elle s'impose dans la détermination de l'origine géographique des galets, des sables, des minéraux lourds, qui sont autant de moyens de reconstituer la géométrie des paléoréseaux. Mais la principale difficulté d'une cartographie géologique consiste à établir, au minimum, une datation relative des niveaux (document 3.1).

Très géographique, la méthode qualitative a été inspirée par les travaux d'Henry de Lumley (1964), de J. Collina-Girard (1976) et de M. Calvet (1995). Ils se sont appuyés sur trois critères :

- L'éolisation des quartz en surface
- Le degré d'altération des alluvions anciennes, la coloration des quartz et leur densité en surface comme en coupe.
- Et naturellement les dénivellations relatives, domaine où, malgré les recommandations de Calvet, on n'avait pas toujours tenu suffisamment compte d'une néotectonique très active.

a) L'éolisation des quartz rend compte de l'action répétitive des paléotramontanes. Il est vrai que les galets de quartz ont subi une double éolisation sur les hautes terrasses, apparemment une seule phase sur les moyennes terrasses, et pas la moindre trace sur les basses terrasses. Mais ce critère de datation n'est véritablement utilisable qu'à l'approche du littoral, là où l'action du vent semble avoir été la plus forte. À l'amont des vallées, du fait probable de vents moins violents, cette éolisation est absente de la quasi-totalité des niveaux. Enfin, cette éolisation est surtout marquée sur les roches inaltérables (principalement les quartz) ; or, sur le Réart et l'Agly, les alluvions en sont généralement dépourvues. Nous jugeons donc ce critère de portée limitée.

b) L'altération des roches cristallines se révèle être un critère beaucoup plus sûr, qui a été repris et analysé, par la suite, dans la thèse de M. Calvet.

➢ Sur les hautes terrasses, la matrice fine a été évacuée par le vent et le ruissellement. Les galets présentent en surface une forte concentration en quartz ayant subi une importante patine violette et rouge. En coupe, les roches cristallines et métamorphiques ont perdu toute leur cohérence et sont souvent réduites à l'état de fantômes.

		Observations sur le terrain			
	Terminologie Henry de Lumley	**Types de Sols**	**Eolisation des quartz**	**Patine des quartz**	**Structure des autres galets**
Hautes Terrasses	**Mata-Roudoune**	Fersialithique	Double	Rouge	"Fantôme"
	Mas Ferréol	Fersialithique	Double	Rouge	"Fantôme"
	Cabestany	Fersialithique	Double	Rouge	"Fantôme"
Moyennes Terrasses	**Butte du Four**	Fersialithique	Simple	Jaune	Dissociée
	La Llabanère	Fersialithique	Simple	Jaune	Dissociée
Basses Terrasses	**Pia**	Fersialithique	Simple	Jaune	Dissociée
	Ille sur Têt	Brun	Absente	Néant	Intacte
	Prades	Podzolique	Absente	Néant	Intacte

Document 3.1 - Types d'altérations du matériel des terrasses - Bien qu'elle ne soit pas classée parmi les moyennes terrasses, la terrasse de Pia leur ressemble beaucoup par sa description: les galets de granits et de roches métamorphiques sont dissociés, les quartz ont subi une éolisation (le niveau se trouvait donc en place au début de la dernière glaciation) et le sol est très altéré (il n'a pu évoluer qu'au cours d'un interglaciaire chaud et humide).

➢ Les moyennes terrasses offrent toujours une importante concentration de quartz patinés en orange ou rouge orangé, pour les plus hautes, et en jaune, pour les plus basses. En coupe, la matrice fine est absente et les galets de roches métamorphiques et cristallines sont fortement désagrégés.

➢ Enfin, les basses terrasses n'offrent pas de différence avec le spectre lithologique du lit majeur. Elles ne présentent pas encore d'altération interglaciaire, c'est la raison qui les fait attribuer au Pléistocène supérieur.

c) La synthèse topographique : pour certains niveaux l'application de cette procédure ne posa pas de difficultés. Sur la rive gauche de la Têt, les restes de deux niveaux étagés à plus de 50 m NGF apparaissent épisodiquement. Ce sont des lambeaux accrochés au versant sud du massif du Fenouillèdes, dont la matrice fine superficielle a été emportée par le ruissellement et les paléotramontanes ; aussi, en surface, les galets de quartz dominent-ils. En coupe, les galets cristallins et métamorphiques sont réduits à l'état de fantômes. En l'absence de datations absolues, ces niveaux avaient été attribués à un Quaternaire ancien.

Sur la rive droite, deux niveaux d'épandages alluviaux anciens dessinent de vastes terrasses entre 50 m NGF et le niveau de la mer. La plus élevée jouxte les Aspres entre Corbère et Perpignan, la plus basse est moins large et souligne déjà les concavités du fleuve entre Ille-sur-Têt et Perpignan, sur la rive droite. L'absence incontestable d'éolisation et d'altération en fait un niveau plus jeune, que nous avons retrouvé sur la rive gauche entre Pézilla et Baho, en contrebas des niveaux anciens. Il sembla logique d'attribuer le plus haut des deux au

Pléistocène supérieur, et à notre avis, le plus bas serait contemporain de la crise climatique tardiglaciaire.

Mais la terrasse de la Butte du four ne constitue pas un ensemble homogène. Ce vaste plateau, situé sur la rive gauche, s'incline de 110 m à 90 m d'altitude et se démultiplie progressivement en deux nouveaux ensembles à l'aval de Saint-Estève:

➢ Un niveau moyen (entre 85 m et 40 m), actuellement situé sous les pistes de l'aéroport de Perpignan, est raviné par la Llabanère et ses affluents.

➢ Un bas niveau (entre 60 et 30 m) porte le village de Pia.

Bien que la terrasse de Pia soit attribuée au système Pléistocène supérieur dans la notice de la carte géologique de Perpignan (1994), nous en avions fait une moyenne terrasse (datation donnée également par Calvet). En effet, ni l'altération des galets dans les coupes, ni l'éolisation et la patine des quartz ne la différencient des autres niveaux. Pour ces trois ensembles : Butte du four, Llabanère et Pia, la présence d'un sol fersialitique associé à l'altération des galets traduit une évolution pédologique en climat chaud (un interglaciaire, car cette évolution n'existe pas sur les terrasses plus jeunes), alors que l'éolisation des quartz marque l'action de paléotramontanes.

3 - Les terrasses de la Têt

Elles ont été les plus étudiées et l'on en possède une cartographie récente (feuilles Rivesaltes et Perpignan par G. Clauzon) ; aussi nous est-il apparu plus logique de leur appliquer d'abord notre méthode et d'amorcer ainsi notre notice à partir de ce secteur bien connu.

Tous les niveaux incontestablement alluviaux ont été cartographiés au 1/25.000. En vertu du principe reconnu d'un étagement des terrasses en Roussillon, les altitudes absolue et relative de ces niveaux deviennent des arguments chronologiques, aussi, ont-elles ont été soigneusement relevées.

Seulement, la vallée de la Têt se divise en deux tronçons séparés par la barre granitique de Rodès, où le fleuve a creusé une gorge épigénique. Pour M. Calvet, ce seuil ne provoque pas de modifications fondamentales quant à la répartition des niveaux, ce qui autrefois n'était pas l'idée soulevée par Depéret. D'autre part, en aval de Perpignan, sur la rive droite, les opinions divergent quant à l'âge de la plus haute terrasse, située entre Cabestany, Château-Roussillon et Canet. Ainsi distinguerons-nous ...

3.1 - La vallée de la Têt entre Rodès et Perpignan

C'est ici que la distribution des niveaux fluviatiles anciens est la plus complète et a aussi été la mieux étudiée. Toutefois nous ne disposions pas de moyens de préciser les datations (la thèse de M. Larraich s'est surtout attachée à dater un secteur précis de l'Agly), mais il semblait toutefois probable que les basses terrasses appartenaient au Pléistocène supérieur, que les moyennes terrasses se sont construites au cours du Pléistocène moyen et que les hautes terrasses sont effectivement très anciennes.

Selon les auteurs, on peut y distinguer 7 à 8 niveaux, mais trois niveaux relèveraient d'un même alluvionnement perturbé par la tectonique (voir dans les derniers chapitres), aussi comme dans l'ensemble du Roussillon, la répartition la plus proche de la réalité est celle de M. Calvet, avec cinq niveaux répartis de T.1 pour le plus récent, à T.5 pour le plus ancien.

Toutefois, les niveaux **T.5** et **T.4** des hautes terrasses sont bien souvent à une altitude relative très élevée par rapport au niveau de la moyenne terrasse **T.3**, laquelle est nettement située au-dessus des basses terrasses **T.2** et **T.1**. Pour cette raison, nous avons déterminé un ensemble de :

➢ Des *hautes terrasses* dénommées niveaux III et subdivisées en sous-niveaux III-2 et III-1.

➢ Une *moyenne terrasse* II, qui ne se subdivise en sous-niveaux II-3, II-2 et II-1 que dans la basse vallée de la Têt.

➢ Des *basses terrasses* I subdivisées en deux sous-niveaux : I-2 et I-1.

Nous avons aussi conservé le principe de la terrasse éponyme déterminée par un stratotype, et nous proposons pour ce secteur la distribution suivante qui donnerait la version la plus complète (document 3.2).

Type d'alluvionnement	**Type de terrasse**		**Age probable**	
Alluvions actuelles	**O**	Lit majeur et mineur	**0**	Holocène
Basses terrasses	**I**	Ille sur Têt	**1**	Tardiglaciaire
	I	Toulouges	**2**	Pléistocène supérieur
Moyennes terrasses	**II**	Pia	**1**	Pléistocène supérieur
	II	La Llabanère	**2**	Pléistocène moyen supérieur
	II	Butte du Four	**3**	Pléistocène moyen inférieur
Hautes terrasses	**III**	Plan d'en Bourgat	**1**	Pléistocène ancien supérieur
	III	Mas Ferréol	**2**	Pléistocène ancien moyen
	III	Mata Roudoune	**3**	Pléistocène ancien inférieur

Document 3.2 - Hypothèse chronostratigraphique des terrasses de la Têt

3.1.1 – Les hautes terrasses (III)

Le Professeur Henry de Lumley les avait dénommées par *Matta Roudoune*, *Mas Ferréol* et *Cabestany*. Nous avons renoncé à ce dernier éponyme pour celui de *Plan d'en Bourgat* afin d'éviter toute confusion avec le système des terrasses de la butte de Cabestany à l'est de Perpignan. Ces paléoalluvionnements ourlent le versant sud du Fenouillèdes, dominant la plaine de très haut, traduisant l'ampleur de l'érosion ultérieure, mais aussi celle des variations du niveau de la Méditerranée, comme probablement de mouvements tectoniques récents.

1°) De la terrasse de Mata Roudoune (III.3), il ne resterait que deux lambeaux, distants d'une centaine de mètres, dans le site des orgues d'Ille-sur-Têt, vers 130 m au-dessus du lit majeur actuel.

Document 3.3 – La terrasse de Mata Roudoune : en haut (a) le lambeau reposant sur le Pliocène, en bas (b) galets cyclopéens de la partie accessible reposant sur le socle

➢ Le premier est un lambeau aujourd'hui inaccessible, couronnant l'une des orgues, mais montrant un ensemble de gros galets sur 2 mètres d'épaisseur, dans une matrice colorée qui tranche avec la blancheur du Pliocène continental (document 3.3.a).

➢ En arrière, vers le Nord, surmontant toujours le Pliocène, protégé par une faille qui le blottit contre le massif cristallin, on retrouve ce niveau à 256 m N.G.F. L'incendie qui, en 1994, ravagea les lieux, permettait d'observer un niveau où les quartz et les quartzites dominent en surface à près de 100 % (document 3.3.b).

Dans les rares coupes, les galets de granit et de gneiss sont très fortement altérés, et se fragmentent au toucher. En surface, il n'est pas rare de rencontrer des blocs émoussés de taille métrique. Cependant l'éolisation est modérée (car nous sommes déjà très en amont et dans un lieu assez abrité) et surtout l'altération des quartz est incertaine : les éléments colorés dominent, mais les couleurs vives comme le rouge sont plus rares qu'en aval. Toutefois, il est vraisemblable que nous avons à faire avec une terrasse très ancienne dont il ne reste que ses deux lambeaux haut perchés. De nombreuses failles les entourent, et elles ont rejoué à une époque récente, car le lambeau inaccessible est légèrement dénivelé par rapport au lambeau accessible (M. Calvet). Cette position tectoniquement déprimée aurait pu protéger ici un élément d'une terrasse partout ailleurs érodée.

Cependant, nous imaginons mal sa disparition en aval. G. Clauzon , sur la feuille Rivesaltes, en fait un niveau **Fw** tout comme celui de Mas Ferréol. Nous-mêmes avons soulevé le problème : une terrasse est un lit majeur fossile, donc, à l'image des lits majeurs actuels, et en enrochement homogène (ce qui est ici le cas) ; du fait de l'accroissement de la compétence de l'eau vers l'aval, le profil longitudinal traduit une fonction exponentielle décroissante transcrite par une droite en repères semi-logarithmiques (document 3.4).

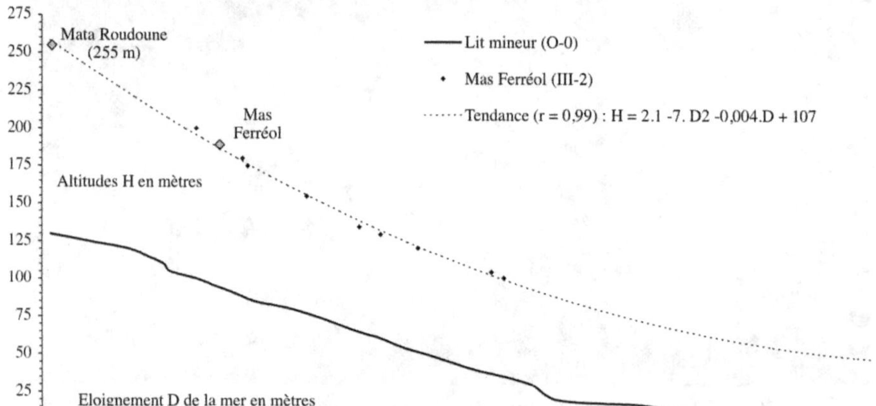

Document 3.4 - Profil longitudinal de la terrasse de Mas Ferréol : l'analyse statistique des couples altitude/éloignement de la Mer montre sans conteste que Mata Roudoune ne peut constituer un niveau alluvial original.

Or, les mesures morphométriques réalisées sur la carte au 1 :25 000 montrent une cassure du profil à 21 km du rivage, cassure qu'on retrouve sur d'autres terrasses et dans le lit majeur, alors qu'aucune perturbation du profil n'apparaît entre Mata Roudoune (256 m) et Mas Ferréol (189 m). Personnellement, nous ne croyons plus à l'originalité de la terrasse de Mata Roudoune.

a) Terrasse éponyme de Mas Ferréol, vue du Fenouillèdes ; dans le lointain, le Canigou

b) Coupe dans la terrasse de Poc Calbeil : on notera la taille des galets

Document 3.5 – Le niveau III.2 de Mas Ferréol

2°) La terrasse de Mas Ferréol (III.2) doit son nom à un lambeau de terrasse situé à 100 m au-dessus de la Têt au Nord de Millas, et sous les vignes du Mas Ferréol. Elle a été très bien décrite par M. Calvet (T.5) et par G. Clauzon (Fw) qui la présentait ainsi : « Cette très ancienne nappe alluviale a subi une longue érosion mécanique et une importante altération. En surface, elle se trouve réduite à des éléments siliceux de grande taille, fragmentés, altérés, éolisés et patinés. Son spectre initial ne dut pas être différent du cailloutis des alluvions actuelles de la Têt, mais il ne semble subsister qu'à la base, car, en dehors des quartz ou des éléments siliceux, tous les autres galets ont été fortement altérés ». Nous avons observé toutes les coupes situées entre Millas et Baixas. Les résultats sont analogues dans les sites suivants :

➢ La *terrasse éponyme de Mas Ferréol* se tient à une altitude de 189 m, près de la D 612, à 2,5 km au nord de Millas. Les vignes sont parsemées de gros galets où le quartz et le quartzite dominent à près de 100 %. L'altération et l'éolisation restent modérées, ce qui semble une originalité de la Têt. La terrasse est très érodée, à l'est du Mas en ruine, le long du chemin qui vient de Millas ; une coupe montre 0,50 m seulement de gros galets, constituant une couche inclinée vers le S.S.E, sur un sous-bassement pliocène schisteux et argileux de pendage subhorizontal. Le sommet ayant été arraché par de l'érosion, on expliquerait ainsi la modestie de l'altération et de l'éolisation.

➢ La *terrasse de Poc Calbeil* est située en amont de la précédente. À Néfiach, traverser la Têt par le pont submersible, tourner à droite et poursuivre le plus haut possible jusqu'à un carrefour marqué par un amandier. Sur la droite, vers le sud-est, s'élève la butte de Poc Calbeil qui n'est que le dernier lambeau de la terrasse de Mas Ferréol vers l'amont. La coupe nord-sud dévoile deux ensembles. Vers le nord, la terrasse présente un profil classique de lentilles à gros galets décimétriques sans ordre, et de sables grossiers. La présence de très gros blocs, comme à Mata Roudoune est la principale originalité. Vers le sud, cette terrasse repose sur un dépôt anguleux, qui ressemble à une coulée de head reprenant les plaquettes de schistes sous-jacents. En fait, ce n'est que le Pliocène continental, issu de la destruction des schistes du Fenouillèdes. Cet encaissement dans les schistes prouverait que ce lit Villafranchien se tenait très au nord du lit actuel, car la disposition observée est celle d'un lit majeur et non d'un glacis cône.

➢ Près de la route allant de Corneilla-la-Rivière vers la ferme de Los Porganes, le ravinement apparu à partir d'une carrière désaffectée a entaillé le versant, un matériel schisteux pliocène très rubéfié. Surtout, il a révélé la terrasse de Mas Ferréol sur un mètre d'épaisseur : les galets fantômes de gneiss et de granit sont nombreux et se fragmentent au toucher, la matrice argilo-sableuse est fortement rubéfiée. Enfin, la disposition des galets est très anarchique, confirmant le caractère plutôt torrentiel de l'alluvionnement. Ce caractère est confirmé par une analyse granulométrique (document 3.6).

➢ À Corneilla-la-Rivière, prendre le chemin qui contourne la cave coopérative. Aux deux premiers carrefours, prendre la voie de droite, puis au dernier carrefour, tourner à gauche. Les terrasses de Mas Ferréol et de Plan d'en Bourgat sont très voisines. De la vigne abandonnée située à gauche du chemin en montant, on voit des lambeaux de cette *terrasse de Plan d'en Bourgat* dessinant un replat, à mi-pente, dans le Pliocène. Au sommet de la côte, tourner à gauche par un chemin qui conduit à une coupe nord-sud. Celle-ci montre des galets décimétriques tous inclinés dans le même sens, vers le nord, montrant donc un écoulement venant du sud, fort probablement un ancien lobe de méandre, pour passer latéralement, vers le nord, à des galets centimétriques et du sable. (Nous restons dans le contexte d'un lit plus septentrional).

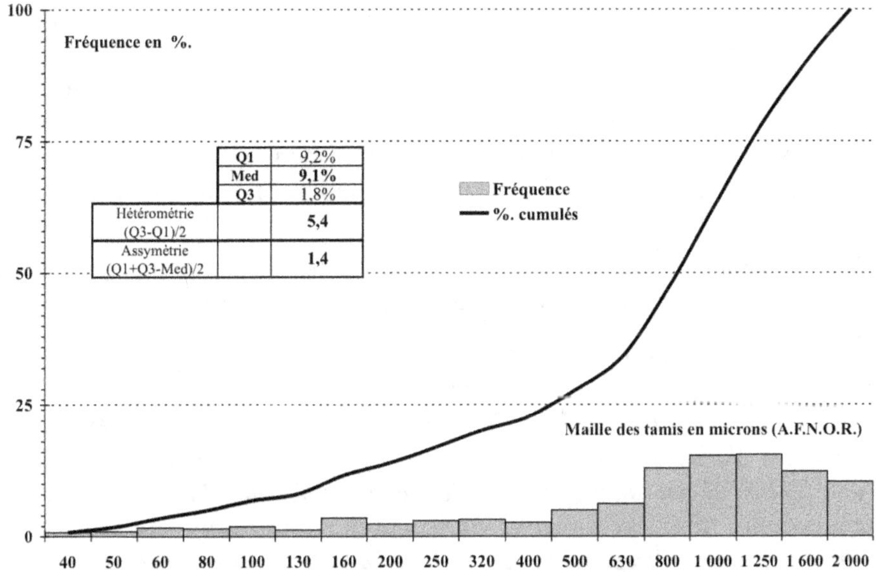

Document 3.6 : Granulométrie du niveau III.2 à Corneilla-la-Rivière

➢ Enfin, à partir de Pézilla de la Rivière, suivre le ravin des Gouges, par l'ancienne route de Calce. Traverser le ruisseau des Gourgettes, et suivre la route goudronnée qui gravit le talus de la terrasse de la Butte du Four. Puis celui de la terrasse de Plan d'en Bourgat (la succession des terrasses est très nette dans le paysage). Continuer vers Calce, dans les vignes jusqu'à un carrefour au pied des premiers contreforts du massif ancien. Alors tourner à gauche ; la route suit plus ou moins le contact terrasse de Mas Ferréol/massif ancien. Suivre la route goudronnée jusqu'à que le bitume cesse, dans les derniers décamètres les chemins se dirigeant vers la gauche, vers le sud, recoupent la terrasse.

Nous sommes parvenus au niveau des derniers lambeaux de la terrasse de Mas Ferréol, et leur replat topographique est de moins en moins net. La terrasse est en grande partie masquée par des dépôts de pentes et des éboulis constitués de calcaires et de schistes du socle. Sous ces dépôts de pente, dans les vallons, des sapes de vignerons montrent parfois un niveau de gros galets décimétriques fortement rubéfiés, appartenant sans aucun doute à la terrasse, témoins effectifs d'un lit plus septentrional.

Dans ces terrasses, les matériaux ne sont pas triés, les galets de très forte taille sont nombreux, et l'on imagine aisément un écoulement rare, bref mais très violent, une lave torrentielle plus qu'un écoulement fluvial. Selon M. Calvet, ce niveau, qu'on retrouve au sommet des buttes de la rive gauche du

Tech, serait le résultat d'un véritable épandage torrentiel dans le contexte périglaciaire d'un relief moins différencié que l'actuel.

Pourtant, nous y verrions aussi un écoulement épisodique mais déjà concentré. Ces lambeaux traduisent un écoulement très peu pondéré, comme le montre la granulométrie de l'échantillon sableux prélevé à Corneilla-la-Rivière (document 3.6). Le sédiment est très grossier et assez mal trié, l'observation morphoscopique donne un ensemble de quartz laiteux, transparents, voire colorés. Si la fraction plus fine montre davantage d'émoussés luisants que de non usés, ceux-ci deviennent vite prépondérants dans la fraction plus grossière.

Vite mis hors inondation par l'enfoncement ultérieur du réseau, ce site a pu servir d'habitat à des populations très archaïques (site de Mas Ferréol).

3°) La terrasse de Plan d'en Bourgat (III.1) se tient quelques mètres en contrebas de la précédente et a été décrite ainsi par G. Clauzon à Peyrestortes : « *Comme pour la nappe de Mas Ferréol, les galets sont profondément altérés, et, seuls les éléments siliceux ont subsisté en surface, la matrice interstitielle faisant l'objet d'une ample argilisation et rubéfaction. Dans les vignes, on n'observe ainsi que des galets siliceux résiduels, presque toujours fragmentés et encore fortement éolisés, et parfois en dreikanters. En profondeur, les galets cristallins ont perdu leur cohésion et se trouvent réduits parfois à l'état de fantômes* ».

Cette terrasse traduit l'apparition d'une érosion linéaire qui transperça le pavage de galets des alluvions précédentes, peut-être au cours du Pléistocène inférieur. Cette terrasse est mieux conservée que la précédente et dessine une véritable surface structurale vers l'aval.

➢ Il n'existe pas de coupe au *Plan d'en Bourgat*, mais la terrasse y prend une belle extension topographique, offrant sa surface de galets de quartz colorés et de plus en plus éolisés vers l'aval. Pour M. Calvet, la compétence des *paléotramontanes* aurait été d'autant plus grande qu'on se rapprochait de la mer : vent plus rapide, surfaces planes plus vastes fournissant les éléments sableux fins nécessaires au travail d'éolisation. En contrebas de la butte éponyme de Mas Ferréol, vers l'Ouest, le route recoupe le versant et l'on observe quelques niveaux de galets qui pourraient appartenir à la terrasse de Plan d'en Bourgat.

➢ En surface, dans les vignes, la morphologie traduit un niveau très ancien à galets de quartz très rubéfiés et déjà fortement éolisés. Ce niveau ne présente pas de différence notoire avec le précédent en dehors de la différence d'altitude relative. Comme il existe sur les autres fleuves côtiers, force nous est d'y reconnaître un alluvionnement moins ancien, et consécutif à une première phase d'incision. De nombreuses stations ont été trouvées sur cette terrasse, dont à Plan d'en Bourgat.

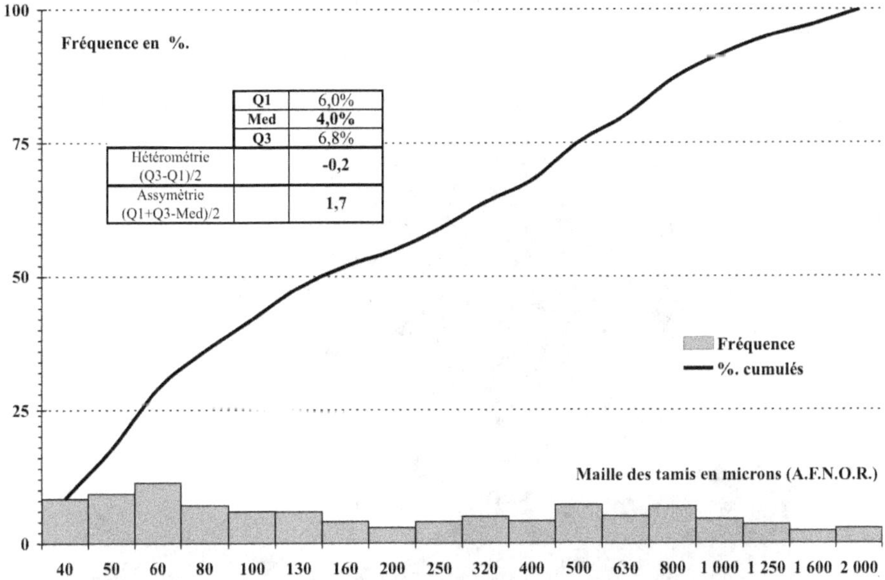

Document 3.7 - Granulométrie de la haute terrasse éponyme de Plan d'en Bourgat.

Ce sont d'ailleurs des niveaux aussi mal triés que le précédent. Sur le document 3.7, prélevé à Plan d'en Bourgat même, le sédiment ne comporte aucun tri, à l'image des laves torrentielles ou des alluvions déposées par des cours d'eau au régime nival à gel intense et à nuance aride des régions arctiques actuelles de Sibérie Orientale. Les quartz laiteux et cristallins sont en général non usés, avec quelques rares émoussés-luisants.

Document 3.8 – Une moyenne terrasse à Plan d'en Carbonnell

3.1.2 - Les moyennes terrasses (II)

Nous avons conservé les éponymes de terrasses de la *Butte du Four* (**II-3**), *La Llabanère* (**II-2**) et *Pia* (**II-1**). Elles constituent, elles aussi, trois niveaux, mais ici nous sommes aujourd'hui convaincus de la justesse de l'hypothèse de M. Calvet qui y a reconnu le résultat de d'une tectonique contemporaine de leur mise en place.

Document 3.9 – Profil de la terrasse éponyme de la Butte du Four

1°) La terrasse de la Butte du Four (II-3) doit son nom à un antique four banal, bien endommagé, situé près de la D 614, entre Millas et Corneilla-la-Rivière. Elle est très en contrebas de la terrasse de Plan d'en Bourgat (environ 30 m), traduisant une puissante érosion linéaire qui percha cette dernière terrasse que d'aucuns datent du Pléistocène moyen, et qui constitue le plus haut niveau de **T.3** de M. Calvet. Vers l'aval, ce n'est plus un lambeau, mais une véritable surface structurale, qui atteint sa plus large extension au sud de Baixas, où elle cède latéralement la place aux niveaux de la Llabanère et de Pia. Nous avons pu observer quelques coupes dans cette terrasse.

➢ Pour atteindre la *terrasse éponyme de la Butte du Four*, sortir de Millas par la D 614, au carrefour avec la D 612, tourner à droite, vers Perpignan. Après 800 m, tourner à gauche vers la terrasse. On se trouve en présence d'une très belle coupe, complexe, dans une vigne située à mi-pente. *Elle avait été interprétée consécutive à plusieurs formes de sédimentations* ; c'est erroné : si le sommet constitué de gros galets rubéfiés est quaternaire, le sous-bassement n'est que le Pliocène continental, et la partie orientale de la coupe n'en est qu'un éboulis. Elle peut être observée sur de très nombreux autres sites.

➢ À *Corneilla-la-Rivière*, passer derrière la Cave coopérative et remonter au nord vers les vignes. C'est le premier escarpement rencontré. La coupe se trouve le long de la route sur la droite. De direction nord-sud, elle est très belle, montrant le sommet de la terrasse avec, probablement, les traces de différentes formes d'écoulement. Surtout, par rapport aux terrasses précédentes, le matériel est déjà beaucoup moins altéré.

➢ Revenir à Corneilla-la-Rivière et prendre la D.18, vers Estagel (c'est l'ancienne route d'Estagel aujourd'hui désaffectée), escalader le talus de la terrasse de la Butte du Four, jusqu'au versant du ravin des Mirandes. Prendre alors le chemin de droite, et descendre progressivement dans le ravin. Sur la droite, dans la vigne, côte 97, on observe une coupe est-ouest, où un niveau de galets de petite taille repose sur des argiles grisâtres du Pliocène marin. Mais surtout, ces galets sont orientés piquant vers l'est, traduisant un écoulement contraire à la pente normale, ce qui reste conforme à un écoulement torrentiel et à la présence d'un chenal divagant.

➢ À *Pézilla de la Rivière*, à la sortie du village, vers Perpignan, prendre à gauche la route qui passe devant le cabinet médical, puis emprunter le ravin de Gouges : c'est l'ancien chemin de Calce. Au premier pont, traverser le ruisseau (à droite). Au second carrefour à droite, on escalade le talus de la terrasse. La coupe se trouve à mi-pente. Un lambeau de la terrasse est seulement apparent au-dessus des broussailles, mais les galets de quartz, schistes et granits (ces derniers assez altérés) sont décimétriques et sans ordre apparent.

➢ Entre *Villeneuve la Rivière et Baixas*, à 1 km au sud-ouest du Poste électrique, le ravin de la Mousque révèle cette terrasse à plusieurs reprises dans les chemins d'exploitation des vignes qui le recoupent. Cette terrasse est aussi très développée autour de Saint-Estève, par exemple au ravin du ruisseau de la Boule. Celui-ci est très accessible à partir de Baho, vers le nord, par les chemins qui mènent vers les vignes. Le petit torrent a raviné profondément dans le Pliocène et révélé ce niveau.

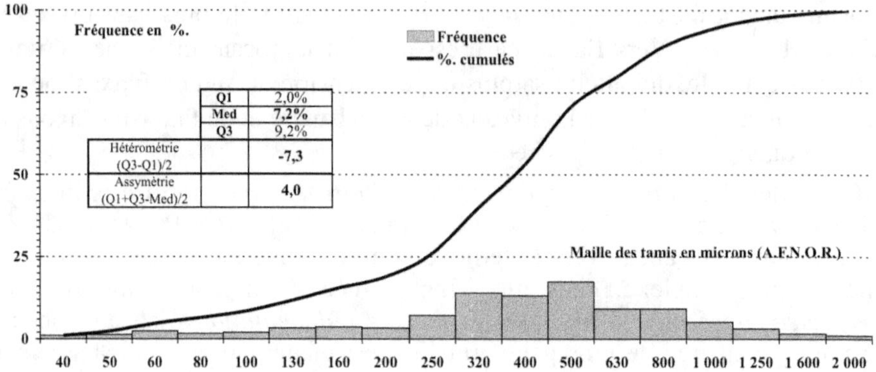

a) Granulométrie de l'échantillon de la Butte du Four

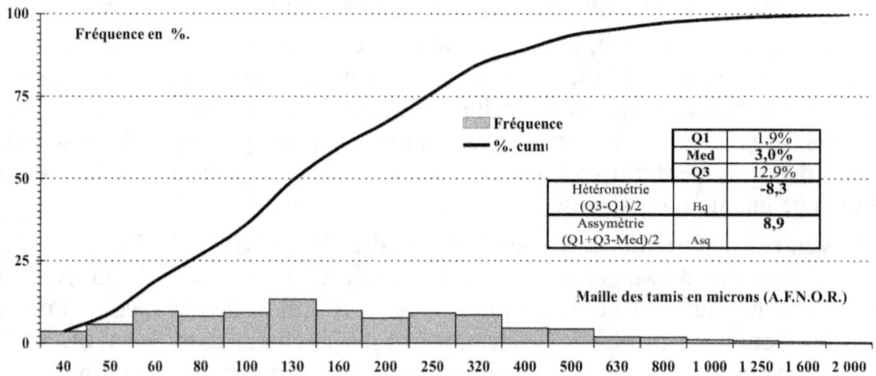

b) Granulométrie de l'échantillon de Corneilla

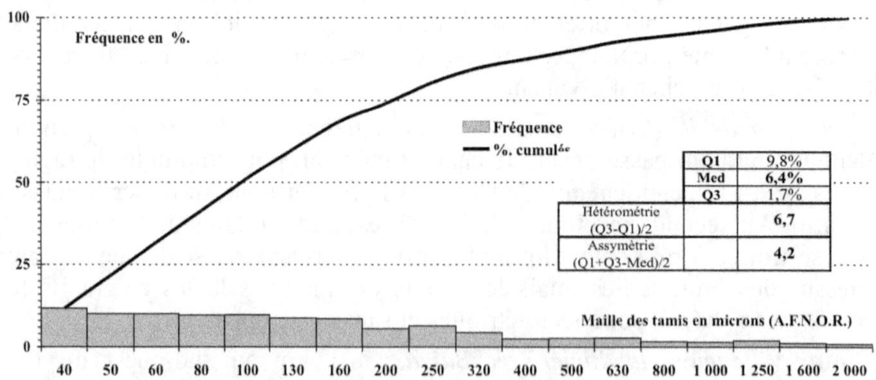

c) Granulométrie de l'échantillon de Pézilla

Document 3.10 - Fractions sableuses de la moyenne terrasse de la Butte du Four

Dans tous les cas, l'alluvionnement est d'épaisseur métrique aux galets cristallins et métamorphiques fortement altérés en coupe. En surface, les vignes offrent l'image d'un régolite de galets de quartz rubéfiés et éolisés. Sur tous ces sites, les galets de roches altérables : granits, schistes, gneiss, sont réduits à l'état de fantômes aisément détruits au marteau. En surface, dans les vignes, les quartz dominent à près de 100 %, avec une forte coloration traduisant une altération ancienne, ainsi qu'une éolisation de plus en plus marquée, quand on s'approche du littoral. Ici, la granulométrie serait plus évocatrice d'un écoulement fluviatile. C'est ce qui se dégage de l'analyse sédimentologique de sédiments issus de trois sites se rapprochant de la mer: la Butte du Four à Millas en amont, le même niveau à Corneilla-la-Rivière et la Ravin des Gouges à Pézilla de la Rivière (document 3.10).

Le classement apparaît meilleur de l'amont vers l'aval, avec une fraction médiane de moins en moins grossière. Mais ce caractère fluviatile se limite au tri, la part des quartz (laiteux et cristallins) émoussés-luisants restant très faible et stable par rapport aux non-usés.

Enfin, peu avant Saint-Estève, cette terrasse semble se décomposer en plusieurs niveaux, **Fx.b1** pour elle-même, **Fx.b2** ou **Fx2** pour le palier médian et **Fy.1** ou **Fy.a** pour le palier inférieur selon G. Clauzon . C'est cette remarque qui amena M. Calvet à supposer l'apparition de mouvements tectoniques qui auraient, par paliers, déplacé la Têt vers le sud-est, inscrivant le nouveau lit en deçà du cours précédent (des analyses morphométriques réalisées à partir des cartes I.G.N. par J. Collina-Girard et par nous-mêmes arrivent à la conclusion d'une tectonique longtemps active vers Perpignan).

C'est ce que M. Calvet traduit par la décomposition des étagements en **T.3c** pour la terrasse de la Butte du Four, **T.3.b** pour le palier médian, et **T.3.a** pour le niveau inférieur. Ces niveaux médians et inférieurs seront appelés La Llabanère et Pia.

2°) La terrasse de la Llabanère **(II-2)** doit son nom à un affluent de l'Agly, qui passe aujourd'hui sous l'aéroport de Perpignan, entièrement construit sur cette terrasse. Sur la rive gauche du fleuve, elle dessine un plateau structural, quelques mètres en contrebas de la précédente, de Saint-Estève au sud, où elle participe au système des terrasses de la Têt, à Peyrestortes, au nord, où elle appartient aussi au domaine de l'Agly. Peu avant la voie ferrée et l'autoroute, elle se termine par un talus de quelques mètres qui lui fait dominer la terrasse de Pia. À l'inverse, vers le nord, son plan tend à se confondre avec celui de la terrasse de la Butte du Four.

➢ G. Clauzon en résumait les profils types ainsi sur la feuille de Perpignan: « Elle se compose d'un cailloutis et de blocs siliceux, gélifractés, éolisés et patinés. Par contre la base conserve son spectre pétrographique original intégral.

Toutefois l'altération pédologique ne laisse aux galets que leur forme (ils sont cassants au choc) et la matrice a subi une importante rubéfaction argileuse ». Sur celle de Rivesaltes la description est peu différente : « L'altération est moins poussée (que les hautes terrasses), mais le matériel présente les mêmes caractéristiques que sur les niveaux plus anciens: surface tapissée de quartz fragmentés et éolisés; et en profondeur, le spectre originel est altéré et la matrice a été rubéfiée et enrichie en argiles ».

Document 3.11 – La terrasse de la Llabanère à la Courragade près de Saint-Estèphe

➢ L'une des meilleures coupes est celle de la Courragade, carrière convertie en décharge publique, située à mi-chemin entre Saint-Estève et le Haut Vernet, à l'ouest de l'autoroute et au sud de l'aéroport. Cette carrière entaille le talus qui la sépare de celle de Pia, et M. Calvet a pu y observer des coupes dans les deux terrasses, ce qui n'est plus possible aujourd'hui. Pour ce qui concerne cette terrasse, les roches cristallines sont déjà moins altérées en coupe.

➢ Cette terrasse est aussi très accessible, en surface et en carrière, au sud de Rivesaltes, au lieu dit Mas Rombau, le long de la D.12b. Dans les vignes, les galets sont, certes, moins altérés que sur le niveau supérieur, mais leur éolisation est prononcée, ce qui confirmerait le rôle de la proximité de la mer et de l'existence de larges affleurements, favorisant à la fois la vitesse du vent et la mobilisation du sable qui servait d'abrasif.

➢ Par analogie d'altitude et de texture, on attribue à cette terrasse des lambeaux situés à Saint-Féliu-d'Avall, Saint-Féliu-d'Amont et au Soler car ils livrèrent une industrie archaïque.

➢ Au nord-ouest de Thuir, un lambeau, comparable à la terrasse de Terrats, semble dépendre topogra-phiquement d'un écoulement ancien de la Têt ; et il pourrait en être de même de la terrasse de Terrats. Il y a de nombreuses carrières, et ces sites inaccessibles montrent 1,5 m de gros galets, non rubéfiés et apparemment bien lités, et situés à 15 m d'altitude relative au-dessus du fond de la carrière.

➢ Enfin, sur la route de Terrats à Ponteilla, près du carrefour avec la D.612, les fossés sont souvent taillés dans ce niveau. Les galets cristallins y sont peu altérés ; les quartz, peu rubéfiés et peu éolisés, ne dominent plus, et l'on se rapproche du spectre lithologique de la rivière actuelle. Des lambeaux de ce niveau dominent la terrasse de Toulouges - indubitablement beaucoup plus jeune - entre Terrats et Canohès, où ils sont interrompus par des cuvettes de déflation. Du fait de leur position, ces lambeaux appartiennent aux terrasses de la Têt (ils sont situés au nord de la ligne de buttes des hautes terrasses du Réart), leur texture, décrite ci-dessus, écarte à la fois un âge plus élevé : Butte du Four, et plus jeune : Pia ; c'est la raison qui nous les avait fait classer dans l'ensemble de la Llabanère comme d'ailleurs la totalité des moyennes terrasses du Réart.

3°) La terrasse de Pia **(II-1)** emprunte son nom au village de Pia, situé sur la terrasse même où il domine l'Agly, car, à l'image de la précédente, cette terrasse est en situation de confluence et appartient au système de l'Agly dans sa partie nord, et à celui de la Têt au sud, à Haut Vernet.

➢ C'est un niveau assez étroit, allongé entre la Têt et l'Agly, dominé de quelques mètres à l'ouest par la terrasse de la Llabanère, et dominant faiblement - 3 à 4 m - la basse terrasse de Bompas à l'Est. Pour G. Clauzon : « *Le spectre de la terrasse de Pia ressort exclusivement des apports de la Têt. En surface seuls apparaissent des éléments siliceux éolisés, et gélifractés, dans une matrice sablo-argileuse brune. En dessous le spectre pétrographique typique de la Têt est complet, mais tous les galets sont rubéfiés, altérés et fragiles, dans une matrice argileuse issue de l'hydrolyse des feldspaths* ». Il la date du complexe Pléistocène supérieur sur la feuille Perpignan, alors que M. Calvet la vieillit au Pléistocène moyen. La question peut être tranchée par la meilleure coupe qu'on ait trouvée dans le secteur de l'Agly :

➢ Prendre le D.12 de Pia à Rivesaltes ; la coupe occupe le talus quand la route descend dans la plaine alluviale de l'Agly. On y observe des galets déjà altérés, voir éolisés en surface, ce qui effectivement n'est pas le cas de la terrasse du Pléistocène supérieur, visible entre Millas et les Aspres. Cette remarque, qui confirme la nécessité de son vieillissement, nous la fait classer, à l'image de M. Calvet, dans les moyennes terrasses du Pléistocène moyen.

L'ensemble des moyennes terrasses a livré un riche matériel archéologique, sur la Butte du Four elle-même, à San Féliu d'aval, ou au Soler.

4°) La démultiplication des moyennes terrasses est une hypothèse soulevée par M. Calvet qui nomma **T.3** l'ensemble de ces trois niveaux.

➢ À la Guardiole, sur la route qui quitte Pia vers l'est, un talus de quelques mètres sépare la terrasse de Pia de celle d'Ille-sur-Têt. Pour M. Calvet, il s'agit de la limite entre **T.3**c et **T.2**. Or, sur le niveau de Pia ou **T.3**c, dans la vigne, les galets de granit et de gneiss sont déjà altérés (cassants au choc) ce qui exclut un âge trop récent.

➢ Toutefois, en coupe comme en surface, le spectre lithologique est beaucoup plus complet que pour les niveaux supérieurs, et affirme le caractère nettement plus récent de cet alluvionnement.

Cette terrasse, qui n'existe qu'ici, exclut toute généralisation, mais confirme l'existence de mouvements tectoniques. En réalité, cette confirmation sera prouvée plus bas, par le recours à la décomposition du profil longitudinal des terrasses. Le document 3.12 illustre la transcription des profils en échelle géométrique. On notera, en premier lieu, que les niveaux constituent un alignement assez régulier (ce qui confirme leur appartenance à un même ensemble). On notera ensuite que, si la modélisation en échelle géométrique des terrasses de la Butte du Four et de Pia présente un profil logique, l'altitude décroît comme la racine carrée de l'éloignement de la mer ; à l'inverse, le profil de la terrasse de la Llabanère se gauchit en sens inverse. (Les coefficients r^2 compris traduisent toujours une bonne corrélation des altitudes H et des éloignements E). Cette dernière remarque va dans le sens soit de mouvements tectoniques postalluviaux, soit d'une subsidence de la Salanque de Perpignan. C'est cette tectonique qui aurait démultiplié un même niveau de moyennes terrasses, selon l'hypothèse de M. Calvet. C'est d'autant plus plausible que nous verrons que les autres fleuves côtiers n'offrent souvent qu'un seul niveau de moyennes terrasses. Le document 3.12.b rend, quant à lui, la répartition probable des terrasses, à la méridienne de Millas et du Mas Ferréol, et en le promontoire de Baixas et les collines de Canet-en-Roussillon.

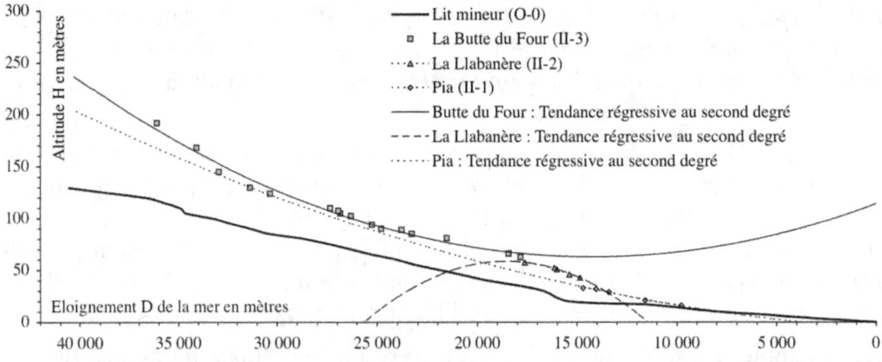

Document 3.12 - Modélisation du profil des moyennes terrasses. Ici, l'hypothèse d'une régression géométrique de l'altitude avec l'éloignement de l'embouchure a été retenue ; les équations au second degré sont les suivantes:

Butte du Four :	$H = 3.10^{-7}.E^2 - 7,3.10^{-3}.E + 114$	$(r^2 = 0,98)$
La Llabanère :	$H = 10.^{-6}.E^2 + 4,3.10^{-3}.E - 242$	$(r^2 = 0,99)$
Butte du Four :	$H = 10^{-7}.E^2 + 1,3.10^{-3}.E - 6$	$(r^2 = 0,99)$

3.1.3 – Les basses terrasses (I)

Quant à l'éponymie des basses terrasses de la Têt, il nous a fallu modifier la terminologie du Professeur Henry de Lumley et de J. Collina-Girard, et proposer une *terrasse de Toulouges* ou **I.2**, car l'éponyme *Rivesaltes* serra réservé à son homologue de l'Agly. Mais nous conserverons l'éponyme pour la *terrasse d'Ille-sur-Têt* ou **I.1**.

1°) La terrasse de Toulouges (**I.2**) constitue un niveau qui dessine une vaste plaine sur la rive droite entre Ille-sur-Têt, Thuir et Perpignan. La cité de Toulouges, située en son centre nord, convient parfaitement comme site éponyme. Cette terrasse constitue alors un triangle aplati de 25 km de long, duquel se détache un lambeau, en amont, à l'ouest d'Ille-sur-Têt.

➢ En allant d'Ille sur Têt vers Prades, à la sortie de la ville, à l'occasion d'un méandre de la Têt, on frôle la terrasse, sur la gauche. À la côte 158, prendre le chemin des vignes sur la gauche, il existe plusieurs coupes dans la terrasse. Mais, actuellement, la construction de la voie rapide recoupe complètement le lambeau situé le plus en amont, lequel donne d'admirables coupes, où les granits, les schistes et les gneiss sont intacts, dans une matrice où toute trace de rubéfaction est absente. En bref, le profil lithologique est peu différent de ce qu'il est dans le lit actuel, et l'âge plus ancien ne s'explique que pour des raisons topographiques : 182 m, soit 20 m au-dessus du lit majeur.

Document 3.13 – Surface de la terrasse de Toulouges

➢ À *Bouleternère*, prendre la route d'Ille-sur-Têt, et dés la sortie, tourner à droite par une route des vignes, la suivre jusqu'au talus de la terrasse (il s'agit toujours du lambeau précédent); il existe plusieurs coupes montrant un matériel issu du massif ancien, parfois décimétrique, mais surtout n'offrant plus de trace importante d'altération.

➢ Prendre la D 46 de Millas à Corbère, en venant de Millas, on escalade le rebord de la terrasse. Celle-ci est visible sur le rebord de la route, à gauche, au sommet du talus. On y observe des galets non rubéfiés, centimétriques et décimétriques.

➢ Au Soler, au Pont sur l'Agly, la terrasse est bien visible au sommet des falaises de part et d'autre du Pont, et il est maintenant possible de suivre cet affleurement par la rocade du D.916 vers Perpignan. Partout, le caractère moderne se confirme, avec une altération peu poussée, l'absence d'éolisation, et un spectre lithologique à peu près intact.

➢ Sur la rive gauche, à la confluence entre les vallées de l'Agly et de la Têt, en contrebas de la terrasse de Pia, un dernier palier subsiste avant la plaine holocène de la Salanque. Cette *terrasse de Bompas* fut longtemps considérée comme un très bas niveau tardiglaciaire, comme la terrasse d'Ille-sur-Têt; et sur la feuille Perpignan de 1989, G. Clauzon la note encore Fy.2 (**T.1** de M. Calvet). Par contre, M. Calvet la vieillit et la rattache au niveau **T.2** (Fy.1 ou Fy.a de G. Clauzon). Du fait de la faiblesse de la dénivellation par rapport à la terrasse de Pia (3 à 4 m), nous nous sommes rangés à cette hypothèse et la terrasse de Bompas se trouve donc cartographiée comme la terrasse de Toulouges.

Document 3.14 – La terrasse d'Ille sur Têt à Villeneuve

2°) La terrasse d'Ille-sur-Têt **(I.1)** n'est qu'à une dizaine de mètres au-dessus du lit majeur, en son site éponyme, c'est-à-dire à 40 km de la mer à vol d'oiseau. Elle est aussi fortement inscrite dans la précédente : 10 m au sud d'Ille-sur-Têt. Enfin, elle se présente déjà comme un fond de vallée, et du fait qu'elle est étroite, on ne la rencontre que dans la convexité des méandres, entre

Ille-sur-Têt et San Féliu d'Aval en rive droite, et Cornellia de la Rivière et Baho en rive gauche.

➢ Les travaux de réaménagement de la Nationale 116 ont plusieurs fois recoupé ce niveau qui, pour reprendre les termes de G. Clauzon, sur la feuille Rivesaltes, « *apparaît d'une remarquable fraîcheur morphologique et pétrographique* » avec une altération pédologique ou éolienne négligeable, et serait peut-être le dernier apport de période froide.

➢ En aval de Saint-Estève, cette terrasse plonge insensiblement sous l'holocène de la plaine de la Salanque, né du rehaussement du niveau marin après l'ultime phase froide. Mais déjà, la terrasse de Pia, probablement du Pléistocène supérieur, plonge aussi sous cette plaine de la Salanque, montrant la complexité des mouvements tectoniques et eustatiques qui au Quaternaire ont affecté la région.

Ces basses terrasses ont aussi livré un matériel archéologique important, notamment autour de Pia.

3.2 - Les terrasses en amont de Rodès

M. Calvet a insisté avec raison sur le fait que la « continuité des nappes alluviales de la Têt est à peine interrompue par le défilé de Rodès ». Il a souligné la dissymétrie du Conflent où « les torrents venus du Nord n'ont pas construit de piémont », alors que ceux « venus du Canigou, ont construit des « rubans alluviaux, et de véritables cônes dans des bassins évasés dans le remplissage Miocène ».

Dans sa terminologie des terrasses, il retrouve les hauts niveaux **T.5** et **T.4** que nous nommerons respectivement Costes de Clara et Llonat (villages de la rive droite) correspondant en aval aux terrasses de Mas Ferréol et de Plan d'en Bourgat. La moyenne terrasse est absente, et un puissant talus concave sépare ces hauts niveaux des basses terrasses **T.2** et **T.1**, soit Vinça (équivalent de Toulouges en aval) et Prades (équivalent d'Ille-sur-Têt).

3.2.1 - Les hautes terrasses (III)

Elles dessinent un double replat structural à Costes de Clara et à Llona, que l'érosion ultérieure a lacéré et découpé en serres allongées sur la rive droite.

1°) La haute terrasse de Llonat **(III.1)** est la mieux dessinée, et, sur la rive droite, elle donne une suite de lambeaux allongés entre Sirach et Llonat.

➢ Au *hameau de Llonat*, sur la commune de Los Masos, apparaissent plusieurs coupes en bordure de route, et en particulier auprès de l'église. On y voit un niveau de galets décimétriques, de roches cristallines altérées (mais sans exagération): les galets de gneiss sont tendres sans être des fantômes. L'absence de vignes, remplacées ici par des vergers, ne permet pas de voir le sol, couvert à

100 % par la végétation, mais il semble que les roches résistantes, quartz et quartzites, aient été sélectionnées.

Document 3.15 – La haute terrasse III.1 sous l'église de Llonat

➢ Entre *Espira de Conflent et Finestret*, l'interfluve est découpé en serres inaccessibles, mais un haut niveau de galets rubéfiés (350 m NGF) est bien visible à la jumelle.

➢ Au *hameau de Counjourdou*, sur la commune de Rigarda (1 km au N), on peut admirer une belle coupe sur le versant occidental de la Butte Pliocène, vers la cote 349. Il s'agit d'un ensemble de galets décimétriques de schistes et de gneiss, passablement rubéfiés, comme à Llonat.

Ces observations confirment une terrasse très ancienne qu'on assimilerait à Mas Ferréol s'il n'existait pas un niveau supérieur. Surtout, au même niveau, 450 m NGF en amont et 350 m en aval, existe une réplique sur la rive gauche entre Catlar et Eus.

➢ À *Catlar*, sur la petite route de la rive gauche vers Eus, un Point de vue avec parking se situe à la sortie du village. La coupe, au dos du parking, montre un niveau de gros galets de quartz décimétriques, dans une matrice rubéfiée, les autres roches étant assez fortement altérées. Du fait d'une altitude de 350-360 m NGF, nous avons assimilé cette terrasse à celle de Llonat. Ce niveau se suit par étapes dans la topographie jusqu'à Eus.

➢ Pour ce qui concerne tous ces dépôts, les coupes révèlent des dispositions anarchiques donnant davantage l'illustration d'un écoulement torrentiel que fluviatile, et il est difficile, sur la rive droite, de savoir si nous avons à faire à un alluvionnement participant au système des terrasses de la Têt, ou à des épandages torrentiels venus du Canigou, comme c'est facilement repérable pour les bas niveaux.

*2°) **La haute terrasse des Costes de Clara*** (**III-2**) dessine un lambeau sur la rive droite de la Têt, au-dessus de Prades, aux Costes de Clara, mais aussi au Mas del Couscou, vers 450 m NGF (soit 60 m au-dessus de Llonat). Deux replats sont parfaitement visibles, et malgré les arbres fruitiers et les herbages, on peut observer les galets en surface. Nous n'avons vu que de mauvaises coupes, dans des tranchées d'irrigation, mais rappelons que M. Calvet y a décrit une : « *alluvion fortement altérée, avec une majorité de fantômes dans une matrice bariolée d'hydromorphie* ».

Ce niveau se retrouverait sur la rive gauche, le long du chemin qui relie le pont du Barrage de Vinça au Monastir de Marcevol.

3.2.2 - Les basses terrasses (I)

En effet, la vallée amont de la Têt ne comporte aucun témoin d'une moyenne terrasse. En remontant la rivière en amont des défilés de Rodès entre Vinça et Prades, on suit, à l'inverse, un double niveau de basses terrasses sur la rive droite.

*1°) **La terrasse de Vinça*** (**I-2**) constitue le palier le plus élevé entre Prades (en partie construite dessus), à 335-340 m NGF, et Vinça (également construit sur la terrasse), vers 260-270 m NGF. Cette terrasse qui concerne le système alluvial de la Têt ne doit pas être confondue avec les cônes torrentiels venus du Canigou.

Les coupes sont rares.

➢ Au stade de Vinça, descendre vers l'est, dans le vallon des Escoumes ; une coupe, sur la rive droite, montre le même ensemble de galets non altérés, vers 250-260 m.

➢ Au barrage de Vinça, à la Chapelle Saint-Pierre, la tranchée creusée pour les besoins de la circulation révèle au sommet de la coupe, sur 2 à 3 m, de gros galets centimétriques de roches cristallines non altérées.

➢ Enfin, en amont de Marquixanes, la voie ferrée, artificiellement encaissée dans la terrasse, révèle encore quelques coupes dans ce matériau peu altéré qui n'est pas sans rappeler celui qu'on observait dans les tranchées de la voie rapide à la sortie d'Ille sur Têt vers Prades, quand elle recoupe la terrasse de Toulouges.

*2°) **La terrasse de Prades*** (**I-1**) constitue le niveau inférieur des basses terrasses. Elle ourle généralement les deux rives de la Têt, de Villefranche-de-Conflent à Rodès. Mais la puissance de l'encaissement du lit actuel dans les schistes évoque l'ampleur de l'érosion après le dépôt de cet avant-dernier lit alluvial.

➢ La plaine de Prades, en rive droite de la Têt, en est une très bonne illustration. Les coupes dues à l'enfoncement de la rivière montrent un niveau de galets de roches cristallines (qui peuvent être décimétriques) non rubéfiés. Ce niveau présente le même profil lithologique que les formations du lit mineur. En surface, un sol podzolique confirme l'absence d'évolution dans ce matériel récent.

➢ Sur la rive gauche, à l'extrémité du pont de Marquixanes, la route d'Arboussols a été élargie. Au niveau du lac artificiel, les travaux ont mis au jour des éléments de cette terrasse, et dans les lacets de la montée, un lambeau de terrasse plus ancienne est observable au-dessus de la ferme équestre, vers 260-270 m NGF, mais, par sa structure, il évoque plus la terrasse de Vinça que l'une des hautes terrasses.

Avec ces bas niveaux, nous avons la continuité vers l'amont de la basse terrasse du Pléistocène supérieur de Toulouges et de la basse terrasse tardiglaciaire d'Ille-sur-Têt. La difficulté vient des épandages fluvio-torrentiels issus du Canigou que nous analyserons avec les cônes de déjection.

En guise de conclusion, les documents 3.17 et 3.18 donne une autre image de la répartition topographique des terrasses de la Têt, enfin tel que cela nous est apparu.

Document 3.16 – La haute terrasse III.1 à Canet-en-roussillon

3.3 – Les terrasses rive droite en aval de Perpignan

Un lapsus ou une erreur d'interprétation se sont glissés dans l'âge des hautes terrasses qui dominent la falaise pliocène de Perpignan, entre cette cité et Canet-en-Roussillon, à Château-Roussillon et à Cabestany, au point que cet ensemble fut nommé *terrasse de Cabestany*. Or, au cours d'un entretien, le Professeur H. de Lumley a été formel : les galets aménagés qu'il a trouvés à Cabestany ne reposaient pas sur le sommet de l'interfluve c'est-à-dire la plus haute des terrasses, mais vers la vallée du Réart, sur un replat situé nettement en contrebas de celle-ci. Une précision s'impose donc.

Pour G. Clauzon , sur la feuille Perpignan, le Pléistocène ancien **Fx.1** est attribué au plus haut niveau, c'est-à-dire le même âge que le niveau de la terrasse de Plan d'en Bourgat (ou **Fx.a** sur la feuille Rivesaltes). Quant aux niveaux situés en contrebas (et qui appartiennent au système des terrasses du Réart), au lieu-dit les Brouches et au Cimetière de Cabestany, il les situent dans le Pléistocène moyen **Fx.2**.

Or, de bonnes coupes existent pour ces niveaux, permettant de contester les anciennes datations pour :

a - Des raisons stratigraphiques et lithologiques :

À *Canet-en-Roussillon*, dans le centre-ville, on pouvait observer une très belle coupe nord-sud, sur le Pliocène au sommet de l'interfluve, montrant un profil où les galets de granit, de schiste et de gneiss sont à l'état de fantômes. En surface, les quartz rubéfiés et éolisés dominent (document 3.16).

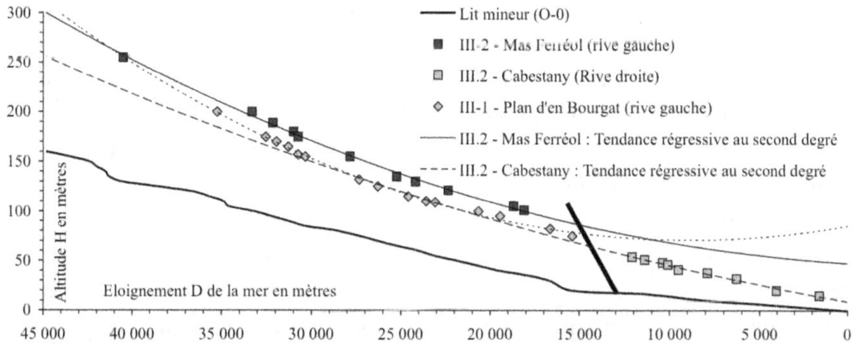

Document 3.17 - Hautes terrasses de la Têt : hypothèse d'une déformation tectonique. Nous avons conservé l'hypothèse d'une régression géométrique de l'altitude avec l'éloignement de l'embouchure a été retenue.

Mas Ferréol :	$H = 10^{-7}.E^2 + 10^{-3}.E + 48$	$(r^2 = 0,99)$
Cabestany :	$H = 5.10^{-8}.\ E^2 + 3.10^{-3}.E + 9$	$(r^2 = 0,99)$
Plan d'en Bourgat :	$H = 2.10^{-7}.E^2 - 3.10^{-3}.E + 85$	$(r^2 = 0,99)$

➢ Au lieu-dit *les Brouches*, le long de la D.42, à la station de bricolage (sic) à l'entrée de Cabestany, le sol de la vigne est très rubéfié et montre un épandage de galets où les quartz dominent à 100 %.

➢ Au *cimetière de Cabestany*, sur le replat topographique, les affleurements sont rares, mais nous sommes au même niveau qu'aux Brouches, avec le même spectre pétrographique.

G. Clauzon fait de ces deux derniers ensembles un *niveau de la Llabanère*, mais les galets y sont trop fortement altérés et notre opinion personnelle est de suivre volontiers M. Calvet qui en fait un niveau **T.4**.

b) En effet ces datations relatives sont étayées par la déformation des profils. L'expression mathématique s'appuie sur une équation de second degré, et avec des coefficients r^2 compris entre 0,90 et 0,99, la corrélation des altitudes H et des éloignements E est presque parfaite.

Aussi notera-t-on : sur le document 3.17 :

➢ Que sur la rive gauche de la Têt, le profil de la haute terrasse de Mas Ferréol (**T.5** pour M. Calvet) n'a pas subi de déformation depuis sa fossilisation. Que celui de la haute terrasse de Plan d'en Bourgat (**T.4** pour M. Calvet) se relève vers l'aval, et n'est pas superposable à celui de la terrasse de Cabestany de la rive droite (**T.5** selon M. Calvet). Mais son profil théorique n'est pas, non plus, superposable à celui de la terrasse de Mas Ferréol. Une interprétation tectonique post-alluvionnaire sera confirmée par la modélisation.

➢ Une faille normale dénivelle la terrasse Cabestany de la rive droite (**T.5**) par rapport aux niveaux Mas Ferréol (**T.5**) et Cabestany de la rive gauche (**T.4**). Selon M. Calvet, la texture, l'altération et l'éolisation des terrasses de Cabestany (rive droite) et de Mas Ferréol (rive gauche) sont identiques. Aussi nous soutiendrions que la terrasse dite de Cabestany est, en réalité, un niveau dénivelé de Mas Ferréol et ne devrait pas être notée avec un éponyme différent.

Le site éponyme de Cabestany appartient à une terrasse de type Mas Ferréol, qui, sur les recommandations d'Henry de Lumley, sera dénommée *Cabestany-haut* pour ne pas rompre avec une éponymie bien ancrée, alors que le niveau observé au lieu-dit les Brouches et au Cimetière de Cabestany appartiendrait au Pléistocène inférieur et sera cartographié comme la terrasse de Plan d'en Bourgat, que pour la même raison nous nommerons ici *Cabestany-bas*. Ce vieillissement est confirmé par la néotectonique (J. Collina-Girard 1993 et Giret 1995) et par la répartition des terrasses du Réart. Le document 3.18 résume la chronostratigraphie des terrasses de la Têt.

Synthèse

Nous avons donc modifié la cartographie par rapport à la feuille géologique de Perpignan. Le plus haut niveau de galets qui domine les interfluves est vieilli au Pléistocène inférieur, et la description de G. Clauzon était déjà ambiguë : « Située à 30 m au-dessus de l'actuel tracé de la Têt, son épaisseur n'excède pas 5 m. Le faciès est constitué par un cailloutis siliceux, patiné, éolisé et fortement gélifracté associé à une matrice sableuse. Vers le sud, on note un enrichissement en galets schisteux en provenance du Réart. L'altération pédologique se traduit par une coloration jaune cire et rouge violacé, et surtout par la désagrégation des éléments non siliceux, sur l'ensemble du sédiment. Les sables présentent une très nette tendance à l'argilisation ... ».

Le document 3.18 raccorde la géochronologie des tris en ensembles : amont de Rodès, entre Rodès et Perpignan et aval de Perpignan. Sur le document 3.19, la photographie, réalisée au nord de Millas illustre la réalité, l'étagement prononcé des hautes et moyennes terrasse. Les coupes rappellent que les basses terrasses se sont surtout développées sur la rive gauche, supposant un affaissement tectonique que la dernière coupe tente de monter, au niveau des collines de Cabestany et de Canet-en-Roussillon.

Nous reviendrons sur cette néotectonique qui fausse les premières impressions quant aux datations de ces niveaux anciens, et qui a fortement déformé les systèmes de terrasses sur l'Agly et ses affluents. Mais, auparavant, achevons la description de ces paléoalluvionnements sur le Tech, le Réart et le bassin de l'Agly.

		En amont de Rodes	**En aval de Rodès**	**En aval de Perpignan**
Alluvions actuelles	**O 0**	Lit mineur/majeur	Lit mineur/majeur	Lit mineur/majeur
Basses terrasses	**I 1**	Prades	Ille sur Têt	Ille sur Têt
	I 2	Vinça	Toulouges	Toulouges
Moyennes terrasses	**II 1**		Pia	Pia
	II 2		La Llabanère	La Llabanère
	II 3		Butte du Four	-
Hautes terrasses	**III 1**	Coste de Clara	Plan d'en Bourgat	Cabestany bas
	III 2	Llonat	Mas Ferréol	Cabestany haut
	III 3		Mata Roudoune	-

Document 3.18 - Typologie et répartition des terrasses de la Têt.

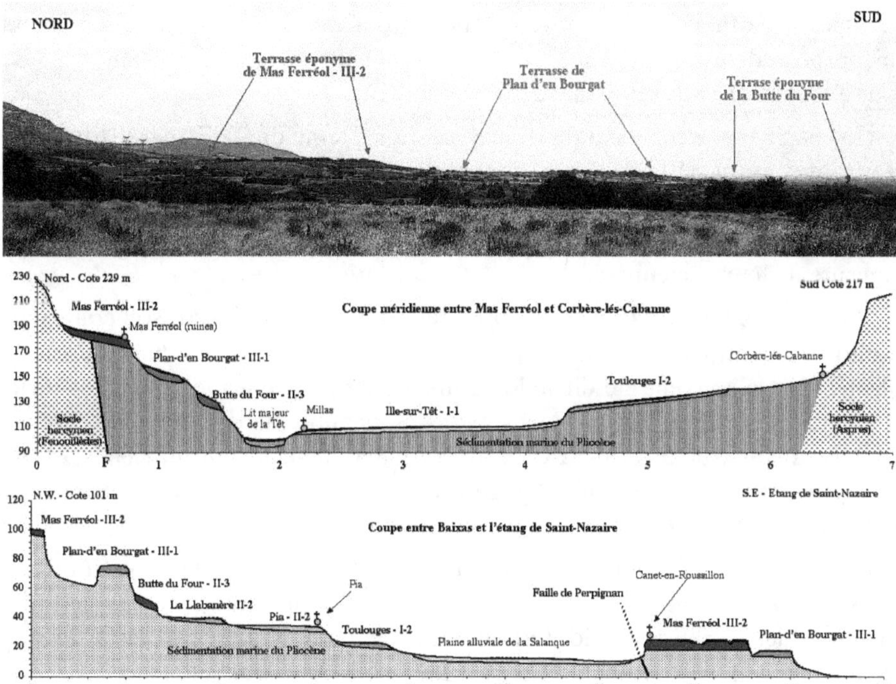

Document 3.19. – Répartition topographique des terrasses de la Têt

4 - Les terrasses du Tech, du Réart et de l'Agly

La méthode d'investigation exposée et appliquée sur les terrasses de la Têt a été réutilisée pour comprendre et cartographier la systématique des terrasses des trois autres fleuves du Roussillon : Tech, Réart et Agly (en admettant que le Réart soit un fleuve). Les auteurs du début du XXe siècle, et plus récemment M. Calvet, avaient admis que la systématique était la même ; ce qui est en partie vrai.

On y retrouve effectivement le même double ensemble de *hautes terrasses III-1* et *III-2*. Ces niveaux sont très haut perchés au-dessus des vallées actuelles. Très spectaculaires dans la topographie, ces hautes terrasses couronnent, et protègent de l'érosion, des alignements de buttes pliocènes de Banyuls-dels-Aspres à Elne sur la rive gauche du Tech, sur la rive droite du Réart, et de Puig de Négou à Cabestany entre la Canterrane et la Têt.

Un double ensemble de *basses terrasses I-1* et *I-2* suit les basses vallées de tous ces cours d'eau, avec une certaine régularité, à l'exception du Réart et de la Canterrane, où ces niveaux semblent avoir été effacés par l'érosion, mais aussi enfouis sous les alluvions marines holocènes.

Nous avons souligné que la *moyenne terrasse II* ne se démultiplie que dans la basse vallée de la Têt. Cette remarque se confirme sur les autres cours d'eau, qui ne possèdent qu'un seul système de moyenne terrasse (que généralement nous avons noté **II-2**, selon une cotte mal taillée).

Ce chapitre commencera par l'analyse du système du Tech, car il ressemble beaucoup à celui de la Têt, par un amont situé dans les massifs cristallins des Albères, au sud, et des Aspres, au nord. Le profil lithologique en est donc voisin, ce qui, par altération des galets, a enrichi les alluvions en quartz au fur et à mesure de leur ancienneté.

À l'inverse, bien qu'issu des Aspres, le Réart a surtout inscrit son cours dans le Pliocène continental, riche en quartz, mais pauvre en roches du socle encore intactes. Il y a souvent été difficile de distinguer les hautes terrasses des bancs de galets purement pliocènes. Nous avons alors appliqué une méthode évoquée dans les travaux de J. Collina-Girard : les galets blancs sont pliocènes, car ils sont longtemps restés enfouis, les galets colorés sont quaternaires, car ils ont subi l'érosion et l'altération des interglaciaires.

Enfin, le réseau de l'Agly est plus complexe. Certes, la répartition des terrasses reste la même, mais le cours d'eau recoupe les plis des calcaires urgoniens des Corbières, et les terrains du socle du Fenouillèdes, par des gorges épigéniques. Il est probable que cette incision, étrangère aux fractures géologiques et au faciès traversés, relève d'une antécédence de l'écoulement sur la tectonique. Il reçoit aussi de nombreux affluents dont certains possèdent un cortège de terrasses. Celles de la Boulzane et de la Desix ont été constituées à partir des roches du socle, mais les terrasses du Maury et du Verdouble sont à plus forte connotation sédimentaire et riche en calcaire et schiste, plus ou moins métamorphisés, et dont l'altération chimique et éolienne est très difficile à déterminer.

4.1 - Les terrasses du Tech

Au début du XXe siècle Depéret y repéra un système de trois terrasses sur la rive gauche du fleuve. Aujourd'hui, et surtout depuis la publication de la thèse de M. Calvet, il faut reconnaître un niveau plus complet de terrasses, quoique nettement moins évolué que sur la Têt. Surtout, il s'y trouve beaucoup plus démantelé du fait de la puissance des cônes de déjection descendus des Albères.

Nous n'avons pas réalisé d'analyses sédimento-logiques car les travaux de M. Calvet et de B. Debals ont abondé en ce sens, travaux auxquels nous renvoyons le lecteur.

Document 4.1 – Muret constitué de galets de quartz décimétriques au Pla de Rey

4.1.1 - Les hautes terrasses (III)

Elles existent sur les deux rives, mais, pour la raison invoquée, elles se rencontrent principalement en rive gauche. Néanmoins, là où elles ont été épargnées, il est possible d'en rencontrer au pied des Albères.

*1°) **La haute terrasse du Pla del Rey*** **(III-2)** *doit son nom à une butte située au nord du Boulou, offrant un niveau de galets de quartz très comparable à celui de Mas Ferréol (document 3.19). Vers l'est, sur la rive gauche, un chapelet de buttes pliocènes couronnées de galets quaternaires très rubéfiés et fortement éolisés s'en échappe en direction d'Elne et de Saint-Cyprien.*

➢ Près de là, les dépôts du village de *Banyuls-dels-Aspres* et de la butte voisine, sont notés **T.5** par M. Calvet. Effectivement, au sommet des buttes existe un niveau très ancien, à 100% de quartz très rubéfiés et très éolisés.

➢ À *Tresserre*, prendre la route de la station viticole ; le site du *Pla del Rey* occupe, sur la droite, le point le plus élevé. Au sommet, on y observe une très belle coupe : galets décimétriques, matrice rubéfiée. Dans les vignes, les galets de quartz et quartzites dominent, et ils ont été gélifractés puis éolisés. Ils sont de grande taille si les murs d'épierrement sont pris en compte.

➢ À *Brouilla*, prendre, vers le nord, la route de Bages ; au passage à niveau, traverser la voie ferrée et prendre le chemin de gauche (il gagne aussi Bages). La coupe est au sommet de la butte, elle est de qualité médiocre, mais dans les vignes, on trouve de nombreux galets de quartz, décimétriques, avec, il est vrai, une matrice qu'on attendrait plus colorée. Cependant, beaucoup de ces galets sont gélifractés et éolisés.

➢ À *Ortaffa*, prendre la route de Villeneuve-de-la-Raho, la D.49, là où elle rejoint la D.8 (carrefour dangereux), tourner à droite vers la butte. Son sommet est constitué par un régolite de galets décimétriques très gélifractés, avec une rubéfaction appréciable.

➢ Enfin, nous avons subodoré la présence de ce niveau au sommet de la *butte de Saint-Cyprien*, il existe des galets au château d'eau, mais les travaux récents ont tout démantelé.

Il ne fait aucun doute que nous avons affaire à la trace d'un écoulement Villafranchien, qui peut de façon plausible être assimilé à celui de Mas Ferréol sur la Têt. Ce niveau existe en amont du Pla del Rey, par lambeaux. Au Nord d'Amélie-les-Bains, au carrefour de la D.618 et de la D.15, à la Côte 340, un niveau de galets très ancien, dans les broussailles, pourrait lui être assimilé. Nous subodorons aussi sa présence en rive droite, à *Laroque des Albères*, entre deux cônes de déjection. Sur la route de Saint-Genis, la terrasse constitue le replat où est construit le village. *Avant que le gérant du site ne nous lâche les chiens* (sic) nous avons pu observer un épais niveau de gros galets d'un granit très altéré, vers 142 m NGF, à 30 m au-dessus du niveau de Banyuls-dels-Aspres.

*2°) **La haute terrasse de Banyuls-dels-Aspres*** **(III-1)** constitue la réplique de la terrasse de Plan d'en Bourgat sur la Têt, car elle se tient quelques mètres en contrebas de la précédente. Mais elle est loin d'atteindre la même ampleur, car on n'en relève que quelques lambeaux en rive gauche.

➢ Au-dessus de la gare de *Banyuls-dels-Aspres*, mais très en dessous du plus haut niveau, on peut admirer une belle coupe d'une trentaine de mètres de long et d'1 m d'épaisseur, à la cote 110 m NGF. La matrice est rubéfiée, mais sans excès. Les galets sont décimétriques, mais le granit est très altéré. La vigne qui se trouve sur le replat est parsemée de gros galets de quartz dans une matrice, il est vrai peu rubéfiée (document 4.2).

Document 4.2 – Niveau III.1 à Banyuls del Aspres

➢ À *Brouilla*, vers le nord, prendre la route de Bages, au passage à niveau, comme pour se rendre à la plus haute terrasse, le traverser et prendre le chemin sur la gauche. La coupe est sur un replat à mi-pente, elle montre des galets de quartz, les seuls à avoir résisté, dans une matrice argileuse très rubéfiée, sur près d'1 m d'épaisseur. Dans les vignes, les galets présentent des traces de gélifraction et d'éolisation.

➢ Souvent, les vignes ont été plantées sur de beaux épandages de galets de quartz éolisés et altérés, qui pourraient avec vraisemblance appartenir à ce niveau. Mais ce sont là les seuls niveaux que nous avons pu reconnaître.

➢ Très en amont, à *Amélie-les-Bains*, M. Calvet en signale au second replat de *Super-Amélie*. Mais l'ensemble est maintenant construit ; toutefois, en surface, nous avons pu observer quelques gros galets décimétriques et remarquer une coupe encore bien conservée.

➢ Enfin, cette terrasse se retrouve en rive droite, à Laroque des Albères sur la route de Saint-Genis. La terrasse constitue le site du terrain de camping et des galets parsèment les vignes, à une altitude de 110 m NGF.

Toutefois, sur ce fleuve, ce niveau ne constitue que de médiocres lambeaux très isolés. C'est à Banyuls-dels-Aspres que la terrasse est la mieux dessinée et ce niveau nous a servi d'éponyme.

4.1.2 – L'unique moyenne terrasse de Mas Santraille (II-2)

En effet, il n'existe aucune démultiplication de **T.3**. (on l'observe aussi sur le Réart). Cette terrasse fut décrite par Depéret sur la rive gauche entre Brouilla et Ortaffa, mais elle existe aussi en rive droite au Mas Santraille, qui nous servira de terme éponyme, au nord de Montesquieu.

➢ À *Montesquieu*, descendre vers le fleuve en contournant le Mas Rou par la gauche. Le chemin longe la coupe au Mas Santraille. La coupe est admirable : galets centimétriques de roches cristallines associés à des blocs décimétriques à la base, le tout dans une matrice peu altérée. La présence de gros blocs est très commune ici jusque dans les alluvions actuelles.

➢ Au *Château de Valmy au Sud d'Argelès-sur-mer*, à la rencontre de la voie ferrée et de la N.114, la surface d'une friche, et surtout des coupes dans la tranchée de la N.114, nous montrent un dépôt apparemment fluviatile de granits très altérés et de quartz peu roulés mais assez éolisés. Nous pensons qu'il s'agit là du niveau **T.3** cartographié par M. Calvet.

Mais les affleurements les plus nombreux restent en rive gauche.

Document 4.3 – Moyenne terrasse II à Brouilla

➢ Suivre la voie ferrée d'Ortaffa à Brouilla ; le site est à la côte 53, et il dévoile des galets de quartz et autres roches du socle, centimétriques mais peu altérés et peu rubéfiés.

➢ Au carrefour entre la voie ferrée et la D.49, au nord d'Ortaffa, les galets sont centimétriques à quartz dominants.

➢ Au *Camp de la Garrigue*, sur le D.8 entre Brouilla et Ortaffa, de nombreuses coupes le long de la route avaient été réalisées dans ce qui est indubitablement de la moyenne terrasse : galets moyennement altérés et rubéfiés.

L'état d'altération (mais il ne s'agit pas du même matériel original que sur la Têt) nous fait penser à la *terrasse de la Llabanère*, avec parfois bien des ressemblances avec la *terrasse de la Butte du Four*. Il existe bien un niveau de moyenne terrasse le long du Tech (comme le long du Réart), mais à la différence de la Têt, il ne constitue jamais un vaste épandage, mais bien un lit fossile déjà encaissé dans les niveaux archaïques, comme ce sera le cas des basses terrasses.

4.1.3 - Les basses terrasses (I-1 et I-2)

On y retrouve un ensemble de deux niveaux étagés :

➢ La basse terrasse (**T.2** de M. Calvet) que nous nommerons basse *terrasse de Maureillas*, où se trouve la coupe la plus pédagogique, et ...

➢ La basse terrasse tardiglaciaire ou ici *terrasse de Saint-Jean-Pla-de-Corts* soit le niveau **T.1** de M. Calvet.

*1°) **La terrasse de Maureillas*** (**I-2**) est aujourd'hui démantelée et ne se rencontre qu'en rive droite entre Céret et Le Boulou. Les nombreuses coupes du village montrent de gros galets cristallins et métamorphiques souvent très altérés, ce qui complique la datation. La terrasse a été effacée en aval, mais elle reste bien dessinée en amont de Céret, où elle pourrait se confondre avec la moyenne terrasse si l'altitude relative, plus basse, n'était pas incompatible.

➢ Sur la rive gauche entre Pont de Céret et Pont de Reynes, on croise deux affleurements, l'un à *la Chapelle* et l'autre vers le *Mas Saint-Paul*. Ce sont de gros galets cristallins - gneiss, granits - centimétriques ou décimétriques et très altérés (galets presque fantômes) dans une matrice peu rubéfiée, il est vrai.

➢ En *amont de Pont de Reynes*, sur la rive droite, la coupe est dans un virage situé dans la convexité d'un méandre : ce sont de gros galets décimétriques de schistes, granits et gneiss assez bien altérés.

➢ À *Super-Amélie*, au premier replat, parmi les constructions, on trouve des coupes vers l'amont. Ce sont toujours de gros galets décimétriques de schistes, granits et gneiss altérés.

➢ À *Can Partère* (document 4.4) en amont d'Arles-sur-Tech, le long de la route, des travaux récents avaient révélé de beaux lambeaux de terrasses accrochés au socle : galets décimétriques de schistes, granits et gneiss souvent très altérés. À 350 m NGF, ce niveau n'est qu'à une vingtaine de mètres au-dessus du lit actuel, ce qui ne peut en faire un niveau très ancien.

➢ Entre Can Partère et Arles-sur-Tech, les travaux routiers ont maintes fois révélé ce niveau que, par sa position topographique, nous associons au précédent. Il est probable que la ville d'Arles-sur-Tech soit elle-même construite sur ces alluvions.

Document 4.4 – Basse terrasse I.2 à Can Partère : l'alluvionnement repose sur des schistes et fut recouvert par un éboulis périglaciaire qui fossilisa le limon de débordement.

➢ Enfin, à la sortie d'Arles-sur-Tech, vers l'aval, sur la rive gauche, avant que la départementale 115 ne traverse le fleuve, au hameau de la Cougouillade, des lambeaux de cette terrasse sont encore accrochés à une quinzaine de mètres au-dessus du lit actuel.

Ces exemples illustrent parfaitement combien il devient difficile de donner une correspondance entre des terrasses, en l'absence de datation absolue, quand leur composition lithologique diffère par trop. Aussi, est-ce d'après les travaux de M. Calvet que nous prenons le risque de la comparer à la terrasse de Toulouges, laquelle est loin d'atteindre un tel état de dégradation.

2°) La terrasse de Saint-Jean-Pla-de-Corts **(I-1)** apparaît plus conforme à l'ensemble des très basses terrasses des fleuves côtiers.

➢ À proximité du pont sur la D.2 entre Saint-Génies et Brouilla (document 4.5), de part et d'autre de la route, les coupes montrent un ensemble de galets centimétriques, peu rubéfiés typiques des niveaux récents, au faciès très peu différent du profil lithologique du lit majeur.

➢ En venant de Bages vers Brouilla entre la voie ferrée et le village, la ligne de chemin de fer repose sur la terrasse de Mas Santraille. En continuant vers le sud, elle est nettement séparée de la basse *terrasse de Saint-Jean-Pla-de-Corts* par un talus. Cette dernière apparaît clairement en coupe, reposant sur le Pliocène, dans un ravin recoupé par la route à l'entrée du village. Le spectre pétrographique apparaît entier, même si la matrice semble légèrement rubéfiée. Il est à noter que M. Calvet, a bien attribué la plus haute à **T.3** et la plus basse à **T.1**.

➢ Plus en aval, cette terrasse s'enfonce peu à peu sous les alluvions actuelles, sous les Salanques. Ce serait une confirmation de son âge tardiglaciaire, sinon de la fin du Pléistocène, car recouverte par les transgressions holocènes.

Document 4.5 – Terrasse I.1 près du pont sur la D.2 entre St Génies et Brouilla

Cependant, la reconstitution du profil longitudinal de ces terrasses vient en partie contredire cette répartition chronologique relative. Il faut rajeunir certains niveaux observés dans la partie moyenne du fleuve, ou admettre d'invraisemblables mouvements néotectoniques.

		Têt	Tech
Alluvions actuelles	**O 0**	Lit mineur/majeur	Lit mineur/majeur
Basses terrasses	**I 1**	Ille sur Têt	Saint-Jean Plat-de-Cors
	I 2	Toulouges	Maureillas
Moyennes terrasses	**II 1**	Pia	-
	II 2	La Llabanère	Mas Santrailles
	II 3	Butte du Four	-
Hautes terrasses	**III 1**	Plan d'en Bourgat	Banyuls dels Aspres
	III 2	Mas Ferréol	Pla del Rey
	III 3	Mata Roudoune	

Document 4.6 - Répartition et étagement des terrasses du Tech.

Les terrasses du Réart constituent une solution de continuité entre le système du Tech et celui de la Têt, mais leur interprétation reste difficile du fait de leur rareté et d'une composition lithologique très différente.

4.2 - Les terrasses du Réart

Le Réart et son affluent la Canterrane sont des cours d'eau à régime hyper-méditerranéen drainant le remplissage pliocène situé entre les Aspres et la mer. Le matériel transporté est essentiellement argilo-sableux associé à des galets de quartz déjà façonnés au Pliocène. Il se jette dans l'étang de Saint-Nazaire où il contribue à son colmatage prochain.

Ces cours d'eau, pourtant fort modestes, possèdent un système complet de terrasses quaternaires, illustrant parfaitement ce que dut être l'écoulement local au cours du Pléistocène et de l'Holocène : des crues torrentielles violentes et brèves, séparées par de longues périodes sans écoulement. Pour M. Calvet, la nappe principale **T.3** est constituée par un matériel schisteux fortement altéré, enrichissement superficiel en quartz à cortex rouge et ocre, rubéfaction et argilisation avancée. Elle domine de 20 à 30 m le niveau **T.2** de Thuir. Ce niveau **T.3** est dominé par des buttes portant des lambeaux fluviatiles attribués à **T.5**. M. Calvet écrit « *... à l'aval cependant, à partir de Cabestany, l'étagement se complète avec un palier en position **T.4**, depuis les Rouquettes vers les Brouches, puis vers les mas du Moulin et Sesqueille ...* ».

Ce niveau est appelé **Fx2** par G. Clauzon sur la feuille de Perpignan, soit du même nom que la terrasse de La Llabanère, elle-même nommée **T.3** par M. Calvet. Au-dessus de ce niveau, se développe la *terrasse de Cabestany*, **Fx1** pour G. Clauzon , mais **T.5** pour M. Calvet. Pour nous, ce niveau appartiendrait à un niveau inférieur à la terrasse de Mas Ferréol, niveau directement inférieur à cette terrasse sur la rive gauche de la Têt, et serait en fait un niveau **T.4** dans la nomenclature de M. Calvet.

Enfin, dans les méandres de la vallée du Réart, les concavités conservent des lambeaux de **T.1**.

4.2.1 - Les hautes terrasses (III)

Elles ne constituent plus que des alignements de lambeaux entre Têt et Canterrane, entre Canterrane et Réart sur la rive droite du Réart, qui parfois prêtent à confusion avec les terrasses de la Têt

1°) La haute terrasse du Puig de Négou **(III.2)** doit son nom à une colline culminant à 147 m au sud-ouest de Trouillas, portant un superbe couronnement de galets de quartz rubéfiés et éolisés, qui indubitablement peuvent être rattachés au niveau du début du Pléistocène de Mas Ferréol dans la vallée de la Têt.

Un premier ensemble de lambeaux se répartit sur la rive gauche de la Canterrane et du Réart, comme interfluve avec la plaine de Toulouges.

➢ Il y a la butte dominant l'aire de repos des Pavillons, à 83 m NGF, sur l'autoroute A.9, au sud de Perpignan. Elle ne comporte pas de coupes, mais le sommet est constitué par des galets décimétriques, très rubéfiés, éolisés et où les quartz dominent entre 95 et 100 %.

➢ Prendre aussi la route de Canhoés vers Nyls, elle passe entre deux buttes de 110 et 101 NGF. Le sommet est couronné par des galets rubéfiés, éolisés, toujours typiques de la terrasse de Mas Ferréol, car la matrice est très rubéfiée.

➢ Les buttes situées au nord de Nyls et de Ponteilla sont à 129-110 m NGF, et elles nous ont paru contemporaines du niveau de Plan d'en Bourgat, mais M. Calvet les situe à **T.5**, ce qui topographiquement est plus logique, car des buttes moins élevées, situées à proximité, mais au couronnement alluvial aussi altéré, porteraient alors le niveau Plan d'en Bourgat.

➢ Enfin, à la butte de Rouban (129 m NGF), à l'est de la D.23 entre Trouillas et Ponteilla, le niveau qui nous intéresse est couvert de galets de quartz altérés, éolisés.

Un second ensemble se tient entre le Réart et la Canterrane.

➢ À la butte du *Puig de Négou* au S.W. de Trouillas et à la butte de la Cote 135 au sud de Trouillas, sur la route de Passa, la taille, la qualité, et l'altération des galets de quartz ne font aucun doute quant à leur appartenance. M. Calvet les situe d'ailleurs dans **T.5**.

➢ En amont, prendre la route parallèle à la rive droite de la Canterrane, jusqu'au lieu-dit *La Garrigue* : il n'y a pas de coupe mais un épandage de surface constitué d'éléments de quartz centimétriques fortement rubéfiés comme leur matrice, peu roulés mais éolisés. C'est la partie amont de la haute terrasse en lambeaux.

Un dernier ensemble est constitué par une ligne de buttes qui suit la rive droite du Réart entre *Villeneuve-de-la-Raho et Villemolaque*.

➢ S'arrêter au col avant la vallée du Réart en allant de Villeneuve-de-la-Raho à Mas Palégry (en fait, en sortant de la cuvette de déflation hydro-éolienne). Le site est double. À l'est, au sommet d'une butte, apparaît une terrasse moyennement rubéfiée mais déjà éolisée, que G. Clauzon attribua à La Llabanère, mais que M. Calvet date de **T.4**.

➢ À l'ouest, on retrouve le même niveau au sommet de la butte, à Al Rocs (en fait, une série de buttes en chapelets vers le S.W puis le S.S.W.). Ce haut niveau est très altéré avec 100 % de quartz éolisé, il est nommé **T.5** par M. Calvet.

➢ Ce sont aussi les buttes situées au nord-ouest de la retenue de Villeneuve-de-la-Raho. Longer la retenue touristique sur la D.39 ; elle franchit les buttes par un col. Au sommet, vers la gauche, escalader la butte. Elle est couronnée de galets de quartz centimétriques, rubéfiés, en connexion topographique avec les niveaux précédents.

➢ Nous retrouvons ces profils à la Serrat de l'Escarrot et aux ruines du Château du Réart, sur la D.49.

➢ On les retrouve enfin au Moli à vent (ruine d'un moulin à vent) au col du D. 612, près de Mas Sabole.

Cet alignement est en connexion topographique avec le Pla del Rey qui, indubitablement, appartient au Tech. S'agit-il réellement d'un ancien tracé du Réart, ou avons-nous affaire à un tracé villafranchien du Tech ? C'est que semble insinuer le niveau **T.5** isolé à Corneilla-del-Vercol. Il est d'ailleurs curieux de constater que ce lambeau est dans l'alignement de plusieurs buttes situées au sud de Villeneuve : Puig d'en Massou, Malasse (est de Bages), Pain de sucre, Mas Belric, sur lesquelles aucune trace de quaternaire n'a pu être relevée. Pourtant, cet alignement se suit aussi depuis le Pla del Rey.

*2°) **La haute terrasse de Cabestany-bas*** (**III.1**), ainsi nommée pour ne pas multiplier les éponymes, est située dans la vallée du Réart, en contrebas du village de Cabestany. Nous avons déjà cité ces niveaux.

➢ Nous avons déjà signalé qu'au lieu-dit les Brouches le sol de la vigne est très rubéfié et montre un niveau de galets où les quartz sont à 100 %. G. Clauzon en a fait un niveau de La Llabanère pour nous trop fortement altéré, alors que M. Calvet en fait une terrasse **T.4**.

➢ Rappelons aussi, qu'au *cimetière de Cabestany* les affleurements sont rares alors que nous sommes au même niveau qu'aux Brouches. C'est ici que le Professeur Henry de Lumley avait trouvé des industries anciennes. Si la haute terrasse, située entre Cabestany et la mer appartient vraiment au même ensemble de Mas Ferréol, elle ne peut pas, du fait de sa position topographique, appartenir au système des moyennes terrasses, et elle doit être plus ancienne. Cette hypothèse permet de mieux comprendre aussi la disposition des autres terrasses de ce cours d'eau.

Ce niveau existe d'ailleurs plus en amont.

➢ Au *nord de Nyls et de Ponteilla*, les buttes forment deux niveaux : 129-110 m et 106-96 m. Pour M. Calvet, les premières appartiennent à **T.5** et les secondes dépendraient de **T.4**; soit pour nous de ce niveau Cabestany-bas.

➢ Au nord de Trouillas, en rive gauche de la Canterrane, la butte de Pougerault à 120 m NGF est effectivement couronnée de galets à majorité de quartz, très rubéfiés, bien qu'à une altitude de 9 m inférieure à celle de la butte de Rouban plus au nord, et moins éloignée de la mer.

Ce double niveau de hautes terrasses se retrouve à Saint-Nazaire. En effet, sur la feuille de Perpignan, G. Clauzon signalait un lambeau de haute terrasse **Fx.1** (*Plan d'en Bourgat*) autour du château d'eau, un lambeau de moyenne terrasse **Fx.2** (*La Llabanère*), sous le village, vers l'est, et un lambeau de basse terrasse **Fy.1** (***Pia***) sous le lotissement du sud-ouest. Or, le château d'eau se tient à une altitude voisine de celle de Canet-en-Roussillon, 15 à 20 m NGF, où nous avons admis la présence d'une *terrasse de Puig de Négou*. Il nous faut donc vieillir les autres : *Cabestany-bas* sous le village, à 13 m NGF, et une *moyenne terrasse* sous le lotissement.

Or, le niveau Cabestany-bas n'est pas en connexion topographique avec les terrasses du même type sur le Tech, ce qui irait dans le sens de l'ancienneté et de l'originalité de l'écoulement sur le Réart.

4.2.2 - La moyenne terrasse (II)

En effet, ici comme sur le Tech, nous n'avons pas relevé la moindre démultiplication de ce que M. Calvet nomme **T.3**. Par contre, le niveau constitue ici de belles surfaces structurales, en particulier autour de *Saleilles*, au sud de Cabestany, village qui servira d'éponyme a ce niveau **II.2** sur le Réart. Cependant nous avons pensé qu'il fallait la vieillir par rapport à la feuille Perpignan, où G. Clauzon la nommait **Fy.1** soit *Pia*, et, à la suite de M. Calvet, nous préférons la comparer à la moyenne terrasse de la *Butte du Four* ou de *la Llabanère* sur la Têt. En effet, il y aurait de bonnes raisons ...

➢ *Route de Canet à Saint-Nazaire, à l'Est de la Butte de la Crame* : de la route, on voit vers l'ouest la butte de Cabestany, dont le versant oriental est nappé de colluvionnement issu sans aucun doute de la haute terrasse. Mais, sur la gauche de la route, une butte très basse (6 NGF) constituée de galets de quartz apparaît comme le premier lambeau de la *terrasse de Saleilles* en venant de la mer.

➢ *Au Mas Conte, le long de la D.11 entre Canet et Saint-Nazaire* (soit au sud-ouest du site précédent), il existe un replat à aspect de terrasse, avec des galets très altérés offrant une belle rubéfaction à la cassure, et un fort enrichissement en quartz. Ce sont là des critères de vieilles terrasses. G. Clauzon y décrivit le colluvionnement **C** mais pour M. Calvet on aurait affaire à la moyenne terrasse **T.3** dont l'état rappellerait plus la *Butte du Four* que *la Llabanère*.

➢ Sur la D.42 de Saint-Nazaire à Cabestany, au carrefour avec la voie romaine, dans les vignes, en surface, on observe une terrasse moins altérée et pourtant au même niveau que les précédentes. G. Clauzon en a fait une terrasse de *Pia*, mais pour M. Calvet ce serait un niveau **T.3**, donc appartenant au niveau de *la Llabanère* ou la *Butte du Four*.

➢ À *Mas Palégry*, au Nord de Villeneuve-de-la-Raho, on retrouve une terrasse moyennement rubéfiée, mais déjà éolisée, dénommée **T.3** par M. Calvet.

➢ Nous avons déjà cité le col avant la vallée du Réart en allant de Villeneuve-de-la-Raho à Mas Palégry, à propos de la terrasse de Puig de Négou. Mais, à l'est, au sommet d'une butte, apparaît une terrasse moyennement rubéfiée et déjà éolisée, et que M. Calvet note **T.3**.

➢ *Rebord méridional de la cuvette de déflation de Canohès* : une carrière dans le Pliocène, aujourd'hui transformée en déchetterie, montre, au sommet des coupes, un niveau métrique de galets moyennent rubéfiés, donnant en surface, dans les vignes, des éléments éolisés. La coupe ressemble à celle de Terrats, niveau avec lequel nous sommes en connexion topographique sans solution de continuité. Or, le niveau de Terrats est assimilé à la moyenne terrasse de *La Llabanère*. Nous restons donc dans le niveau de la *terrasse de Saleilles*.

➢ *Au sud de Pollestres, entre le Réart et la Canterrane,* dans la vigne, le sol est jaune, les quartz ne forment pas 100 % des galets et sont associés à des schistes (très abondants dans le bassin des Aspres du Réart). Par contre, l'éolisation reste importante. Topographiquement, c'est le prolongement des lambeaux de terrasses décrits au pied de la butte de Cabestany. Dans ce cas, on peut aussi bien leur attribuer l'âge proposé par G. Clauzon sur la feuille Perpignan, c'est-à-dire *Pia* - dans notre nomenclature - ce que d'ailleurs nous avions fait au cours de la campagne de 1994. Mais si on suit M. Calvet, qui vieillit les précédentes à **T.3**, ce serait un niveau de Saleilles, ce qui, à notre avis, serait plus conforme à la structure interne et superficielle de cette terrasse, plus ancienne qu'elle ne le paraît.

➢ À *Terrats*, prendre le chemin du cimetière, vers la vallée de la Canterrane. Il recoupe plusieurs terrasses coiffant le Pliocène, et qui apparaissent en coupes dans la vallée, avec, au sommet, la *terrasse de Saleilles* ou ***T.3,*** visible dans les carrières de Terrats.

Qu'il existe une moyenne terrasse ne fait aucun doute, mais à quel niveau de la Têt faut-il la raccorder ? Elle est très éolisée dans sa partie aval, elle apparaît même altérée : quartz dominant en aval, coloration en jaune, voire orangé. En amont, il est vrai que, pour des raisons lithologiques, la part des quartz diminue au profit des schistes, mais l'altération reste importante. L'abondance des quartz en aval pourrait s'expliquer par une interpénétration avec des alluvions anciennes de la Têt. Cependant, on hésite entre une assimilation avec la moyenne terrasse de la Butte de Four ou avec celle de la Llabanère. L'altération reste, toutefois, moins poussée qu'à la Butte du Four ; les carrières de Terrats, qui sont dans le prolongement topographique, offrent un matériel assez semblable à ce qui s'observe dans les coupes de la terrasse de la Llabanère, à la carrière de la Courragade notamment, et c'est cette correspondance que nous retiendrons pour dater la moyenne terrasse de Saleilles.

4.2.3 - Les basses terrasses

Comme dans les autres bassins versants, on retrouve la basse terrasse (**T.2** de M. Calvet) et la basse terrasse tardiglaciaire **T.1**. En aval, elles disparaissent sous la Salanque et/ou se confondent avec celles de la Têt et du Tech.

1°) La basse terrasse de Villemolaque (**I.2**) est particulièrement bien développée autour de Villemolaque, tant sur le Réart que la Canterrane, et ce village nous servira de terme éponyme.

Les coupes sont rares mais sans équivoque :

➢ À Mas Tronyo, sur le D. 612 de Trouillas à Bages, entre le Réart et l'autoroute. Le Réart coule dans une plaine d'inondation, inscrite dans la *basse terrasse de Villemolaque* ou **T.2** et dont on aperçoit la coupe sur la gauche en descendant du pont de l'autoroute vers Bages. Les galets essentiellement schisteux sont très peu altérés.

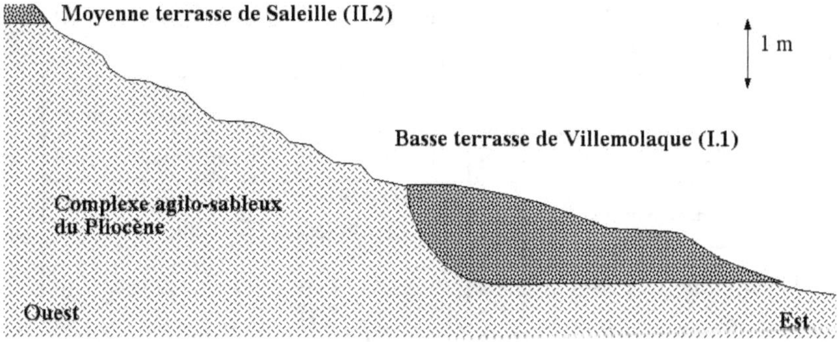

Document 4.7 - Les terrasses de la Canterrane entre Nyls et Villemolaque

➢ *Entre Nyls et Ponteilla, là où la route s'approche de la vallée de la Canterrane*, dans les vignes, sur le plateau, on retrouve la terrasse de Saleilles, mais en descendant le versant de la vallée, dans une carrière, en coupe E/W, apparaît un lambeau de terrasse où les quartz ne dominent plus, avec prédominance d'éléments schisteux du socle, roulés mais centimétriques. Il faudrait alors rattacher ce niveau à Pia par sa position topographique, ce qui en ferait un élément de la terrasse de Villemolaque.

➢ *Rives de la Canterrane, à l'entrée de Fourques en venant de Trouillas* : sur la rive droite (mais pas la rive gauche selon M. Calvet), s'étale la terrasse de Villemolaque avec ses galets de schistes centimétriques peu altérés, visibles dans le talus de la route en entrant dans le village. On notera aussi qu'au nord, au sommet butte de la Mirande, marquée **T.5** par M. Calvet, nous n'avons pas trouvé de galets.

Ce niveau n'existe pas en aval de Mas Tronyo. Il a pu être arraché, il peut aussi être noyé sous les Salanques, et il se rattacherait à la terrasse de Toulouges.

2°) La basse terrasse de Terrats n'existe plus qu'en lambeaux. Mais la coupe est sans appel. À Terrats, après le cimetière, vers la vallée de la Canterrane, le chemin recoupe plusieurs terrasses de la vallée de la rivière.

➢ Au sommet : la *terrasse de Saleilles* (**II.2**) ou **T.3**, des carrières de Terrats, et couronnant le Pliocène en amont en rive gauche.

➢ Au centre : la *terrasse de Pia* (**II.1**) dont les galets schisteux, moins altérés, sont visibles dans de mauvaises coupes à mi-pente.

➢ À la base, à quelques mètres au-dessus du lit actuel, existe une basse terrasse non décrite par M. Calvet, riche en galets de schistes, sans aucune trace d'altération, et qui pourrait n'être que la plaine d'inondation. Mais, il n'y a pas de limons de débordement, et elle est cultivée de façon pérenne (vignes), ce serait alors un bas niveau comme la *terrasse d'Ille-sur-Têt* **(I.1)** ou **T.1**.

Mais ce niveau reste très local ; on ne le retrouve nulle part ailleurs, en dehors des deux lobes de méandre situés ici. Mais il est possible, qu'en aval, il ait lui aussi été ennoyé sous les Salanques.

			Têt	**Réart et Canterrane**
Alluvions actuelles	**O**	**0**	Lit mineur/majeur	Lit mineur/majeur
Basses terrasses	**I** **I**	**1** **2**	Ille sur Têt Toulouges	Terrats Villemolaque
Moyennes terrasses	**II** **II** **II**	**1** **2** **3**	Pia La Llabanère Butte du Four	- Saleilles -
Hautes terrasses	**III** **III** **III**	**1** **2** **3**	Plan d'en Bourgat Mas Ferréol Mata Roudoune	Cabestany bas Puig de Négou

Document 4.8 - Hypothèse chronostratigraphique des terrasses du Réart

En résumé, nous retrouvons sur le Réart une répartition des terrasses, intermédiaire entre celles du Tech et de la Têt.

4.3 - Les terrasses de l'Agly

Apparemment, l'Agly possède un réseau plus simplifié de terrasses, limité à 3 ou 4 niveaux, sauf en aval, où son système de terrasses se combine avec celui de la Têt. Cependant, son bassin versant est inscrit dans une structure beaucoup plus confuse. Trois de ses affluents, le Verdouble, le ruisseau de Maury et la Boulzane, traversent des zones tectoniquement déprimées où ils ont construit un système complexe de terrasses qui apparemment leur est propre, et qu'il est peut-être ambitieux de vouloir raccorder au système du fleuve lui-même, du fait d'un spectre lithologique totalement différent. L'Agly traverse le massif hercynien du Fenouillèdes, par une gorge épigénique. Or ce massif connaît encore une tectonique active comme le prouvent le mini-séisme de février 1996, et surtout la présence entre Caramany et Ansignan d'une faille inverse dans ce qui nous a semblé être un éboulis quaternaire (Phillip et al, 1992 et Grellet et al, 1993). Enfin, dans sa plus grande partie et notamment sur les affluents comme le Verdouble, le Maury, la Boulzane et la Desix, la recherche est en grande partie inédite

Nous avons donc préféré faire une distinction entre les dépôts situés le long de l'Agly en aval de Saint-Paul-de-Fenouillet (apparition des premières terrasses), et les terrasses des gros affluents : Verdouble, ruisseau de Maury et Boulzane.

4.3.1 - Un contexte géomorphologique complexe

L'Agly est un cours d'eau particulier. Né dans l'Aude, il recoupe en étranger les écailles issues de l'orogénie pyrénéenne et les massifs anciens rajeunis du Fenouillèdes, avant de se jeter dans la Méditerranée, très loin de son embouchure originelle, du fait d'un déplacement sous l'action simultanée des puissants cônes descendus des Corbières, et de la subsidence de la Salanque de Perpignan.

Ce fleuve prend naissance au hameau du Liñas, dans les séries sédimentaires plissées et charriées de la zone péné-pyrénéenne du massif de Bugarach, et s'écoule vers l'est-sud-est, apparemment adapté aux directions pyrénéennes. En aval de Camps, il s'oriente vers le sud par un tracé en baïonnette qui l'engage ortho-gonalement dans le synclinal de Saint-Paul du Fenouillet. Ce synclinal, qui attira aussi deux affluents de l'Agly : le Maury, à l'est, et la Boulzane, à l'ouest, constitue une vaste cuvette allongée d'ouest en est où les marnes de l'Albien, conservées dans l'axe du pli, sont bordées au nord et au sud, par les falaises des calcaires urgoniens, aux strates relevées à la verticale. Puis le fleuve traverse deux cluses étroites : les gorges de Gadamus, au nord, et la Clue de la Fou, au Sud. Enfin il recoupa le massif hercynien.

Le contexte géomorphologique devient alors compliqué (voir feuilles Rivesaltes et Tuchan au 1 :50 000) car de nombreuses phases tectoniques se sont succédé du Crétacé à l'Eocène supérieur. Aussi, dans la répartition classique de la structure pyrénéenne, le bassin de l'Agly, né dans le Crétacé supérieur de la zone péné-pyrénéenne, se développe dans la zone nord-pyrénéenne, constituée par le massif hercynien du Fenouillèdes, qui, à la manière d'un horst, a percé la couverture mésozoïque (Aptien moyen à Albien) réduite au synclinal de Saint-Paul-de-Fenouillet, au nord (en partie chevauchant) et au synclinal de Boucheville, au sud.

Le massif du Fenouillèdes est un ensemble cristallin complexe et très métamorphisé. Les gorges épigéniques se sont incisées dans la partie hercynienne constituée, au débouché de la Clue de la Fou, par une masse essentiellement granitique plus ou moins porphyroïde, dite Granit de Saint-Arnac (**g2A** selon la feuille Quillan au 1 :80 000). Puis apparaissent les séries gneissiques de Caramany et de Bélesta (**zB-C**) dans la partie médiane, et des séries schisto-grèseuses ordoviciennes (**O1-4**) dites de Força Réal (elles forment l'armature de ce massif) en aval. Entre Latour-de-France et Estagel, le cours d'eau roule sur ses alluvions actuelles (**Fz**), dont le thalweg est inscrit entre un système de terrasses. Par la suite, pénétrant dans le synclinal de l'Agly, le fleuve recoupe des séries marno-calcaires du Lias (**jo-l1**), des séries calcaires du Dogger et du Malm (**j1-9**), des poudingues oligocènes (**g**) et les calcaires urgoniens (**n2-6a**). Ce sont ces faciès qui ont fourni et fournissent encore la majorité du matériel lithique du cortège alluvial.

Les traces de la tectonique hercynienne sont encore très présentes, elles ont probablement rejoué alors que se faisait sentir l'orogenèse pyrénéenne durant le Cénozoïque. Aussi, au débouché de la Clue de la Fou, l'Agly n'a pas traversé cet ensemble en étranger, et son tracé semble respecter des directions hercyniennes: NW/SE de la Clue de la Fou au moulin de Saint-Arnac, puis direction NE/SW jusqu'à l'extrémité occidentale de la plaine d'Ansignan, dont il suit le tracé NW/SE jusqu'au barrage de Caramany, et enfin tracé SW/NE jusqu'à Latour-de-France. Les coupes révèlent des failles partout, mais des axes majeurs dominent. La faille varisque de la Têt limite le massif au sud, la faille nord-pyrénéenne le sépare du synclinal de Boucheville et du massif granitique de Millas, au nord ; le chevauchement frontal nord-pyrénéen du synclinal de Saint-Paul est aussi accompagné de failles dans le socle. Les failles sont également nombreuses à l'intérieur du massif. La faille de l'Agly est en réalité un ensemble complexe que le fleuve semble suivre dans le fossé d'Ansignan, sud-armoricain, et entre Caramany et Latour-de-France, varisque. Enfin, la sismicité reste encore importante. Ces failles sont actives : séismes de février 1996, de décembre 1922, novembre 1920 et surtout de 1428.

À Latour-de-France, le fleuve pénètre dans les séries jurassiques et crétacées du synclinal de l'Agly. La confluence avec le ruisseau de Maury, puis avec le Verdouble, confirme une réelle adaptation de l'écoulement à la structure, où, malgré des méandres, en amont et en aval de Case de Pène, l'Agly reste très proche de l'axe synclinal. La structure profonde est alors enfouie sous les sédiments pliocènes et les alluvions quaternaires du fleuve, qui constituent la Salanque, probablement encore subsidente entre la Têt et l'Agly. Cet affaissement expliquerait cette adaptation de l'écoulement à la structure, et l'abandon d'un delta quaternaire dans l'étang de Salses. C'est ici, en aval, que les terrasses furent d'abord décrites.

Mais cet ensemble doit être scindé. En effet, les cartes géologiques anciennes (feuilles Perpignan et Quillan au 1 :80 000) et récentes (feuille Rivesaltes au 1 :50 000) ne signalent de terrasses anciennes qu'en aval de Latour-de-France, au sortir des gorges épigéniques du Fenouillèdes. En amont, dans les gorges, seule la basse terrasse **a1** ou **Fz** est mentionnée. Pourtant G. Clauzon , M. Dubar et E.M. Laaraich ont décrit un système de trois terrasses sur les affluents (Verdouble, Maury et Boulzane) surtout dans la traversée des cuvettes synclinales (Boulzane et Maury) et des cuvettes de subsidence (bassins de Tautavel et de Tuchan).

Personnellement, nous sommes maintenant convaincus de l'existence du même système de plusieurs terrasses dans les méandres épigéniques que l'Agly a creusés dans le Massif, comme sur ses principaux affluents. Cependant, la description commencera par les terrasses aval, dont l'existence et la datation relative sont aisées par analogie avec les terrasses de la Têt auxquelles elles se raccordent sans solution de continuité.

4.3.2 - Les terrasses en aval du Fenouillèdes

Après la confluence avec le ruisseau de Maury, la vallée s'élargit à l'image de celle de la Têt, une basse et une moyenne terrasse se succèdent en contrebas de buttes couronnées de hautes terrasses. Ce sont des niveaux bien situés dans le temps (travaux de M. Calvet, G. Clauzon , M. Dubar, E.M. Laaraich) qui nous ont servi de point de départ topographique pour la datation relative des niveaux retrouvés en amont.

1°) Les hautes terrasses **:** peu nombreuses, elles se confondent, à l'aval, avec celles de la Têt

*a - Nous avons repris le terme de haute terrasse de Mas Ferréol ou III-2 (*101 m NGF), comme éponyme de ce niveau sur l'Agly. En effet, les dépôts alluviaux quaternaires qui couronnent le sommet de l'éperon de confluence taillé dans le Pliocène, à l'est de Case de Pène et de Baixas, appartiennent tant au système de la Têt qu'à celui de l'Agly, et se trouvent dans le prolongement des hautes terrasses observées depuis Poc Calbeil et Mas Ferréol. Toutefois, les travaux de E.M. Laaraich (1996) ont montré que les niveaux des deux fleuves sont différenciables par le spectre lithologique des galets.

➢ Sortir de Baixas vers Saint-Estève, puis, avant le carrefour D.614-D.45, tourner à gauche vers le sommet de l'éperon de confluence. À 100-105 m d'altitude, les gros galets de quartz sont gélifractés et éolisés, dans une matrice fortement altérée et rubéfiée.

➢ Baixas nous paraît trop bas pour être sur la terrasse de Mas Ferréol. Cependant, le village pourrait être bâti sur un lambeau de terrasses du fait de l'abondance de gros galets de quartz rubéfiés dans la construction, peut-être la terrasse de Plan d'en Bourgat.

b - Nous conserverons aussi le même éponyme de haute terrasse de Plan d'en Bourgat ou III-1 (75-80 m NGF) du fait de la proximité de ce niveau sur la Têt.

Effectivement, entre Baixas et Peyrestortes, la partie orientale de cette terrasse constitue l'éperon de confluence des vallées de la Têt et de l'Agly. Pour ce qui nous concerne, une suite de buttes s'observe parallèlement à la D.117, entre la route de Baixas à Rivesaltes et les pistes de l'aéroport de Perpignan. Les plus élevées d'entre elles n'ont pas (ou n'ont plus) de couverture quaternaire. Toutefois, celles d'altitude moyenne en ont conservé des lambeaux, dont certains, par analogie d'altitude et d'avancement de l'altération appartiennent sans trop de contestation au niveau du Plan d'en Bourgat.

*2°) **Les moyennes terrasses*** ne se démultiplient également que dans la partie aval commune avec la vallée de la Têt. La *terrasse de la Butte du four* (**II-3**) vient probablement mourir au-dessus de Peyrestortes, la *terrasse de la Llabanère* (**II-2**) - qui porte ici les pistes septentrionales de l'aéroport de Perpignan - domine la *basse terrasse de Rivesaltes* et *la plaine alluviale de l'Agly*, et il en est de même de la *terrasse de Pia* (**II-1**), à Pia.

➢ À la sortie d'Estagel vers Perpignan, au lieu-dit les Vignes de Marbigo, un replat situé à 70-80 m NGF nous confirme l'extension du même niveau vers l'amont. Il n'y a pas de coupe, mais des galets de calcaires, de grès, de quartzite apparaissent dans la vigne.

➢ À Case de Pène, sur la route de Baixas, à 500 m de la sortie de ville, on remarque un replat portant des vignes. C'est une terrasse peu visible, mais en bordure, quelques galets de calcaires, de grès, de quartzite, de schistes émergent de l'éboulis qui les recouvre. Enfin, l'altitude, 76 m, est en accord avec celle d'une moyenne terrasse située en aval.

Toutefois ce niveau moyen est maintenant unique, comme sur les vallées du Réart et du Tech, ou sur la Têt à l'amont de Saint-Estève. Ceci confirmerait le rôle de la néotectonique dans la démultiplication de la terrasse de la Butte de Four à l'approche de la subsidence de Perpignan. La *Llabanère* (**II-2**) et *Pia* (**II-1**) ne seraient que des caractéristiques locales.

Enfin, le lambeau d'une moyenne terrasse apparaîtrait près de l'Etang de Salses.

➢ Au Nord de Garrieux, là où la Crest de Rivesaltes s'approche de l'Etang, G. Clauzon a décrit des niveaux du Pléistocène final **Fy.a** ou **Fy.2**, ce qui dans notre terminologie correspondrait à la basse terrasse de Pia (II-1).

➢ Quant à M. Calvet, il y a observé un niveau **T.3** (*Pia* ou *La Llabanère*). Sa surface n'offre guère de différences topographiques avec la basse terrasse, en dehors d'un léger bombement, mais, il est vrai que des niveaux fortement indurés apparaissent auprès des ruines gallo-romaines. Néanmoins, dans un contexte aussi carbonaté, cette induration est-elle incompatible avec une terrasse récente ?

Ces remarques présentent toutefois un autre intérêt ; elles confirmeraient que, pendant le Pléistocène, l'Agly s'écoulait plus au nord, vers l'étang de Salses, ce que suggère l'étendue de la basse terrasse. Au point le plus haut de la D.18 d'Espira de l'Agly à Baixas, quelques buttes dominent à l'est. En surface, on y note la présence de galets rubéfiés appartenant indubitablement aux hautes terrasses. L'âge de *Plan d'En Bourgat* n'a été attribué que pour des raisons topographiques: altitude inférieure à l'indubitable lambeau de *Mas Ferréol* de

Baixas, et d'altitude analogue (80-90 m NGF) aux niveaux situés au sud de l'éperon de confluence Agly-Têt.

*3°) **Les basses terrasses*** ne se dédoublent qu'en aval d'Estagel, car en amont on n'observe qu'un seul niveau récent au-dessus de la plaine alluviale.

a - La Crest de Rivesaltes (**I-2**) représente le niveau le plus élevé, celui qui se raccorderait sur la Têt à la terrasse de Toulouges. Elle dessine un très large plateau en rive gauche, s'étendant sans solution de continuité de Case de Pène à la Salanque, et s'ouvrant en éventail vers l'Est.

➢ Au pont radier de l'Agly au nord d'Espira, sur la rive gauche, l'incision du fleuve lui-même, et celle d'un affluent issu des écailles de Vingrau, ont révélé deux belles coupes, l'une sur les schistes et l'autre sur le Pliocène. Sur ces deux alluvionnements, le matériel n'offre aucune trace d'altération ni de rubéfaction. Surtout, il se trouve situé à une altitude supérieure de quelques mètres à la terrasse de la rive droite, jugée équivalente à la terrasse de Bompas-Ille sur Têt.

Cette Crest de Rivesaltes confirmerait que jusqu'au Pléistocène supérieur, l'Agly possédait un écoulement situé plus au nord, avec une embouchure dans l'étang de Salses. Puis le cours d'eau aurait peu à peu été dévié vers le S.E, vers le cours actuel fixé à l'époque médiévale. Au cours de son lent déplacement, l'Agly aurait fortement alluvionné, déposant cette Crest de Rivesaltes. Quant à en donner une interprétation, la néotectonique est séduisante, car un mouvement de bascule du socle, vers le S.E, expliquerait le déplacement de l'embouchure vers la zone déprimée, et l'apparition de l'important cône de déjection du Reboul dans la zone soulevée.

Cette terrasse fut recouverte en partie par la transgression holocène, ce qui fait qu'il n'existe pas de solution de continuité topographique entre cette terrasse et la plaine de la Salanque.

➢ Sur la rive droite, elle est bien dessinée à *Case de Pène*, en aval et en amont du village. Entre la gare de Case de Pène et la D.117, une coupe visible de la route, reposant sur les schistes, laisse voir de gros galets centimétriques de schistes et de calcaires non altérés et non rubéfiés.

➢ Il est remarquable que les villages de Saint-Hippolyte, de Saint-Laurent-de-la-Salanque, de Toreilles, de Villelongue de la Salanque, de Sainte-Marie, sont chacun construits sur une *montille* assez élevée pour ne pas avoir subi l'inondation d'octobre 1940. Or, celle-ci ayant montré que la Salanque appartient à une dynamique encore actuelle, on pourrait, à l'inverse, en déduire que ces villages sont situés sur des buttes héritées d'une dynamique erronée : peut-être des lambeaux de la basse terrasse de la Crest de Rivesaltes. Mais ce n'est que pure spéculation car la densité du bâti interdit toute investigation.

Toutefois *au sud de la voie rapide du Barcarès, entre Saint-Hippolyte et Claira,* à droite de la route, en allant vers l'est, une tranchée a été creusée sur 2 m de profondeur. En 1995, en surface, sur 1,60 m, on observait des lentilles de limons et des niveaux de galets, alors, qu'en profondeur, on passait brusquement aux galets typiques d'une terrasse. Nous émettons l'hypothèse que la basse terrasse plongerait sous les alluvions actuelles de la plaine de la Salanque. Mais cette hypothèse présente un défaut : en surface, nous n'avons pas les typiques limons de débordement, mais, si loin du lit mineur les inondations sont rares, et historiquement on ne connaît que celle de 1940, ces limons peuvent avoir été arrachés par le ruissellement.

Document 4.9 – La basse terrasse I.2 à Case de Pène

Cependant, dans la vallée de l'Agly au sens strict, ces lambeaux de la rive droite sont étagés au-dessus d'une terrasse plus basse, mais qui remonte bien plus en amont et qui peut être assimilée à la terrasse d'Ille-sur-Têt. Sa plus grande extension est en amont d'Estagel, à la confluence de l'Agly et du Ruisseau de Maury, aussi l'appellerons-nous …

b) La basse terrasse d'Estagel (**I-1**) qui constitue le plus bas niveau des terrasses de cette partie aval, inscrit dans la terrasse de la Crest de Rivesaltes, et qu'il pourrait être logique d'attribuer à la crise climatique tardiglaciaire, comme ses homologues de la Têt, du Réart et du Tech.

➢ Entre la confluence Agly-Maury et Latour-de-France, à Roublais, des terrasses topographiques apparaissent avec netteté, dont, vers la rivière, un replat en connexion avec la basse terrasse du Maury. Il n'y a pas de coupe visible, mais en surface, le matériel est centimétrique et non rubéfié, sans grande nuance avec le spectre actuel des alluvions de l'Agly, lesquelles ont été largement remuées par des travaux publics.

➢ Au Château du Mas de Jau, rive gauche de l'Agly, en aval d'Estagel, les vignes occupent un replat d'abord assimilé à la plaine alluviale, mais c'est indubitablement la poursuite de la basse terrasse étagée (galets de schiste et de calcaire, pas de limons de débordement) observée aussi sur le Maury et le Verdouble.

➢ Plus en aval, le cimetière d'Espira est construit sur cette terrasse. L'Agly l'attaque dans un méandre, et révèle un niveau de galets non rubéfiés reposant sur les schistes.

À l'image de son homologue de la Têt, cette terrasse plonge sous le remplissage holocène de la Salanque. En effet, ce niveau ne constitue jamais un vaste épandage mais une étape dans le creusement de la vallée actuelle.

4.3.3 - La traversée du Fenouillèdes

Avant les travaux de E.M. Laaraich (1996) personne n'avait envisagé l'occurrence d'un tel système dans la traversée épigénique du Fenouillèdes, entre la Clue de la Fou et Latour-de-France. E.M. Laaraich a reconnu un système de deux terrasses, analysé jusqu'à Ansignan, dont une moyenne terrasse en aval de Planèzes. Il s'agit probablement de la coupe de la Balmière en bordure de la route, mais elle n'est pas citée. Il reconnaît surtout une *basse terrasse supérieure* qu'il rattache, par ce terme, au niveau **I-2** de notre typologie, soit la terrasse du Pléistocène récent de la *Crest de Rivesaltes*.

Nous nous sommes élevés en faux contre cette assimilation : ces niveaux sont très nombreux et ourlent le lit majeur, et en aval, ils entrent, sans aucun doute, en connexion topographique avec la *basse terrasse tardiglaciaire I-1 d'Estagel*.

1°) La basse terrasse d'Estagel **(I-1)** ourle les convexités de méandres depuis Saint-Paul-de-Fenouillet.

➢ En aval de Saint-Paul, au débouché de la Clue de la Fou, le D.619 longe une étroite plaine sur la rive droite de l'Agly, plaine étagée de quelques mètres par rapport au lit actuel. L'ampleur de la végétation n'a pas permis de déterminer la nature de l'alluvionnement, mais la disposition dans un lobe de méandre confirmerait une basse terrasse.

➢ Dans la plaine d'Ansignan, près de l'aqueduc romain, existe sans aucun doute une basse terrasse étagée, mais en partie recouverte par les éboulis. Toutefois, des galets très peu altérés apparaissent sur la corniche de cette terrasse.

➢ Rive gauche, au carrefour de la D.9 et de la D.119, en contrebas de la moyenne terrasse, dans une convexité de méandre, des vignes occupent un replat situé hors inondation à quelques mètres au-dessus du lit majeur. On y retrouve le même profil lithologique que le lit majeur, sans aucune trace d'altération. L'absence de limons de débordement confirme la position hors inondation.

➢ À Planèzes, en contrebas de la butte de Lou Sarrat et de la moyenne terrasse, ce même niveau émerge partiellement d'un cône de déjection issu de la rive gauche.

La seule coupe acceptable est située à l'aval du pont submersible de Latour-de-France (X = 471,5 et Y = 4.735,3 Lambert).

Document 4.10 – La basse terrasse I.1 à Latour-de-France

➢ Le profil lithologique est celui des alluvions actuelles de l'Agly - calcaire et marbre, schiste, grès et quartzite, gneiss et granit - et s'y retrouve intact. Les éléments sont des galets parfois décimétriques noyés dans une matrice limono-sableuse grise. On n'y observe aucune trace d'altération. Les galets sont intacts, quel que soit leur faciès d'origine.

➢ En surface, dans les vignes, le sol rappelle les sols hérités de podzols boréaux francs très lessivés qu'on rencontre sur les très basses terrasses de la vallée de la Têt. Sur la feuille Rivesaltes, G. Clauzon la notait **Fy**, ce qui la rattache au Pléistocène supérieur. Dans sa thèse, E.M. Laaraich en fait une *basse terrasse supérieure*, ce qui la rattacherait au niveau **T.2** de M. Calvet.

Cela nous semble peu probable : il n'y a pas de solutions de continuité avec la basse terrasse tardiglaciaire d'Estagel située en aval.

➢ De la confluence Agly-Maury à Latour-de-France, les terrasses topographiques apparaissent avec netteté, et, parmi elles, un replat en connexion topographique avec la basse terrasse du Maury (que G. Clauzon classa **Fy.b**).

➢ En surface, le matériel centimétrique, qui n'est pas rubéfié, est sans nuance avec le spectre actuel des alluvions de l'Agly, lesquelles ont été largement remuées par des travaux publics.

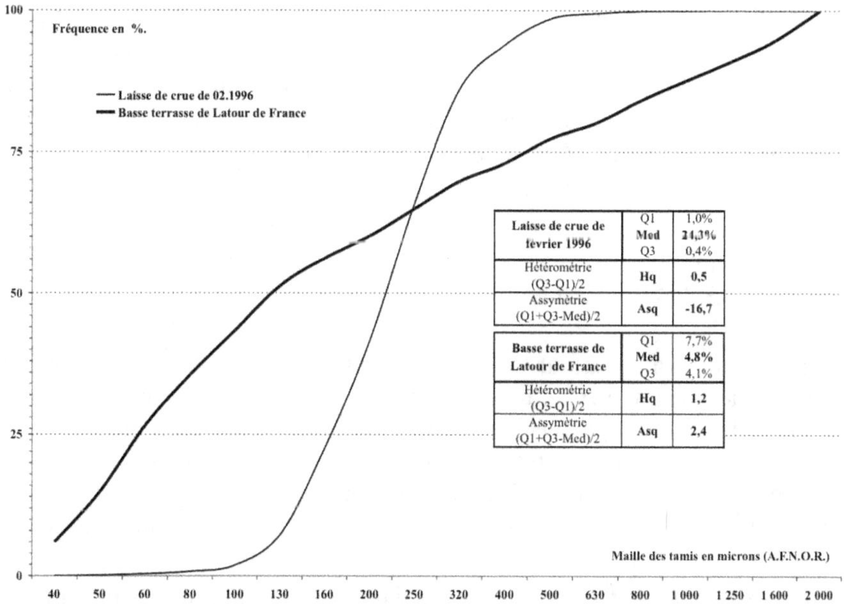

Document 4.11 - Granulométrie de la basse terrasse d'Estagel et d'une laisse de crue de février 1996.

Ce niveau se poursuit jusqu'au Château du Mas de Jau en aval d'Estagel, où il se soude à la basse terrasse d'Estagel (galets de schiste et de calcaire). C'est le niveau **T.1** de M. Calvet qui, à l'image de son homologue de la Têt, ne constitue jamais un vaste épandage mais une étape dans le creusement de la vallée actuelle; ce qui confirme une mise en place récente.

Par curiosité, nous avons prélevé des sédiments au pont radier de Latour-de-France que nous avons comparé à la laisse de crue de février 1996 (document 4.11). Il n'y a aucune comparaison possible ; il faudrait certes d'autres échantillons mais - les travaux de M. Larraich l'ont prouvé - l'écoulement qui présida à la construction des basses terrasses, restait encore plus torrentiel que fluviatile.

*2°) **On relève aussi facilement la trace de niveaux plus anciens.** Ils se situent apparemment dans le prolongement de la moyenne terrasse des Vignes de Marbigo, à 80 m N.G.F., rattachée à la terrasse de la Butte du Four par sa texture, et son altitude. Entre La Tour de France et Ansignan, la route départementale 9 a été élargie pour les besoins de l'acheminement des matériaux nécessaires à la construction du barrage de Caramany.*

a) Ces travaux de terrassement ont mis à jour des lambeaux alluviaux haut perchés, jusque-là masqués par des éboulis cryoclastiques appartenant probablement au Pléistocène récent. Les affleurements sont parfois épais de plus de trois mètres, quand ils ont été fossilisés par l'éboulis. Topographiquement, ce sont le plus souvent des lambeaux perchés et abandonnés dans des lobes de méandres (pont de Latour-de-France, la Balmière, Planèzes, Rasiguères, Pont de Caramany) ou protégés par des éperons de confluence (confluence Agly-Desix, Mas Régathieu au pied du barrage).

➢ À *Latour-de-France*, sur la rive gauche, dans la concavité d'un méandre, face au pont, un niveau de galets cristallins et métamorphiques altérés peut être observé sur le talus qui le sépare de la basse terrasse, là où il n'est pas masqué par des éboulis.

➢ À mi-chemin, entre Latour-de-France et Planèzes, au lieu-dit *la Balmière* sur la rive gauche, les travaux de terrassement le long de la D.9 ont mis au jour un niveau alluvial ancien, jusque-là masqué par les éboulis. C'est un matériel mal classé, dont les galets de gneiss et de granit (décimétriques) sont très fortement altérés, dans une matrice parfois concrétionnée. Nous avons là un critère d'ancienneté qui ne se rencontre qu'à partir de la terrasse de la Butte du Four sur la Têt.

➢ À *Planèzes, de part et d'autre de la butte de Lou Sarrat*, deux replats très nets (situés à 12 m au-dessus de la basse terrasse) n'offrent pas de coupes bien franches, mais en surface les cailloutis de schistes métamorphiques, de quartzites surtout, sont fortement rubéfiés.

➢ À 7 m au-dessus de ces replats, entre la butte de Lou Sarrat et le versant s'étend un plateau ; on y cartographia des colluvions **C** sur la feuille Rivesaltes. Or, le sous-sol de ce plateau est constitué par une alluvion altérée et rubéfiée indubitablement très ancienne (elle est visible dans de nombreuses coupes proches de la D 9), mais effectivement fossilisée par un colluvionnement ou un alluvionnement torrentiel récent.

➢ Au-dessus de la station de pompage de Planèzes, en amont du village sur la rive droite, un replat dans les vignes offre le même paysage lithologique.

➢ À la sortie de Rasiguères vers l'amont, sur la rive droite, la route a été reprofilée, ce qui révèle une terrasse cachée sous les éboulis. On y retrouve les gros galets décimétriques, non ordonnés, et à l'état de fantômes pour les schistes, les granits et les gneiss.

➢ Sur la rive gauche, en aval du barrage, au carrefour de la D.9 et de la D.119 qui vient de Lanzac, de très belles coupes ont été conservées au carrefour, et en amont. Dans ce matériel décimétrique issu du socle, les gneiss, les schistes et les granits sont très altérés, dans une matrice fortement rubéfiée.

➢ Sur la rive droite, le Mas de Régathieu est construit sur une incontestable terrasse à 40-50 m au-dessus du lit majeur : elle est riche en matériel cristallin, celui-ci est altéré en coupe.

Document 4.12 – Moyenne terrasse de l'Agly à Lou-Serrat

➢ À Vilarno, sur la rive gauche, près des ruines d'une antique forge catalane, en aval du barrage de Caramany, la même terrasse a livré un nucléus reposant sur les galets, taillé dans un éclat du schiste de la forêt de Boucheville (objet déterminé par Alain Fournier).

➢ Au cimetière de Caramany, près du nouveau pont, le chemin qui descend vers le lac recoupe la moyenne terrasse : galets décimétriques de roches du socle très altérés.

➢ Entre Caramany et Ansignan, cette terrasse a souvent été dégagée par le ressac de la retenue d'eau du barrage. À Roquo Roujo, en aval du barrage de soutien, sur la rive gauche, près de l'endroit où Phillip et Grellet ont observé une faille inverse dans de l'éboulis, les travaux routiers ont aussi mis à jour un niveau alluvial ancien : gros galets de roches cristallines et métamorphiques fortement altérés (Nous avons trouvé ce niveau alors que nous recherchions la faille inverse, mais il ne semble pas qu'elle le recoupe).

➢ À la confluence de l'Agly et de la Desix, en venant de Caramany, par le D.9, juste après le pont traversant la Desix, la route recoupe l'interfluve par une tranchée. La terrasse étagée apparaît par lambeaux, de part et d'autre de la route. Elle est très érodée (0,50 m d'épaisseur), mais le matériel de galets centimétriques, voire décimétriques, est indubitablement semblable à celui des terrasses situées en aval, avec de nombreux galets fantômes dans les gneiss, granits.

➢ Dans la plaine des Coudomines à Ansignan, au-dessus de la basse terrasse, la moyenne terrasse dessine un replat en lambeaux où, parmi beaucoup de débris venus d'un éboulis, on observe quelques galets de quartzite à la rupture de pente. Ce replat, face à la confluence de la Desix et de l'Agly, est au même niveau d'après plusieurs visées au clisimètre.

➢ En amont de la plaine des Coudomines, la D.619 fait un coude qui a nécessité des travaux de terrassement. Ils mettent en évidence un lambeau de dépôts fluviatiles fortement altéré, d'où l'on voit les niveaux précédents sous un angle en accord avec le profil d'une plaine alluviale fossile.

Ces niveaux n'ont pas été cartographiés par G. Clauzon sur la feuille Rivesaltes. Mais il est vrai que ces lambeaux ont été recouverts par des éboulis cryoclastiques plus récents qui les ont occultés jusqu'à l'élargissement de la départementale 9 après 1991.

Toutefois, ces descriptions confirment la réalité d'un niveau alluvial ancien. Dans sa thèse, E.M. Laaraich y a vu une *basse terrasse supérieure* qui se tiendrait en moyenne à 23 m au-dessus du thalweg. Mais, comparée au même éloignement de la mer sur la Têt, cette dénivellation la rattache plutôt au cycle morphologique de la Butte du Four; ce qui est en accord avec son état d'altération. Comme son développement le plus facile à étudier se trouve à la Balmière (X = 470 et Y = 4.735 Lambert), nous l'avions appelée la *terrasse de La Balmière* (**III-2** ou **III-1**).

Le spectre lithologique est typique de la charge de l'Agly : de gros galets de gneiss, de granit, de calcaire et de schiste fort mal classés, mais leur état d'altération est très avancé. Non seulement les granits, les gneiss et les schistes s'effritent au marteau, mais parfois ils sont même réduits à l'état de fantômes (selon la terminologie de M. Calvet). La matrice argilo-sableuse est souvent très rubéfiée, avec parfois des niveaux fortement concrétionnés. En surface, il n'y a plus aucune trace des galets de roches altérables (calcaires, granits, gneiss, schistes) et ne subsistent que des galets de quartzite, de grès et quelques fragments roulés de minerai de fer. Le sol fersialitique est très évolué, et très fortement lessivé, prenant parfois l'allure d'un régolite à l'image des sols des hautes terrasses de la Têt. C'est un critère d'ancienneté commun à toutes les terrasses très anciennes du Roussillon, qui ne se rencontre qu'à partir du niveau de la terrasse de la Butte du Four, et où il est admis que l'alluvionnement aurait connu au moins un interglaciaire après sa mise en place.

Cette description semblait confirmer l'existence d'une moyenne terrasse unique et ancienne, déjà très altérée, ces observations restant conformes avec celles de G. Clauzon et surtout de M. Calvet. Les fleuves côtiers n'ont qu'un système de moyennes terrasses, sauf sur la rive gauche de la Têt, en aval, où elles se décomposent en trois niveaux d'origine tectonique.

Comme nous avions réalisé des analyses sédimen-tologiques sommaires sur la terrasse de la Butte du Four, il nous est apparu utile de réaliser le même travail ici, mais en amont d'Estagel, c'est-à-dire en amont de la limite des travaux de M. E.M. Laaraich. Les résultats sont illustrés par le document 4.13. Les échantillons relevés à la confluence avec la Desix et au Pont de la Latour-de-France ne sont sans doute pas très significatifs, mais ces ensembles sont à la fois moins grossiers et relativement mieux triés, comme les échantillons prélevés à la terrasse de la Butte du Four sur la Têt. Cependant, les traces d'un écoulement fortement torrentiel sont là. L'échantillon prélevé à la Ligne à haute tension est beaucoup plus grossier, et les autres donnent l'image d'une lave torrentielle.

L'analyse morphoscopique confirme ces appréciations : les émoussés-luisants sont rarissimes parmi une surabondance de non-usés. Le seul apport est la confirmation de l'ancienneté, de nombreux échantillons comportent des quartz portant de fortes traces d'altérations chimiques. Il est indubitable que cet ancien niveau est le résultat d'un écoulement violent et immodéré comme les écoulements consécutifs à une violente fonte des neiges saisonnière, mais accidentée d'écoulements purement torrentiels de saison chaude. On sait que ces hautes et moyennes terrasses ont été mises en place au cours d'une glaciation (sans doute l'avant-dernière), mais la latitude aidant, la fonte des neiges devait atteindre une rare violence (incomparable avec ce qui s'observe dans l'Arctique). Il faudrait aussi faire jouer des nuances méditerranéennes avec des averses liquides de demi-saison.

b - Mais ce niveau ancien est dédoublé, la répartition des altitudes absolues de ses différents niveaux ne s'accommode pas d'une division binaire. Déjà sur le terrain, des mesures de nivellement sommaire, réalisées au clisimètre, avaient révélé une inadéquation dans la répartition de certains d'entre eux. Par exemple, entre Planèzes et Rasiguères ces niveaux anciens semblaient dessiner une cuvette, que même une néotectonique active ne pouvait expliquer.

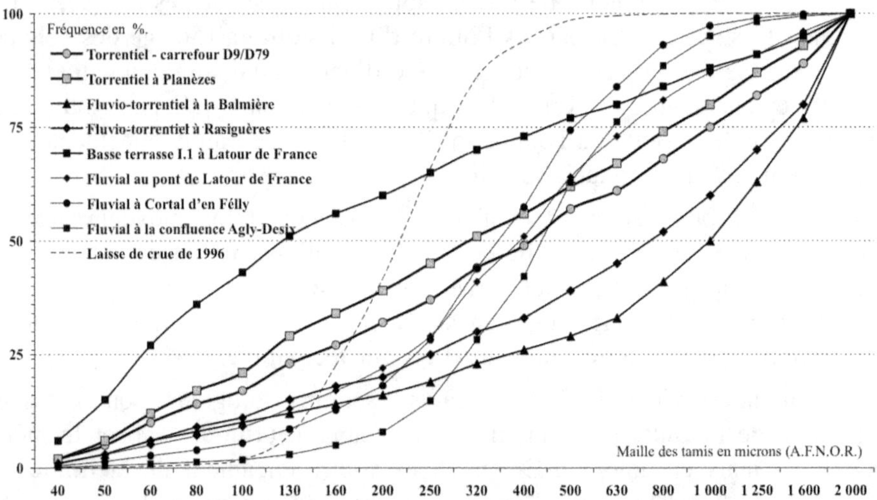

	Torrentiel - carrefour D9/D79	Torrentiel à Planèzes	Fluvio-torrentiel à la Balmière	Fluvio-torrentiel à Rasiguères	Basse terrasse I.1 à Latour de France	Fluvial au pont de Latour de France	Fluvial à Cortal d'en Félly	Fluvial à la confluence Agly-Desix	Laisse de crue de 1996
Q.3	17%	21%	10%	11%	43%	9%	5%	2%	2%
Méd.	37%	45%	19%	25%	65%	29%	28%	15%	66%
Q.1	68%	74%	41%	52%	84%	81%	93%	89%	100%
Asq	67	73	42	51	95	76	84	83	69
Hq	-17	-16	-11	-15	1	-32	-41	-42	-48

Document 4.13 – Granulométrie sommaire de la fraction sableuse des principaux affleurements des terrasses de l'Agly dans les gorges du Fenouillèdes.

Dans un premier temps, nous avons mesuré, non pas la dénivellation, mais l'altitude réelle (ce qui a exigé plusieurs séries de levés) de tous les affleurements avec l'aide d'un altimètre de précision (le mètre) en juillet 1996 puis en février 1997. En laboratoire à partir des cartes I.G.N. TOP.25 d'Ille-sur-Têt et de Prades, puis à l'aide d'un curvimètre, nous avons mesuré la longueur du thalweg actuel comprise entre deux isohypses, de la Clue de la Fou à la confluence entre l'Agly et le Maury à Latour-de-France. Une équidistance de 10 m a permis de reconstituer un profil longitudinal assez précis. La même procédure a ensuite été appliquée aux affleurements dont nous avions mesuré l'altitude réelle. La carte au 1 :25 000 ayant permis de les localiser avec suffisamment de précision, leur éloignement de la confluence pouvait être mesuré au curvimètre. Le dernier travail consistait à reporter les résultats en repère orthonormé (document 4.14).

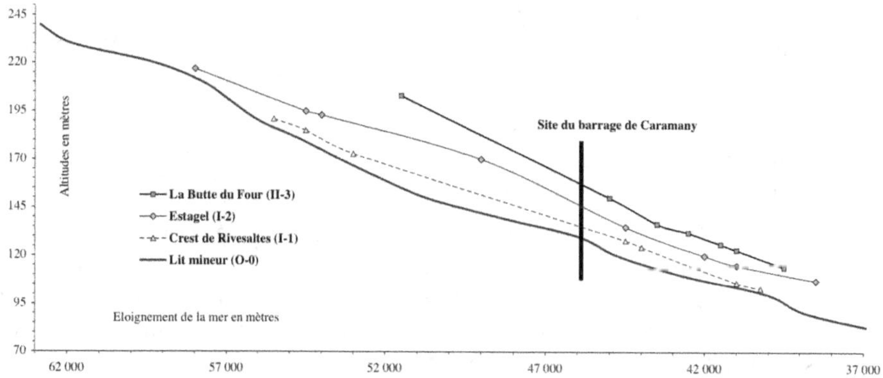

Document 4.14 - Profil longitudinal des terrasses et du lit actuel entre la Clue de la Fou et Latour-de-France.

Or la comparaison des résultats plaide en faveur de deux niveaux anciens. Du fait de leur altitude, huit affleurements appartiennent à un niveau alluvial plus élevé, dont l'altitude s'abaisse de 203 m à l'amont à 107 m à Latour-de-France. Le point le plus éloigné de la mer est en face de Caramany, à quelques mètres de l'endroit où Philip et Grellet ont reconnu l'existence d'une faille inverse dans un éboulis quaternaire (1992). Bien qu'à 51 km de la mer, il est situé à 203 m d'altitude, à 50 m au-dessus du thalweg. Les autres sont en aval du barrage de Caramany, à Vilarno, au carrefour des départementales 9 et 79, dans une boucle de méandre en amont de Rasiguères (rive gauche), à Planèzes en rive droite et surtout à Lou Sarrat, colline qui sépare cette terrasse de la vallée actuelle. C'est ce même niveau que nous avons décrit ci-dessus à la Balmière (X = 470 et Y = 4.735 Lambert) et qui se retrouve sur la rive gauche, à la hauteur du pont de Latour-de-France.

Les autres affleurements appartiendraient à un niveau intermédiaire entre cette haute terrasse et la basse terrasse tardiglaciaire dont l'altitude varierait de 217 m (à l'ouest de la plaine des Coudomines) à 115 m à Planèzes. Mais surtout nous en avons observé la succession stratigraphique à la colline de Lou Sarrat, à Planèzes. Le haut niveau est visible à 123 m N.G.F, dans plusieurs coupes à l'entrée du village par le nord. En contrebas de la colline de Lou Sarrat à 115 m N.G.F, le niveau moyen dessine un second replat avec son sol de régolite lessivé. Enfin, à 106 m N.G.F, la basse terrasse n'est qu'à 5 m au-dessus du lit majeur holocène.

En amont, cette moyenne terrasse est visible à l'extrémité occidentale de la plaine d'Ansignan (217 m N.G.F.), puis à la confluence avec la Desix. E.M. Laaraich qui a longuement décrit la coupe l'attribua à une basse terrasse malgré son état avancé d'altération. Mais au Mas del Régathieu, sur un éperon de confluence, et à Rasiguères, sur la rive droite, elle est très en contrebas du niveau plus ancien de la rive gauche. La mise en eau du barrage de Caramany dépasse leur niveau, mais E.M. Laaraich y avait décrit des affleurements pouvant lui appartenir.

Selon l'avancement actuel des recherches, nous ne disposons que de l'état d'altération des galets et des sols et des altitudes relatives pour supposer que ces niveaux sont antérieurs au dernier interglaciaire.

➢ Le long de la Têt, la répartition des terrasses de Mas Ferréol, de Cabestany, de la Butte du Four sur la rive gauche, et de Toulouges et Ille-sur-Têt en rive droite, se fait sans solution de continuité à une distance de la mer comprise entre 32 et 18 km. Sur cette distance, les mêmes niveaux présentent des altitudes relatives moyennes de 103 m et 95 m pour les hautes terrasses, 72 m pour la butte du Four et 59 et 54 m pour les basses terrasses.

➢ La dénivellation entre les hautes terrasses n'est que de 8 m, mais elles sont perchées à 23 m au-dessus de la moyenne terrasse, elle-même située à 18 m au-dessus des basses terrasses, dénivelées de 6 m seulement par rapport au lit mineur. Cette disposition topographique fut déjà utilisée par Depéret pour définir la notion de haute, moyenne et basse terrasse.

➢ Avec une certaine vraisemblance, elle s'applique aux trois niveaux de terrasses de l'Agly. La basse terrasse se situe en moyenne à 8 m (+ ou - 2 m) au-dessus du thalweg, le niveau moyen à 20 m (+ ou - 3 m) et le haut niveau à 27 m (+ ou - 3 m). La basse terrasse est en moyenne à 12 m en dessous du niveau intermédiaire, qui, lui est à 7 m seulement en dessous de la haute terrasse. Nous retrouvons l'ordre de grandeur des dénivellations mesurées sur la Têt. Le bas niveau est très en contrebas des niveaux anciens, lesquels sont topographiquement assez proches.

➢ Pour ce qui concerne cette basse terrasse, son âge tardiglaciaire est plus vraisemblable que le Pléistocène supérieur, et il faut admettre la disparition de ce niveau qui n'aurait subsisté qu'en aval d'Estagel (terrasse de Rivesaltes).

➢ Quant aux deux hauts niveaux, deux solutions sont possibles. Nous pouvons d'abord suivre M.Calvet en en faisant des niveaux **T.3** et **T.4** (ou **T.4** et **T.5**), et ce serait des terrasses climatiques appartenant à la succession de stades ou d'interstades d'un même complexe froid – première moitié du Pléistocène - de toute façon ancien du fait des altérations décrites.

Mais le massif du Fenouillèdes est connu pour l'importance de son activité sismique, et il pourrait autant s'agir du dédoublement néotectonique d'un même niveau alluvial de toute façon ancien (comme **T.3** = *La Butte du Four*, en aval de Saint-Estèphe sur la Têt). Pour rester en accord avec les travaux de M. Dubar sur le Verdouble dans le bassin de Tuchan et de E.M. Laaraich dans le fossé de Tautavel, nous avons retenu le *principe d'une moyenne terrasse équivalente à la Butte du Four appelée ici Planèzes* (**II-3**) car elle est bien individualisée en amont sur la rive droite, et d'une *haute terrasse dénommée La Balmière* (**III.1**), contemporaine des terrasses de Mas Ferréol ou de Plan d'en Bourgat.

c) La réalité pourrait apparaître plus complexe au fil de la découverte de nouveaux affleurements. Surtout, le document 4.14 illustre assez bien l'indécision du profil actuel que seule une équation du sixième degré parvient à simuler :

$$H = 10^{24}.D^6 - 4.10^{-19}.D^5 + 5.10^{-14}.D^4 - 4.10^{-09}.D^3 + 10^{-3}.D^2 - 2,9.D + 24\,607$$

Quel sens donner à cette simulation, l'intense activité tectonique du Fenouillèdes, associée à des cluses dans des roches dures (site du barrage de Caramany) ? Aussi est-il très vraisemblable que les profils des très anciennes terrasses aient été affectés par cette sismicité préhistorique et historique. Les points sont trop peu nombreux pour que l'expression mathématique du profil des vieilles terrasses ait un sens, mais nous pouvons au moins observer que leur répartition est loin de donner un profil logique.

Document 4.15 – Méandre abandonné et recoupé de Rasiguères : la cuvette du second plan est un lit majeur abandonné de la haute terrasse de La Balmière, au centre duquel se situe une butte de schistes métamorphiques, centre de l'ancien méandre. Au fond, on devine la vallée actuelle de l'Agly, incisée de plusieurs dizaines de mètres et dont le versant gauche porte le replat (ici invisible) de la moyenne terrasse de Planèzes (II-3)

Le document 4.15 rend assez bien compte de l'ampleur de l'incision quaternaire dans ce massif. Tous ces niveaux se retrouvent dans les fossés:

Tautavel, Tuchan, Maury, Caudies,..., avec des solutions de continuité avec le cours principal, ce qui n'est pas le cas de la Desix, affluent rive droite en aval d'Ansignan.

3°) Les terrasses de la Desix peuvent être suivies jusqu'aux ruines de Roquevert, au carrefour de la D.619 et de la D.2. On y rencontre un haut et un bas niveau répartis de façon aléatoire, dans les convexités de méandres. Le bas niveau se repère de loin, en général par l'absence de mise en valeur, alors que le haut niveau (de toute façon à une altitude relative plus élevée) porte soit des vignes, soit des vergers.

➢ Le *bas niveau (I-1)* peut être un sujet de controverses. Topographiquement, il existe dans les concavités de méandres. Par endroits, c'est indubitablement une basse terrasse assimilable à la Crest de Rivesaltes. Mais souvent, il reste inculte, ce qui est un signe d'inondabilité, et nous avons alors à faire au lit majeur.

➢ Le *haut niveau (II-3)* présente un état d'altération assez avancé. Au Cortal d'en Félly, entre Ansignan et Pézilla de Conflent, à une quinzaine de mètres au-dessus du lit actuel, on peut observer, en rive gauche, un niveau alluvial de 2 m d'épaisseur, couvert d'éboulis, et reposant sur le socle. Les galets de schistes et de gneiss sont très fortement altérés (document 4.16).

Document 4.16 – Moyenne terrasse II.3 de la Desix

➢ Sur l'autre rive, au même niveau, ils dessinent une belle terrasse topographique couverte de vignes. L'analyse d'un échantillon donne d'ailleurs un profil ici assez fluviatile : classement relativement bon, ensemble moyennement grossier (document 4.17).

Cette description n'est pas sans rappeler la moyenne *terrasse de Rasiguères (II-3)* dans la vallée de l'Agly. Cette remarque confirmerait que le véritable niveau moyen des fleuves locaux est la terrasse de la Butte du Four, et que sur la Têt, les autres niveaux ne seraient que les démultiplications de celle-ci, pour reprendre une expression de M. Calvet. Sur sa plus grande partie, l'Agly ne possède donc qu'un système de trois, ou seulement deux terrasses, la plus élevée pouvant avoir disparu. Nous retrouvons ce mécanisme sur les autres affluents, mais avec de grosses difficultés de raccordement du fait de la présence de zones déprimées et parfois d'une lithologie différente.

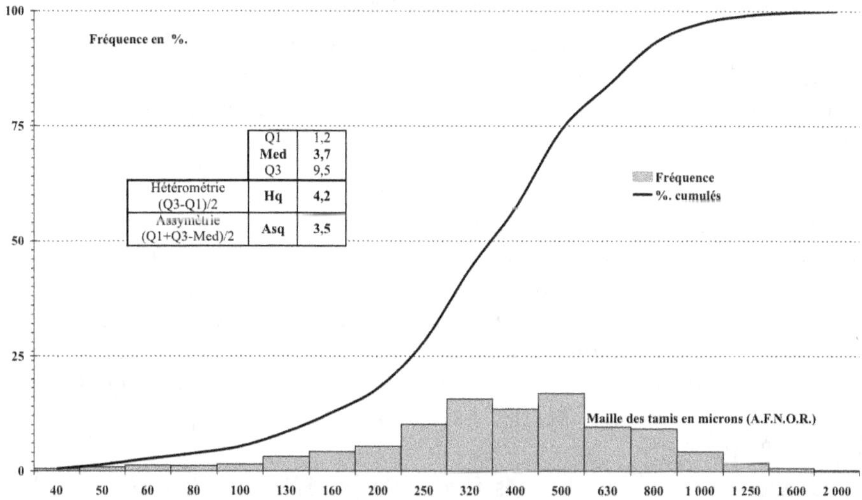

Document 4.17 – Profil granulométrique de la fraction sableuse d'une terrasse de la Desix

Par analogie de l'altération et des altitudes relatives, il serait possible d'assimiler respectivement le plus haut niveau et le niveau intermédiaire à la haute terrasse (Mas Ferréol = Fw) et à la moyenne terrasse (Butte du Four = Fx) de la Têt. Mais ces terrasses ont elles-mêmes un profil très fortement déformé, et le principe du dédoublement d'un même niveau, à la manière du niveau **T.3** de M. Calvet à l'approche de Perpignan sur la Têt, dont il attribue la démultiplication à une subsidence de la plaine.

4.3.4 - Les affluents de l'Agly

L'Agly possède trois affluents majeurs : le Verdouble, indifférent à la structure recoupant bassin et massifs calcaires en gorges épigéniques, le Maury et la Boulzane, en partie adaptés au synclinal de Saint-Paul-de-Fenouillet.

1°) Le Verdouble possède son propre système de terrasses, lequel devrait se rattacher au système de terrasses de l'Agly, mais ce vaste bassin est affecté par deux plaines plus au moins tectoniques, les plaines de Tuchan et de Tautavel. Ces niveaux quaternaires ont été étudiés par M. Dubar.

a) On ne repère qu'une seule terrasse en dehors des plaines ...

➢ Entre Tautavel et Estagel, au Mas de l'Alzine et au Mas d'en Domingo, dans la convexité de deux méandres, les vignes occupent un replat topographique situé à moins de 10 mètres au-dessus du lit actuel. Il n'y a pas de coupe visible, mais, en surface, des galets (centimétriques) surtout calcaires reposent sur les schistes du sous-sol. Le profil est le même que celui des alluvions modernes et ne comporte pas de traces d'altérations visibles. Trop élevé pour être le lit majeur, ce niveau ne peut être qu'une basse terrasse.

➢ À l'entrée des gorges des Gouleyrous, à la confluence du Verdouble et du Ruisseau de Cabrils, cette basse terrasse est étagée au-dessus du lit moderne, avec de médiocres coupes qui révèlent tout de même des galets de schiste et de calcaire urgonien peu altérés.

Ce bas niveau existe aussi dans certains affluents,

➢ Le *Rec del Fenouil* est un affluent rive droite au Mas de l'Alzine. Entre le Mas de la Fouradade et le Mas de l'Alzine, à quelques mètres au-dessus du lit actuel, se développe une très belle terrasse étagée constituée de schistes et de calcaires centimétriques, disposés en lentilles suivant une coupe de 2 à 3 m de haut sur plus de cent mètres de long. Sur la feuille Rivesaltes, G. Clauzon y voyait plutôt des formations torrentielles (glacis-cônes) ; mais de toute façon cet alluvionnement a été recoupé par l'incision récente et dépend, au plus, du Pléistocène supérieur.

➢ Nous avons retrouvé les mêmes formations au *ruisseau de Cabrils*, affluent rive droite du Verdouble en amont des Gorges des Gouleyrous.

Seul ce système de basse terrasse a été reconnu dans les gorges épigéniques du Verdouble, entre les bassins, et le long des affluents. C'est un niveau très récent qui ourle le lit majeur à l'occasion de concavité de méandres. Après la confluence avec l'Agly, il se soude directement à la basse terrasse d'Estagel, éponyme qu'il nous a paru convenable de conserver pour ne pas multiplier les termes sur ce bassin versant.

b) Les terrasses du fossé de Tuchan ont été décrites par M. Dubar, dans la note préparatoire à la réalisation de la feuille Tuchan au 1 :50 000. Or cette plaine de Tuchan présente un système de trois terrasses essentiellement situées sur la rive droite du Petit Verdouble. Il y a ici uniformité du matériel : des galets calcaires centimétriques dans un environnement de puissants éboulis et de cônes de déjection récents.

b.1 - La basse terrasse d'Estagel (**I-1**) dessine un replat presque continu sur la rive gauche du Grand Verdouble, de part et d'autre de Paziols, et, surtout, elle constitue un vaste alluvionnement (à l'image d'un delta intérieur) à l'ouest du cours actuel du Petit Verdouble.

➢ En effet, le fossé de Tuchan est un bloc basculé vers l'est ; aussi son déblaiement se traduit-il par une migration de l'écoulement dans cette direction, avec abandon probable des niveaux alluviaux anciens sur la rive droite.

➢ Cette basse terrasse rappelle fortement ce que nous avons observé sur le reste du cours d'eau : des lentilles de galets (calcaire, schiste et quartzite) sans la moindre trace d'induration, ni altération. C'est le plus bas niveau, celui qu'on retrouve le plus fréquemment, dans les secteurs épigéniques et auprès de la confluence du Verdouble et du ruisseau de Cabrils.

➢ Par l'absence d'altération, par la faiblesse de l'altitude relative, c'est un remblaiement récent (Pléistocène final ou tardiglaciaire) qui mérite d'être associé à la *terrasse d'Estagel* (**I-1**).

Document 4.18 – La basse terrasse I.1 reposant sur les schistes de la plaine de Tautavel

b.2 - La basse terrasse de Rivesaltes (**I-2**) est encore bien développée, et elle dessine un vaste ensemble au nord de Paziols, où elle prend la D.611 en écharpe, vers Tuchan.

➢ On la retrouve aussi couronnant quelques buttes isolées au sud de Tuchan, entre 145 et 150 m d'altitude. La meilleure coupe reste celle du site précédent, en contrebas de la haute terrasse, dans un matériel malheureusement semblable - galets de calcaires, de quartzites et de schistes - et à peine moins induré.

➢ Toutefois, cette induration est caractéristique d'un épandage plus ancien. En surface, les sols nous sont apparus plus évolués ; cependant M. Dubar y a décrit un sol brun lessivé, ce qui ne justifierait pas le vécu d'un interglaciaire long. Si aujourd'hui cet épandage tend à être découpé en lambeaux par le réseau hydrographique contemporain, ce n'est pas là la moyenne terrasse des gorges du Fenouillèdes. Il n'est qu'à 7-8 m au-dessus de la plaine alluviale holocène, comme la Crest de Rivesaltes au-dessus du niveau de l'Agly.

Même si les manifestations tectoniques doivent nous conduire à la plus grande prudence, par comparaison avec le même niveau dans la plaine de Tautavel, en suivant les conclusions de G. Clauzon sur la feuille Rivesaltes, ce niveau peut être associé à la terrasse de Rivesaltes, ce qui justifie qu'on lui en donne le nom.

b.3 - La moyenne terrasse de Planèzes **(II-3)** apparaît à Paziols. En venant d'Estagel, on y observe une très belle coupe, sur la gauche, à l'entrée du bourg. Elle couronne aussi une butte isolée, à 160 m NGF, à l'est de la D.611, presque exactement à mi-chemin entre Paziols et Tuchan.

➢ Mais les meilleures coupes sont à la Caune, près du moulin de Paziols. Dans le village, traverser le Verdouble, tourner à droite au sommet de la côte, et suivre le chemin des vignes vers la Caune. Cette butte est constituée par un lambeau de galets oligocènes devenus un solide poudingue ; il constitua le remplissage de ce fossé tectonique. Il fut déblayé par l'incision du réseau hydrographique, mais il a fourni la majeure partie de matériel des terrasses, ce qui rend difficile la distinction entre l'Oligocène et le Quaternaire. Cependant, vers le sommet, en regardant vers le S.W et le N.W., ce haut niveau de terrasses se développe, et quelques coupes montrent un ensemble de galets calcaires centimétriques fortement induré.

➢ Nous retrouvons cette moyenne terrasse à plusieurs reprises dans la vallée du Verdouble, en amont des Gorges de la Grau de Padern. M. Dubar nous prévient que, du fait de son altitude relative de 15 m, il ne peut s'agir que d'un alluvionnement appartenant à un Pléistocène tardif. Le sol, très érodé, est un sol fersialitique très rubéfié passant à un régolite en surface. C'est un très bon critère d'ancienneté, qui ne peut être que l'aboutissement d'une évolution en climat plus chaud et plus humide, que seul le vécu d'un interglaciaire peut expliquer.

Enfin, la ressemblance est maintenant grande avec le niveau intermédiaire des gorges du Fenouillèdes - 15-20 m au-dessus de l'étiage - c'est pourquoi nous l'avons associé à cette *terrasse de Rasiguères*.

c) La plaine de Tautavel, à l'image de la plaine de Tuchan, possède sans doute le même système de trois terrasses. Toutefois, E.M. Laaraich y avait reconnu une très haute terrasse appartenant à un Pléistocène ancien.

c.1 - La basse terrasse d'Estagel (**I-1**) y constitue le plus bas niveau. Elle est assez peu visible sur la rive gauche, car souvent recouverte par des cônes de déjection et des éboulis récents. Elle dessine cependant un replat structural sur la rive droite, le long du Verdouble des gorges des Gouleyrous au pont du village.

➢ Une coupe existe en rive gauche à la prise d'eau du canal d'irrigation des huertas du village et le long du ruisseau de Vingrau (document 4.18). Le matériel est peu différent du profil lithologique du lit mineur. Ce sont surtout des schistes - les plus abondants - et des calcaires mésozoïques.

➢ Ce dépôt n'offre aucune trace d'altération ni d'encroûtement, et il ressemble fortement à la basse terrasse observée plus en aval au Mas de l'Alzine, ou aux alluvions anciennes du Rec del Fenouil. À notre avis, G. Clauzon la nomma avec justesse **Fy.a** comme la basse terrasse d'Estagel.

c.2 - La basse terrasse de Rivesaltes (**I-2**) constitue le niveau topographique médian». Sur les deux rives du Verdouble, directement au-dessus de la terrasse I.1, elle est découpée en lambeaux, en partie couverts d'éboulis cryoclastiques.

➢ On peut le voir sur d'assez bonnes coupes le long du chemin qui mène aux gorges des Gouleyrous. Le matériel reste essentiellement constitué de galets calcaires, paraissant, à priori, peu indurés. Ce n'est qu'une impression, j'ai moi-même, en août 1993, participé au prélèvement d'un échantillon destiné à une datation par paléomagnétisme : la terrasse n'est certes pas encroûtée à coeur, mais il y existe des niveaux passablement résistants.

➢ C'est aussi sur cette terrasse que sont édifiés, de part et d'autre du Verdouble, la rue principale du village et le Centre de Vacances de Torre Del Far, où de belles coupes peuvent être observées.

En attendant les résultats des datations, on peut se référer à G. Clauzon qui la nomma **Fy.a**, et raccorder ce niveau à la *basse terrasse de Toulouges*, soit sur l'Agly la *Crest de Rivesaltes* **I.2**.

c.3 - La moyenne terrasse de Planèzes (**II-3**) dessine des lambeaux sur tout le pourtour de la plaine, mais ils sont en grande partie recouverts par des éboulis de calcaires issus de la Dévèze ou des écailles de Vingrau.

➢ Ces lambeaux existent sur la rive gauche, à l'entrée du village en venant de Vingrau, mais ils prennent toute leur extension sur la rive droite, vers les gorges des Gouleyrous (document 4.19). Ils constituent une belle surface structurale au-dessus du village de vacance et sous le lotissement (10 m NGF).

➢ Sur la rive gauche, les travaux du musée ont mis au jour un matériau constitué surtout de galets calcaires, de schistes et de quartzite, fortement induré. Cet encroûtement est plusieurs fois recoupé par la route à l'approche des Gouleyrous.

➢ L'estimation de G. Clauzon les raccorda à **Fx.b** c'est-à-dire à la moyenne terrasse de la Butte du Four. Cette remarque est séduisante car elle rattache les hauts niveaux des fossés au système des moyennes terrasses des fleuves côtiers. Le matériel est très différent, mais là où cette terrasse affleure, sa surface a évolué en un sol fersialitique, comme à la Butte du Four, ou comme à Rasiguères. Faute de datation absolue, mais suivant une relation topographique, nous l'avons rattachée au plus haut niveau du bassin de Tuchan et au niveau intermédiaire des gorges du Fenouillèdes.

Document 4.19 – La moyenne terrasse II.3 très indurée dans la plaine de Tautavel

Pour les préhistoriens du C.E.R.P.T, cette terrasse serait contemporaine du complexe stratigraphique moyen de la Caune de l'Arago, celui qui livra des restes humains : Pléistocène moyen, stade isotopique 12.

c.4 - Les hautes terrasses du Musée (**III-1**) *et de la Plaça de l'Era* (**III-2** ?) sont apparues lors des travaux de construction du musée de la préhistoire. Ces lambeaux, décrits avec force de détails par E.M. Laaraich à la Plaça de l'Era, sont situés à 30 m au-dessus du thalweg du Verdouble. Ils ne peuvent appartenir à l'ensemble précédent, mais une telle dénivellation est dans l'ordre de grandeur des altitudes relatives du haut niveau de la Balmière dans les gorges du Fenouillèdes : 50 m à Roquo Roujo et 17 m à la Balmière. Aussi avons-nous cru bon d'assimiler les terrasses du musée et la place de l'Era, aux hautes terrasses de l'Agly.

Surtout, E.M. Larraich y fit, avec nous, des prélèvements en août 1993, lesquels, par la datation au paléomagnétisme, ont donné une ancienneté moyenne de 930 000 B.P. : événement de Jaramillo dans la période de Matuyama, stade isotopique 23, Pléistocène inférieur.

Document 4.20 – Haute terrasse III.2 place de l'Era à Tautavel

Il est, bien entendu, hors de question de faire la relation, mais ce sont sans doute les âges des terrasses de *Mas Ferréol* (**T.5** selon M. Calvet et **Fw** selon G. Clauzon) et de la *Butte du Four* (**T.3** selon M. Calvet et **Fx** selon G. Clauzon).

2°) Les terrasses du ruisseau de Maury : ce cours d'eau occupe la partie orientale du synclinal de Saint-Paul-de-Fenouillet, inscrit dans les marnes et les schistes de l'Albien. Sans l'amphithéâtre de calcaires urgoniens, le matériel des terrasses serait essentiellement schisteux, ce qui le différencie fortement des deux bassins précédents. À la suite de G. Clauzon , nous avons retrouvé un système de trois terrasses fort bien élaborées, qu'on ne peut pas ne pas comparer à celles du Verdouble.

a) La moyenne terrasse de Planèzes (**II-3**) constitue le plus haut niveau qui existe sur les deux rives, en aval de Maury. Sur la rive gauche, elle se divise en trois lambeaux, au sud du Mas Amiel, aux parcelles l'Arquéjayre et Plan de Pounse (113 m NGF, mais 15 m d'altitude relative). Sur la rive gauche, elle dessine un admirable replat structural au-dessus de Mas Camps, le long de la route d'Estagel à Maury. Plus en amont, elle est recouverte par des éboulis calcaires, mais des entailles la révèlent en coupes entre le cône de la Mourane et Maury. Enfin, elle est encore visible sur la rive gauche, très en amont de Maury, aux Planes de la Massette (190 m NGF). Le matériel est essentiellement calcaire et schisteux, et apparaît plusieurs fois en coupes.

➢ Le long de la route d'Estagel à Maury, en quittant l'auberge de Mas Camps en direction Maury, la terrasse est à droite, au sommet de la côte. La coupe est endommagée, mais épaisse de 2 m ; son matériel, schisteux et calcaire, est centimétrique et sans trace d'encroûtement. 1 500 m après la coupe précédente en continuant vers Maury, un éboulis, ou cône de déjection, recouvre cette terrasse fortement érodée.

➢ Une autre coupe difficile d'accès se tient au débouché de la Mourane. Des galets schisteux et calcaires centimétriques sont emballés dans une matrice très rubéfiée (mais probablement issue de la dissolution des calcaires), associée à de l'éboulis ou tout simplement entaillée par un cône de déjection.

Document 4.21 – La terrasse II.3 sur le Maury

➢ Enfin, entre l'embouchure de la Mourane et Maury, sur la rive gauche, le long de la D.117, les besoins de la viticulture ont ouvert des terrasses de culture dont la cicatrice donne de belles coupes dans le versant sur près de 200 m. De haut en bas on observe, sur près de 6 m de hauteur:

+ L'éboulis et le cône de déjection en aval de bassins de réception taillés dans la falaise calcaire.
+ La terrasse aux galets centimétriques de schiste et de calcaire.
+ Parfois les schistes en place (à l'est en particulier du fait du ravinement récent).

Ces descriptions diffèrent peu de celles des hauts niveaux de Tuchan et de Tautavel. G. Clauzon la nomma **Fx.b**, ce qui la raccorde à la moyenne terrasse de la Butte du Four sur la Têt ou de Rasiguères sur l'Agly. C'est très séduisant, car cette terrasse appartiendrait à l'ensemble des moyennes terrasses de l'Agly avec lesquelles il n'y a pas de solution de continuité, rajeunissant les autres au niveau des basses terrasses.

b) La basse terrasse de Rivesaltes (**I-2**) se situe légèrement en contrebas de la moyenne terrasse. Très développée, on la rencontre des Planes de la Massette à la confluence avec l'Agly. Entaillée par les cônes de déjection, elle donne de belles coupes le long d'une petite route, à la Plane, sur la rive gauche, entre le ruisseau et la voie ferrée, à mi-chemin entre Maury et le Mas Amiel. En amont de Maury, elle ourle directement le lit mineur.

➢ Sortir de Maury vers Quillan, à 1 km tourner à gauche vers Petaillat, le chemin passe à gué. La vallée entaille les schistes qui sont couronnés par des galets calcaires et schisteux centimétriques sans trace d'altération.

➢ Au Mas Bosio et au Mas Pagnon, sur la rive gauche du Maury, avant d'arriver au pont sur le ruisseau en venant de Maury, G. Clauzon a décrit sur la feuille Rivesaltes, en 1994, une moyenne terrasse entre une haute terrasse et la basse terrasse. Elle se marque parfaitement dans le paysage.

➢ Des moyennes terrasses de la rive droite, se diriger vers Maury et prendre la première route à droite, elle traverse le Maury par un pont (rare en ces lieux). Sur l'autre rive, tourner à droite, le chemin remonte vers le haut niveau de la rive gauche et ses coupes. Le matériel calcaire et schisteux est plutôt centimétrique, et, il est vrai, parfois induré.

➢ Près du radier du chemin menant au Mas Amiel, située au-dessus du plus bas niveau, cette terrasse s'observe bien car elle apparaît de couleur plus claire, du fait des produits qui l'ont indurée.

➢ Au Pla de Los Ponses, ruisseau de la Dévèze, affluent rive gauche du Maury à Mas Camps, la coupe est au nord du Pont, sur le Rec de la Dévèze. Elle donnerait deux niveaux : au sommet, le cailloutis non classé et non-roulé d'un cône de déjection, et, à la base, des galets typiques du Maury, centimétriques, avec traces d'indurations.

G. Clauzon nomma ce niveau **Fy.a**, ce qui le raccorde aussi aux terrasses de la Têt, à la *basse terrasse de Toulouges* en l'occurrence, c'est-à-dire à la *basse terrasse de la Crest de Rivesaltes*. Il est vrai que malgré les indurations, peut-être dues à la dissolution des calcaires, les niveaux apparaissent assez peu altérés ce qui serait un garant de jeunesse.

c - La basse terrasse d'Estagel (**I-1**) se tient assez fortement en contrebas, et elle repose directement sur les schistes albiens. Elle apparaît assez rarement car elle est, apparemment, entaillée par les cônes de déjection issus des collines du pourtour, et elle se développe seulement à l'aval de Maury. C'est pourquoi on la rencontre surtout sur la rive gauche, là où les crues entretiennent de belles coupes aux abords des radiers, par exemple près du gué situé à mi-chemin entre Maury et Mas Camps.

➢ Le chemin y recoupe longuement ce niveau, et, sur les schistes, à 4-5 m au-dessus du lit mineur, on observe 2 m d'alluvions calcaires et schisteuses bien roulées, centimétriques et décimétriques, sans aucune trace d'induration ni d'altération.

➢ Cette description nous ramène à celle de la basse terrasse de l'Agly et du Verdouble. G. Clauzon la classe **Fy.b**, c'est-à-dire raccordée à la basse terrasse d'Ille-sur-Têt ou la basse terrasse d'Estagel, ce que nous avions subodoré pour les plus basses terrasses de l'Agly et du Verdouble.

Pour ce qui concerne ces terrasses du ruisseau de Maury, elles peuvent être raccordées à celles des plaines de Tuchan et de Tautavel. Nous retrouvons une répartition séduisante en accord avec celle des niveaux des fleuves côtiers, et en particulier sur l'Agly, c'est-à-dire la basse terrasse tardiglaciaire d'Estagel, la basse terrasse de la Crest de Rivesaltes et la moyenne terrasse de Planèzes.

Document 4.22 – Basse terrasse I.1 au Mas Amiel et à Maury

3°) Les terrasses de la Boulzane : ce cours d'eau occupe la moitié occidentale du synclinal de Saint-Paul-de-Fenouillet. L'environnement géologique reste donc comparable à celui du Maury, et dans les alluvions, les schistes et les calcaires seront très abondants. Par contre, malgré toutes nos investigations nous n'avons relevé qu'un système de deux terrasses.

a) Un haut niveau existe dans une vigne au camping de Castel Fizel, sur la rive droite, au-dessus du pont de Rec Negre près de la D.117 et de la voie ferrée. Il dessine un vaste replat structural recouvert de galets de schistes et de calcaires, très moyennement altérés. Nous pensons avoir affaire à la réplique de la plus haute des basses terrasses du ruisseau de Maury, vers 235-230 m. Mais cette terrasse n'est qu'à 25 m au-dessus du lit mineur, à cette distance de la mer, c'est une basse terrasse qui serait, par assimilation, la basse terrasse de la Crest de Rivesaltes.

➢ En avril 2000, ce niveau a été repéré et cartographié à plusieurs reprises le long de la voie ferrée entre Caudies et Lapradelle

➢ Très en amont à Lapradelle (D.117) sur le replat correspondant au site du hameau de Lavagnac, les maisons sont construites en gros galets qui pourraient provenir d'une terrasse semblable, à peu près à 30 m au-dessus du lit mineur.

b - Le bas niveau constitue au contraire un ensemble continu sur les deux rives, quand il n'est pas entaillé ou recouvert par les cônes de déjection et les éboulis.

➢ À Caudies de Fenouillèdes, gagner la rive droite de la Boulzane. Il n'y a pas de coupe, mais dans les vignes, on reconnaît bien les mêmes galets que sur la basse terrasse du Maury. Cette terrasse est continue jusqu'à Saint-Paul-de-Fenouillet.

➢ À la sortie de Caudies, vers Lapradelle, au passage à niveau sur la D.117, des galets centimétriques peu altérés apparaissent parfaitement dans la vigne.

➢ À Lapradelle, de part et d'autre du viaduc, au hameau de Lavagnac, de médiocres coupes permettent cependant d'observer un dépôt récent à galets centimétriques et décimétriques : schistes, calcaires, et en particulier de ces galets de schistes de la forêt de Boucheville que l'homme de Tautavel utilisa pour la confection de ses bifaces.

➢ Enfin, la plaine en amont du village de Puylaurens est couverte d'éboulis, mais des galets apparaissent par endroits, il est possible qu'ils recouvrent une terrasse.

Faute d'éléments de datation, nous avons assimilé cette basse terrasse à ses homologues du Verdouble, du Maury et de l'Agly, soit la *basse terrasse d'Estagel* **I-1**. Ce qui nous permet de résumer comme suit la répartition des terrasses de l'Agly (document 4.23) soit un ensemble tout de même simplifié par rapport à la Têt.

			Têt	Agly et Desix	Verdouble	Maury	Boulzane
Alluvions actuelles	O	0	Lit mineur/majeur	Lit mineur/majeur	Lit mineur/majeur	Lit mineur/majeur	Lit mineur/majeur
Basses terrasses	I I	1 2	Ille sur Têt Toulouges	Estagel Rivesaltes	Estagel Rivesaltes	Estagel Rivesaltes	Estagel Rivesaltes
Moyennes Terrasses	II II II	1 2 3	Pia La Llabanère Butte du Four	Pia (aval) La Llabanère (aval) Butte du Four (aval)	Planèzes	Planèzes	Planèzes
Hautes terrasses	III III III	1 2 3	Plan d'en Bourgat Mas Ferréol Mata Roudoune	Plan d'en Bourgat Mas Ferréol	Le Musée Place de l'Era		

Document 4.23 - Répartition des terrasses sur l'Agly et ses affluents

Les quatre cours d'eau (plutôt que fleuves) du Roussillon auraient ainsi construit le même système de terrasses : deux hauts niveaux très anciens, un niveau moyen et deux bas niveaux. L'absence des plus hauts niveaux dans le bassin de Tuchan, sur le Verdouble, et le long du Maury et de la Boulzane, ne signifie pas qu'ils n'ont pas existé. Ils ont pu être effacés, ils peuvent être ensevelis sous les éboulis, qui ici sont fort nombreux et très épais, mais en toute honnêteté, ils ont pu aussi nous échapper.

Au final, ces cours d'eau constituent des réseaux hydrographiques, voisins, ayant subi les mêmes conditions paléoclimatiques, et les mêmes soubresauts tectoniques pyrénéens ; il est donc très logique d'y reconnaître les mêmes formations, et les mêmes étagements.

Toutefois, la modélisation du rôle de la néotectonique, au travers de la décomposition des profils longitudinaux des thalwegs des cours d'eau et de leurs systèmes de terrasses, apportera, ci-dessous, un certain nombre de nuances, permettant de mieux comprendre la conservation, ou la destruction des plus anciennes terrasses, notamment sur les réseaux du Têt et de l'Agly.

Mais, auparavant, afin d'être logique dans notre cartographie, il faut évoquer les formations torrentielles typiques, celles des cônes de déjection. En effet, ils évoquent à la fois la brutalité des variations météorologiques saisonnières, la variabilité climatique quaternaire, et peut-être l'ampleur des derniers mouvements tectoniques.

5 - Les autres formations quaternaires

Le Quaternaire n'a pas produit que des alluvions fluviatiles. Au cours des transgressions consécutives à l'occurrence de tout nouvel interglaciaire, des sédiments marins se sont, à chaque fois, déposés sur les littoraux, découverts par la régression précédente. Les apports des interglaciaires antérieurs au dernier ont été, soit arrachés, soit ensevelis sous les alluvions d'origine continentale. À l'inverse, les produits de la transgression flandrienne sont transgressifs sur les plus basses terrasses, et la topographie passe des alluvions continentales aux sédiments marins, sans solution de continuité, dans la Salanque. Au cours de l'Holocène, les apports continentaux des cours d'eau sont entrés en relation avec la Méditerranée, constituant des deltas à l'aval de l'Agly et de la Têt, où ils eurent tendance à être coalescents, et du Tech.

Surtout, le régime pluvial reste aujourd'hui très marqué par le climat méditerranéen, et les crues consécutives aux averses cévenoles conservent encore à ce jour une très forte compétence, comme l'ont montré les dépôts de boues, de sables de graviers, de galets, voire de blocs, apportés dans les villages, par les crues cataclysmales de 1940 et de 1999, par exemple. Cette dynamique fluviale holocène contribua, en 10 000 ans, à déposer des quantités considérables d'alluvions de toute taille dans la Méditerranée, entre le delta du Rhône et les Albères.

Or, la Méditerranée est sans marée, et les courants marins qui reprenaient ses apports continentaux, les ont redéposés sur un estran, ici réduit à un liseré. C'est à l'origine d'un long cordon littoral, parfois surmonté par une dune, à peine interrompu par des passes ou graus, et qui retient un grand nombre d'étangs, dont, en Roussillon, ceux de la Palme, de Salses-Leucate et de Canet-Saint-Nazaire.

Mais le Quaternaire a aussi laissé d'autres dépôts continentaux. Les plus importants sont les éboulis, issus des contrastes diurnes et/ou saisonniers, entre le gel et le dégel. Ils empâtent systématiquement le pied des falaises des calcaires urgoniens. Les sources ont déposé, et déposent encore, des tufs à l'issue des émergences en milieu calcaire. Ces processus sont très fréquents dans le bassin de l'Agly et du Verdouble.

Enfin, et c'est peut-être le plus important pour le passé quaternaire des Pyrénées-Orientales, l'écoulement purement torrentiel (ou nivo-torrentiel), c'est-à-dire totalement intermittent et cataclysmal, a raviné le haut des versants pour déposer d'importants cônes de déjection à la rupture de pente avec les plaines et les fonds de vallées.

Ils ont été construits au cours de chaque optimum glaciaire, car c'est à ce moment que la gélifraction fournissait le maximum de débris. Leur plus grand développement est lié à l'énergie du relief, et les plus majestueux ornent le versant septentrional des Albères et des Aspres.

5.1 - Les cônes torrentiels

Des Albères, des Aspres, des Corbières, dévalent des cônes de déjection venant le plus souvent se souder aux terrasses, mais qui parfois aussi les entament. Probablement sont-ils polygéniques, et se sont-ils constitués à toutes les époques. Mais M. Calvet, dans sa thèse, et G. Clauzon , sur les feuilles Perpignan et Rivesaltes, n'en n'ont pas relevés d'antérieurs au Pléistocène supérieur.

Les cônes anciens participent au système de terrasses **T.2** pour M. Calvet, ou **Fx.b** pour G. Clauzon et sont notés **Jx.b**, ce qui sur la Têt les relie à la terrasse de Toulouges. Les cônes médians participent aux terrasses **T.1** ou **Fy**, et ont été notés **Jy** par G. Clauzon . Les cônes récents entaillent les terrasses et participent au système d'érosion-accumulation actuel ou tout au moins d'un holocène ancien.

Les plus développés descendent des Albères et se rencontrent donc dans la vallée du Tech. Aussi commencerons-nous par cette vallée, et, dans la continuité de la typologie des terrasses, nous donnerons un terme éponyme.

5.1.1 - Les cônes torrentiels du Tech

Ils participent aux trois générations, mais dans des domaines géographiques très différents, avec une prédominance écrasante du versant nord des Albères, en ombrée, là où les contrastes thermiques saisonniers devaient être les plus violents. En cet endroit, M. Calvet a depuis longtemps (1986-1995) démontré l'existence des deux premières générations.

1°) Le cône de Sorède (**I'-2**) doit son nom au village juché sur l'un d'eux. Il participe à la plus ancienne génération et se divise en deux grands ensembles : l'un situé entre Montesquieu et la mer, et l'autre entre Céret et Maureillas.

a - Entre Montesquieu et la mer, ces cônes furent recouverts par les alluvions de la terrasse de Saint-Jean-Pla-de-Corts et celles, actuelles, du lit majeur. Ceci explique l'absence de solution de continuité topographique avec les terrasses, en dehors d'un délicat examen des sols.

Cinq ensembles de cônes peuvent être isolés. Ils sont nets aux débouchés du ruisseau de Saint-Christophe à Montesquieu, du ruisseau du ravin de l'Hort del Fourou, du ruisseau de Villelongue à Villelongue dels Monts, de la rivière de Laroque et du Corec d'en Chabri à Laroque des Albères.

Document 5.1 – Etagements des cônes I'.1 et I'.2, à Sorède (la route repose sur le cône I'.2)

➢ À Sorède, au débouché de la rivière de Sorède, le Plateau de la Gabarre haute s'étend en éventail, au nord de Sorède et de Laroque des Albères. Gabarre haute est le nom du cône ancien, il est limité par deux ravins : la rivière de Sorède à l'est, et le Corec d'en Chabri à l'ouest.

➢ Les plus orientaux sont au débouché de nombreux ravins, vers le château de Valmy au sud d'Argelès-sur-Mer. Assez minces - de l'ordre du mètre - ces cônes sont surtout marqués par un assez fort degré d'altération (comme la terrasse de Maureillas à laquelle ils se rattachent).

➢ Au carrefour de la D.11 avec la D.618 à l'ouest de Saint-André, on dispose de quatre coupes encore acceptables dans ce cône : les galets de gneiss et de granit y sont répartis sans ordre, avec un très modeste émoussé, mais dans un état d'altération assez avancé.

b - Entre Céret et Maureillas, ces cônes se répartissent au moins en quatre ensembles : aux débouchés de nombreux ravins situés en amont de Céret, du ravin de Nogarède, des ravins de Paloll et de Calce (entre Céret et Maureillas) et de la rivière de Maureillas, à Maureillas las Illas. Ici le raccord se fait avec la terrasse du même âge, terrasse de Maureillas, aux Timonéres, le long de la D.13, contact utilisé par un canal d'irrigation. Mais en général, les contacts ont été nivelés.

Toutefois, ces cônes restent importants dans le paysage, donnant des glacis topographiques, solutions de continuité entre la vallée et la terrasse, et où s'accrochent les villages et les plantations d'arbres fruitiers.

***2°) Le cône d'Argelès* (I'-1)** appartient à l'ensemble médian (T.1 pour M. Calvet), il ravine le précédent et Sorède s'y trouve entièrement construite.

➢ Quitter Argelès-sur-Mer par la D.2, vers Sorède jusqu'aux Amandiers ou Mas Paret. De Mas Paret, par une route se dirigeant vers le nord, on suit la pente du glacis. Surtout, elle délimite, par un talus de 2-3 m de dénivellation, le cône médian à l'est du cône ancien à l'ouest, le cône médian ravinant le cône ancien et se tenant en net contrebas. Ce cône récent s'étale en éventail vers le nord-est, et constitue le cône éponyme d'Argelès, pour s'ennoyer sous la Salanque. Le matériau qui le constitue n'est guère nuancé : blocs de gneiss, de granits, mal roulés, mais ici peu altérés.

➢ Le Ravin del Mas d'en Rancoure est recoupé par la D.2 à l'entrée de Sorède, en venant de l'est. Ce Ravin del Mas d'en Rancoure sert de limite entre le cône ancien à l'est et le cône médian à l'ouest. Ce dernier est d'ailleurs mal défini ; inséré entre deux cônes anciens, il fait plutôt figure de lit d'une rivière torrentielle comme nous le verrons en Conflent. Un autre alluvionnement semblable existe en contrebas du cône ancien, dans le prolongement de la rivière de Laroque et du Corec d'en Chabri.

➢ Enfin, au débouché du Ruisseau de Villelongue, et traversée par la D.618, à l'ouest de Saint-Genis, la topographie montre un très beau cône en éventail, indubitablement inscrit en contrebas des cônes anciens et surtout venant s'étaler sur la terrasse de Saint-Jean-Pla-de-Corts.

M. Calvet signale ce type de cône en contrebas des cônes anciens de Maureillas.

3°) Le cône holocène du Boulou (**O'.0**) s'observe très bien sur la rive gauche du Tech. Il est en fait situé entre le Boulou et Saint-Jean-Pla-de-Corts. Deux lobes en éventail, issus des Aspres, ont raviné la terrasse de Saint-Jean-Pla-de-Corts à cet endroit. Le matériel cristallin et métamorphique est très peu roulé et ne comporte aucune trace d'altération.

➢ Il semble que ce type de cône holocène se retrouve en contrebas du château de Valmy à Argelès. Très en amont, le cône ancien apparaît sous la forme d'un glacis topographique, entre la terrasse et le château. On le retrouve au sud de la N.114, entre Mas Blanque et Limbeny. La présence de galets éolisés confirmerait l'âge ancienMais au-dessus du cimetière d'Argelès, on découvre un dépôt de galets très peu altérés, qui justifierait l'existence d'un cône plus récent.

➢ Plus à l'ouest, on le retrouve entre Mas Blanque et Limbeny, le long de la N.114 : ce sont des galets sains de gneiss, de granit et de schiste. Dans un premier temps, on a cru y voir une terrasse récente, mais il est à peu près certain que ce ne sont que les alluvions holocènes abandonnées sous forme de cône par la Massane, laquelle se déporte peu à peu vers le nord, et mord sur le cône du Pléistocène supérieur qui la surplombe à l'ouest.

Dans la haute vallée du Tech, ces formes de déjections récentes, ravinant la plus basse terrasse, sont fréquentes au débouché des vallées issues de la montagne ; notamment au débouché du Riuferrer au terrain de camping d'Arles-sur-Tech. Il devient enfin possible de tenter d'établir une relation entre les terrasses de la Têt et du Tech, et les cônes torrentiels (document 5.2).

		Têt	Tech	Cônes du tech
Alluvions actuelles	**O 0**	Lit mineur/majeur	Lit mineur/majeur	**Le Boulou**
Basses terrasses	**I 1**	Ille sur Têt	Saint-Jean Plat-de-Cors	**Argelès**
	I 2	Toulouges	Maureillas	**Sorède**
Moyennes terrasses	**II 1**	Pia		
	II 2	La Llabanère	Mas Santrailles	
	II 3	Butte du Four		
Hautes terrasses	**III 1**	Plan d'en Bourgat	Banyuls dels Aspres	
	III 2	Mas Ferréol	Pla del Rey	
	III 3	Mata Roudoune		

Document 5.2 - Corrélation entre les cônes du Tech et les systèmes de terrasses

5.1.2 - Les cônes torrentiels de l'Agly et de ses affluents

Ils sont très nombreux, et pour la plupart ils sont holocènes. Mais on trouve un certain nombre de dépôts plus anciens, marqués **Jy** ou **Jx** par G. Clauzon , sur les feuilles Perpignan et Rivesaltes.

1°) Le cône de la Plaine (**I'-3**) est situé dans le bassin du Maury, et c'est certainement le plus typique. Il doit son nom à un glacis topographique doucement incliné vers le sud-est entre le Mas Amiel et la colline oligocène de la Mola.

Nous sommes dans le prolongement du ruisseau du Trau, issu de la région du château de Quéribus, mais, la nappe en question est située, à son aval, à 15 m au-dessus du lit actuel du ruisseau. En surface, sur 50 cm d'épaisseur, les schistes albiens sont recouverts par un épandage de galets de calcaire mal roulés, mais très rubéfiés ; par contre, il n'y a pas de traces d'induration.

Cartographié par G. Clauzon sur la feuille Rivesaltes, cet épandage, classé **Jx.b**, a été étudié par Dumas en 1962, et se trouve rattaché au système de la haute terrasse du Maury, soit la *moyenne terrasse de Planèzes*. Cet épandage ancien se retrouve au Mas de la Dévèze plus au nord-est, et le long de la route de Paziols, au nord-ouest de Tautavel.

On le trouve aussi à Baixas (Feuille Rivesaltes). Vers Calce, tourner à gauche après le pont sur la Couma de Géo. Sur l'interfluve qui se situe au nord, en contrebas de la terrasse de Plan d'en Bourgat, on retrouve un alluvionnement semblable à celui de La Plaine : cailloutis calcaire non-roulé dans les vignes et trace d'induration dans la coupe le long de la route. Ce serait le plus ancien cône du Roussillon, plus ancien que les cônes issus des Albères (Pléistocène moyen ?), nous le rattachons à la terrasse de Planèzes.

2°) Le cône médian du Reboul **(I'-2)** reste le plus typique et le plus connu (pour ces stations préhistoriques notamment). Il dessine un glacis topographique qui vient se souder, sans solution de continuité, à la Crest de Rivesaltes.

On se rappellera la description qu'en donna G. Clauzon , sur la feuille Perpignan : *« Jy.1 : Cône de déjection du Reboul. À l'Ouest de l'autoroute A.9 et de la voie ferrée Narbonne-Cerbére, cette terrasse de l'Agly passe latéralement à des cônes torrentiels coalescents implantés aux débouchés des ravins qui entaillent le massif des Corbières méridionales. Le plus important de ces appareils est celui du Reboul, essentiellement développé sur la carte limitrophe Rivesaltes. Le matériel de ces cônes, issu des Corbières, est à prédominance carbonatée ; son émoussé est médiocre. Les encroûtements carbonatés sont omniprésents dans ces épandages de piémont qu'ils transforment en véritables brèches. La croissance de ces appareils s'est traduite par leur progradation sur la nappe de l'Agly. Ce dynamisme sédimentaire est sans doute à l'origine de l'implantation post-glaciaire du cours de l'Agly... »*

Les coupes que nous avons pu observer vont dans ce sens :

➢ Prendre le D.5 qui traverse la zone industrielle de Nord-Roussillon, et gagner le Pont Besombes, près du Mas Blou. Nous nous trouvons à la naissance du cône, et la coupe montre deux niveaux. Le cône de déjection du Reboul couronne le sommet avec 1 m maximum de cailloutis non-roulés dont des galets de quartzites remaniés de l'Oligocène des plateaux. En dessous, les dépôts mio-pliocènes dits brèche d'Espira de l'Agly, très rutilants, ne peuvent pas être confondus avec le cône.

➢ À l'Est du Mas Vespeil, dans la partie amont du Reboul, quand il sort des Corbières, on peut observer deux belles coupes dans un alluvionnement que G. Clauzon nomma **Fy.a** sur la feuille Rivesaltes de 1994. Une coupe septentrionale est située sur la rive gauche du Reboul, au nord de son croisement avec la route du Mas Vespeil. À notre avis, il s'agit plutôt d'un dépôt torrentiel. Par alternance, on observe des lentilles de galets et de sables argileux. Les galets sont sains, et la rubéfaction vient d'un apport des formations rutilantes oligocènes situées juste au-dessus. Une coupe méridionale se présente en deux niveaux. Au sommet, la disposition est la même que ci-dessus, mais dans 2 m de matériel non rubéfié, comme celui du cône plus en aval. À la base, on retrouve les formations très rubéfiées. On pourrait émettre l'hypothèse de deux cônes emboîtés.

➢ Le D.12 de Rivesaltes à Vingrau, recoupe le Reboul. Sur les berges, on voit, en coupe, des graviers et des galets centimétriques de calcaire et de schiste reposant sur les Brèches d'Espira.

➢ Enfin, sur la route d'Espira à Case de Pène par la rive gauche, au N.E. du lieu-dit Serrat de la Dévèze, on se tient à l'extrémité occidentale du cône de déjection du Reboul : la particularité est l'affleurement de niveaux fortement indurés en une brèche calcaire.

➢ G. Clauzon en a décrit d'autres éléments dans le synclinal de Saint-Paul-de-Fenouillet, en aval de Maury. L'un occupe le lit majeur actuel du ruisseau du Trau, en contrebas du cône de la Plaine, l'autre longe le Rec del Fenouil, où il est vrai que les alluvions de ce que nous avons décrit comme une terrasse, prennent l'allure d'un dépôt torrentiel.

➢ À Baixas, à l'ouest du cône ancien décrit ci-dessus, sur le même cours d'eau, un glacis-cône se tient topographiquement en contrebas. Le matériel est le même, mais dans un contexte de non-induration. G. Clauzon le rattache au cône du Reboul.

➢ Entre Case de Pène et Espira, par la rive gauche de l'Agly, G. Clauzon signala un lambeau de la basse terrasse de Rivesaltes au Mas Meric. À priori, les coupes montrent un ensemble calcaire, hétéromorphe et hétérométrique, et non-roulé, qui fait beaucoup plus penser au cône du Reboul qu'à une terrasse.

Tout cet ensemble appartiendrait au Pléistocène supérieur et M. Calvet lui donne le même âge que les plus anciens cônes des Albères ou cônes de Sorède. G. Clauzon n'a pas cartographié de cônes plus récents sur la feuille Rivesaltes, mais il nous a semblé en reconnaître dans la partie amont du bassin, les uns pouvant être raccordés à la terrasse d'Argelès, mais la plupart probablement holocènes.

3°) Le cône d'Espira de l'Agly **(I-1)** se développe entre Espira de l'Agly et Rivesaltes, avec au moins trois lobes en éventail presque parfait, et qui viennent mourir sur la terrasse d'Estagel, à partir des cols entre les collines de la Serrat de les Sedes.

➢ Il n'existe pas de coupes, mais en amont, sur le ravin dels Avents et son affluent la Couma de Goury, la même formation existe entre la haute terrasse de Mas Ferréol et la Serrat de les Sedes, en provenance de la région de Baixas. Il s'agit de la même génération de cônes de déjection : cailloutis calcaire non-roulé et peu altéré. Sa position par rapport à la terrasse d'Estagel nous le ferait rattacher à celle-ci, donc plus récent que le cône du Reboul et comparable au cône d'Argelès sur le Tech.

➢ À la confluence du Ruisseau de Maury et de l'Agly, en dessous du village de Montner, G. Clauzon a décrit un éboulis noté **GP.y** sur la feuille Rivesaltes : le Pla entre Estagel et La Tour de France. La topographie est un plan incliné vers l'Agly et le Maury. Ce glacis topographique remonte les vallées issues de la colline de Força Réal, notamment. Le matériel est typique d'un cône de déjection : graviers schisteux centimétriques très peu roulés dans une matrice argileuse brun-jaune ou rouge.

Comme cette topographie en glacis se soude à la terrasse d'Estagel, sans solution de continuité, nous la classons aussi d'un Pléistocène final ou du tardiglaciaire. Nous n'avons pu préciser si, en amont, des terrasses de ce type existent, car, pour la plupart, ce cône nous a semblé raviner la très basse terrasse.

4°) Le cône holocène du Mas Amiel **(O'-0)** serait un exemple très pédagogique de ces cônes récents. G. Clauzon y a également décrit de l'éboulis GP.y, mais nos observations nous conduisent à penser plutôt à un cône de déjection venu des rochers de Quéribus. Les vignes du Mas s'étendent sur une plaine en contrebas des moyennes terrasses, et le cône recoupe la plus basse terrasse. Cette plaine est constituée d'un cailloutis de schiste, et dessine un éventail à partir des vallons ouverts dans les collines schisteuses de l'amont. Vers la rivière, le cours actuel a entaillé cette plaine du mas Amiel dont on aperçoit alors le sous-bassement : un matériel schisteux anguleux, non trié, sans aucune trace d'altération, et plutôt typique d'un cône de déjection.

Nous avons relevé ce type de formations sur le Maury, l'Agly et la Boulzane. Sur le Maury au débouché de la Mourane, rive gauche, sous la ligne à haute tension, en bordure de la D.117, remonter vers les vignes : une coupe révèle des graviers de calcaire non-roulés, en lits bien ordonnés dans le sens de la pente, dont le caractère détritique ne fait aucun doute. Sur l'Agly, les exemples sont nombreux dans la traversée du massif du Fenouillèdes.

➢ Route de Maury à Latour-de-France, sur le D.9, après l'auberge de Mas Camps, vers Latour-de-France, au débouché de nombreux vallons issus de l'extrémité orientale du Fenouillèdes, les travaux routiers montrèrent des coupes dans un matériel constitué de graviers centimétriques non-roulés et sans altération.

➢ Entre la confluence de l'Agly et du Maury, et La Tour de France, à Roublais, les galets de la terrasse sont remaniés avec des cailloux calcaires non-roulés, par un cône de déjection, qui entaille la terrasse. Lors de l'observation, nous avions noté : cas très fréquent dans la vallée du Maury.

Nous avons fait les mêmes observations sur la Boulzane où des cônes récents recoupent la basse terrasse, en particulier au débouché des ravins situés au nord de Caudies de Fenouillèdes, comme sur le Verdouble, où ces cônes sont nombreux sur les marges des fossés de Tautavel et de Tuchan. En résumé, les cônes du bassin de l'Agly s'organisent ainsi par rapport aux terrasses (document 5.3).

		Têt	**Agly-Desix**	**Cônes de l'Agly**
Alluvions actuelles	**O 0**	Lit mineur/majeur	Lit mineur/majeur	**Mas Amiel**
Basses terrasses	**I 1**	Ille sur Têt	Estagel	**Espira de l'Agly**
	I 2	Toulouges	Rivesaltes	**Reboul**
Moyennes terrasses	**II 1**	Pia	Pia (aval)	
	II 2	La Llabanère	La Llabanère (aval)	**La Plaine**
	II 3	Butte du Four	Butte du Four (aval)	
Hautes terrasses	**III 1**	Plan d'en Bourgat	Plan d'en Bourgat	
	III 2	Mas Ferréol	Mas Ferréol	
	III 3	Mata Roudoune		

Document 5.3 - Corrélation entre les cônes torrentiels et les terrasses de l'Agly et de ses affluents.

5.1.3 - Les cônes fluvio-torrentiels de la Têt

À l'image de la répartition de ses terrasses, il faut diviser ce fleuve en deux sections, en amont et en aval du défilé de Rodès.

1°) Les cônes de la plaine du Roussillon : en aval de Rodès, bien des cônes plus anciens ou plus jeunes existent, mais on rencontre surtout des cônes du type de ceux de Sorède sur le Tech ou du Reboul sur l'Agly.

a - Les Cônes de Corbère (**I'-2**) occupent les débouchés des vallons issus des Aspres. P. Birot décrivit le premier ces formations qui viennent, pour la plupart, s'étaler sans solution de continuité sur la basse terrasse de Toulouges. Dans sa thèse, M. Calvet en a fait une brève et précise description que nous rappellerons : « *Au pied nord des Aspres, toute une batterie de cônes vient se fondre dans le plan **T.2**. Mais ces formes sont nécessairement polygéniques et leur construction a pu se poursuivre dans certains cas jusqu'à l'actuel : les cônes situés à l'Est de Corbère, ceux de Corbère et de Corbére-les-Cabannes, ne sont pas disséqués; la vaste unité du Castelnou l'est à l'amont mais non à l'aval où le lit du torrent a certainement divagué tout au long des temps historiques et étalé des alluvions schisteuses grises d'aspect très frais. Le même problème se pose pour le Gimmeneil et le Boulés, qui coulent sur la terrasse*

*T.1 de la TET et l'ont nécessairement remaniée jusqu'à l'Actuel. Cependant, lorsqu'il y a des coupes, comme à l'amont du Gimmeneil et du Castelnou en rive gauche, il apparaît vite que l'essentiel du cône est fait de matériel ancien, souvent bien rubéfié, enrichi en quartz patinés en surface et assimilable à **T.2**.* »

Nous avons personnellement visité quelques sites.

➢ Quitter Millas vers Corbère les Cabannes, par le D 46, à Corbère les Cabannes tourner à gauche vers Thuir. Suivre le D.615 jusqu'au D.58 ou au V.O. suivant. La vallée du Castelnou est entaillée dans le cône de déjection. À partir des deux routes, de nombreuses carrières ont été exploitées dans un matériel graveleux centimétrique, bien lité et incontestablement issu d'un cône de déjection. Le cours d'eau actuel a fortement entaillé ce cône, lequel apparaît épais et parfois consolidé et rubéfié, ce qui corrobore les descriptions de M. Calvet.

➢ Nous avons observé et cartographié 16 de ces cônes entre Bouleternère et Llupia, mais comme c'est à Corbère que les principales coupes ont été décrites, nous nommerons Cônes de Corbère les cônes du Pléistocène supérieur de la vallée de la Têt.

b - Avec le cône de La Plaine **(II'-3)** nous reprenons un terme de la vallée du Maury, pour décrire les cônes très anciens, car nous ne les avons observés qu'en un seul endroit, tout proche de leur homologue de Baixas, sur l'Agly.

En effet, là où le ravin des Gourgues, affluent de la Têt à Saint-Estève, sort du massif de Força Réal, un cône, légèrement en éventail, se présente dans les vignes comme un cailloutis calcaire non-roulé.

c - Les cônes holocènes sont plus nombreux au débouché des vallons ayant franchi la terrasse de la Butte du Four, sur la rive gauche, à l'ouest de Pézilla-la-Rivière, et ils viennent souvent mourir sur la terrasse d'Ille-sur-Têt. Une belle coupe est visible plus en amont, au pied de la terrasse de Poc Calbeil, car la route qui descend des vignes y a été inscrite.

➢ À Néfiach, traverser la Têt par le pont submersible. Tourner à droite, devant le jardin public de Néfiach, vers le nord, on atteint le talus des terrasses. Le site est curieux ; sur la gauche, on rencontre les granits du socle, mais sur la droite, la route traverse un remblaiement réglé. Des galets centimétriques - quartz, schistes - sont parfaitement réglés à 45 degrés.

➢ La présence de galets et l'altitude feraient penser à une basse terrasse, mais la disposition laisse à croire à un cône de déjection développé à partir du Pliocène ou des terrasses plus anciennes. Il est vrai que ces dernières, situées juste au-dessus, sont fortement ravinées (document 5.4)

Document 5.4 – Cône holocène en contrebas de la haute terrasse de Poc Calbeil

Nous avons proposé Pézilla comme éponyme de ce cône sur la Têt.

*2°) **Les cônes du Conflent*** : en amont de Rodès, la situation est un peu plus compliquée. Nous retrouverions des cônes holocènes au débouché des vallons, mais le problème reste surtout l'interprétation de surfaces couvertes de cailloux, qui, issus du Canigou, se soudent aux terrasses de Prades et de Vinça. En amont de Vinça, vers Espira de Conflent et Estoher, vers Rigarda, Joch et Finestret, deux niveaux alluviaux étagés et à forte pente se raccordent sans solution de continuité topographique apparente avec les terrasses de Vinça et de Prades.

a - Le niveau de Vinça constitue l'interfluve situé en aval du village jusqu'à Joch. La topographie est très marquée, puisque nous passons de 306 m NGF à Joch à 260 m à Vinça sur 2 km seulement. Cette topographie est celle d'un lambeau allongé de 4 à 5 km de long sur 1 km de large jusqu'à Joch.

Ce n'est pas la topographie d'une terrasse, mais celle d'un cône torrentiel, comme ceux qui dévalent des Albères. L'absence de coupes n'a pas permis d'approfondir l'investigation ; cependant, dans les champs, les pierres apparaissent peu roulées. Ces dispositions se retrouvent ailleurs : dans la vallée de la Lentilla, on suit cette formation torrentielle jusqu'à Estoher. L'éponyme Vinça étant déjà utilisé pour une terrasse, nous avons appelé ce glacis *cône d'Estoher* **(I-2)**.

*b - Le cône de Rigarda **(I'-1)*** se trouve encaissé dans le précédent, et offre de belles coupes dans la vallée de la Lentilla.

➢ En aval de Finestret, à partir de la rive gauche de la Lentilla, on observe, sur la rive droite, un niveau au matériel décimétrique de roches cristallines très peu altérées, sur une épaisseur d'au moins trois mètres (d'où l'assimilation à Ille-sur-Têt). Ce matériau fait plus penser à un cône de déjection qu'à un écoulement fluviatile, et on pourrait avoir affaire à une terrasse fluvio-glaciaire remaniant de la moraine.

➢ Vers l'oratoire du village de Rigarda, on peut observer une très belle coupe non rubéfiée, dans un matériel indubitablement récent. Les galets de schistes prédominent avec un émoussé moyen et un tri assez aléatoire.

		Têt	Cônes en aval de Rodés	Cônes en amont de Rodès
Alluvions actuelles	O 0	Lit mineur/majeur	Pézilla	**Pézilla**
Basses terrasses	I 1	Ille sur Têt		**Rigarda**
	I 2	Toulouges	Corbère	**Estoher**
Moyennes terrasses	II 1	Pia		
	II 2	La Llabanère		
	II 3	Butte du Four	La Plaine	
Hautes terrasses	III 1	Plan d'en Bourgat		
	III 2	Mas Ferréol		
	III 3	Mata Roudoune		

Document 5.5 - Corrélations entre terrasses et cônes torrentiels sur la Têt.

Ce niveau de Rigarda remonte la plupart des vallées de la rive droite : Lentilla, Llech, et au-dessus de Prades, l'abbaye de Saint-Michel de Cuxa est construite sur ce matériel en situation non-inondable. Il y a donc une forte ressemblance avec les cônes des Albères, où le niveau d'Estoher, plus ancien, entre Rigarda, Joch et Vinça, domine le niveau de Rigarda, qui l'entaille en aval d'Estoher, et d'Espira de Conflent. Le cours de la Lentilla aurait ainsi pris le dessus sur la rivière de Rigarda, à la fin du Pléistocène supérieur.

Sur l'ensemble de la Têt, il existe donc une suite de cônes qui, à l'image des autres fleuves, s'associent aux plus récentes des terrasses (document 5.5). Toutefois, ces cônes ne présentent jamais un âge antérieur au Pléistocène moyen ; il est vrai que leur situation topographique rendait fortement précaire leur pérennité.

5.2 – Les formations lagunaires et marines

Pour être complet, nous avons établi une cartographie sommaire de ces formations qui appartiennent au Quaternaire.

Charles Depéret et Octave Mengel, sur les premières cartes au 1:80 000 de Perpignan et de Céret, publiées en 1907 et en 1911, avaient décrit simplement les formations suivantes : « *Une bande de dunes peu élevées borde le rivage de la plaine du Roussillon. En arrière s'accumulent des étangs saumâtres (étangs de Salses, de Saint-Nazaire, Aygual de Saint-Cyprien, étang d'Argelès* ». Pour ce qui concerne une description plus poussée, nous avons emprunté les résultats de la feuille Perpignan au 1:50 000 publiée en 1989 et la feuille Leucate publiée en 1984, où Aloisi, Got et Monaco ont analysé le domaine marin, et Martin-Buscail et Gade le domaine lagunaire.

On se doit de séparer les dépôts marins proprement dits des dépôts lagunaires et deltaïques.

1°) Les formations marines : tantôt réduites à l'état de lambeaux pour les plus anciennes, tantôt dessinant des séries continues, elles ont surtout été observées au nord de la Plaine du Roussillon, près de l'Etang de Leucate. Sur les cartes géologiques au 1 :50 000 de Leucate et de Perpignan, J.C. Aloisi, H. Got et A. Monaco y ont défini.

a - Une série continue de dépôts anciens : au Cap Romarin (Feuille Leucate) à 25 m au-dessus de la Méditerranée, un niveau de sables, de graviers et de coquilles est attribué au Paléotyrrhénien.

➢ Un niveau eutyrrhénien se tient à 5-15 m près de l'ancienne gendarmerie de Fitou et au nord du Fort de Salses. Ces dépôts sont indurés en grès riches en coquilles, reposant, sans solution de continuité, sur les calcaires secondaires eux-mêmes taraudés.

➢ Le cordon littoral néotyrrhénien de galets perforés par les lithophages et des coquilles n'a laissé que deux témoins au nord de la gare de Leucate et à la Chapelle-Notre-Dame, près de Leucate-Plage.

➢ Le cordon littoral flandrien constitue enfin des montilles de 2 m, selon un terme de la vallée de la Loire. Ces amoncellements de sables et de cailloutis siliceux, associés souvent à des vases, sont bien visibles, entre la colline de Leucate et Port-la-Nouvelle, d'une part (feuille Leucate), et en arrière du Barcarès sur la feuille Perpignan, d'autre part.

b - Les dépôts actuels ourlent le cordon littoral sous la forme de flèches de sables plus ou moins continues, précédées par la plage actuelle, et parfois couronnées par des formations dunaires, mal réalisées du fait de la taille des éléments. Ce dépôt constitue un Lido à peu près continu jusqu'à la retombée des Albères.

Ce lido serait régulièrement alimenté par les apports de l'Agly, de la Têt et du Tech, au cours des crues catastrophiques à l'échelle humaine, mais assez fréquentes géologiquement parlant, comme celle d'octobre 1940, dont Soutadé a publié la description à partir des minutes de Pardé.

2°) Les dépôts lagunaires sont constitués par les vases et les limons des étangs de Salses et de Canet, mais on les rencontre aussi en arrière du Lido - le Barcarès, Toreilles - à l'écart des embouchures des fleuves côtiers, où ils ont été siphonnés. Ce sont des vases silteuses qui se repèrent aux difficultés de l'écoulement, aux efflorescences salines et aux plantes halophiles qui y poussent.

3°) Les formations deltaïques sont de loin les plus complexes et Bourcart fut un des premiers à remarquer des différences entre les remplissages au débouché des différents fleuves côtiers.

a) Le remplissage des basses vallées de la Têt et du Tech marque la progression de la transgression flandrienne dans de vastes rias, d'où émergeaient des îles de Pliocène. La sédimentation y apparaît de type deltaïque : sables et limons riches en coquillages (huîtres et moules) sur une cinquantaine de mètres d'épaisseur. Il ne semble pas y avoir de travaux plus récents que ceux de Mars P. en 1958.

b) Le remplissage de la Plaine de la Salanque : un pli de fond constitué par deux synclinaux séparés par une ride anticlinale dans l'axe Calce, Pia, Sainte Marie et marqué par la présence de l'étang de Salses, attira l'Agly au nord et la Têt au sud. Dans la partie nord, les dépôts récents recouvrent directement les calcaires secondaires, mais ailleurs ils reposent sur les marnes bleues du Pliocène marin. On les répartit en deux ensembles.

➢ La base consiste en une assise de graviers et de sables incluant des lentilles de tourbes, que Monaco interprète comme le témoin d'une phase de régression. Surtout, on y repère assez aisément les apports des deux fleuves côtiers. L'anticlinal de Pia-Rivesaltes a favorisé la sélection des sédiments terrigènes, car c'est une limite sédimentologique entre les éléments venus de l'Agly - graviers de schistes albiens noirs et de calcaires secondaires, au nord - et ceux apportés par la Têt, où dominent des éléments cristallins et métamorphiques au Sud. Cette remarque est fondamentale dans la séparation entre ce qui appartient à chacun des deux fleuves.

➢ Les niveaux supérieurs holocènes sont formés de niveaux sableux jaunes et grossiers et de vases répartis comme suit. À l'ouest, les vases dominent, et nous sommes dans un milieu qui fut essentiellement lagunaire, mais, à l'est, on assiste à l'alternance de vases, de sables, d'argiles et de graviers. À la suite des travaux de Monaco sur les sédiments du large, on estime cette sédimentation pré-flandrienne dans un environnement laguno-marin, où une subsidence par saccades expliquerait l'alternance de sédiments fins et grossiers.

L'analyse pétrographique rend à chacun son rôle dans la sédimentation. Ainsi, en dehors de son embouchure, la Têt n'a pas modifié son cours depuis le Quaternaire moyen ; par contre, l'Agly a toujours été un fleuve divagant, et le Bourdigou ou le Ruisseau de Toreilles, en sont d'anciens tracés. C'est cette remarque qui nous a conduit à émettre une autre hypothèse.

Sur la carte géologique de Perpignan au 1:50 000, on a attribué ces niveaux supérieurs à l'Holocène, dans les sites des villages de Saint-Hippolyte, Saint-Laurent-de-la-Salanque, Claira, Toreilles, Villelongue de la Salanque et Sainte-Marie, dans un secteur qui fut entièrement recouvert par les eaux au cours de l'inondation d'octobre 1940. La toponymie indique cependant des créations anciennes, au moins médiévales ; or, il n'était pas habituel, chez les populations de cette époque, proches de la nature, de construire en zone inondable (même si ces inondations connaissaient une fréquence assez rare). Aussi, il nous semblerait judicieux de placer leur site sur des buttes pliocènes, peut-être couronnées d'alluvions. Ce serait aussi le cas de Théza, Toreilles, Corneilla-del-Vercol situés au sud des terrasses de Cabestany. Nous nous appuyons aussi sur le fait que des villages aussi anciens que ceux de Pia et Bompas au nord, tout comme Saleilles et Villeneuve-de-la-Raho au Sud, sont en position non-inondable sur la très basse terrasse.

Nous pensons que ces buttes sont soit des affleurements de terrasses fluviatiles anciennes, soit des lambeaux de cordons littoraux démantelés (du fait de leur alignement), soit des buttes à entablements de calcaires pliocènes (il en existe autour de Bages). En effet, l'abondance des vases au nord de la Salanque témoigne de l'ancienneté des milieux lagunaires, et de la confusion de la sédimentation dans la plaine entre les milieux continentaux, lagunaires et marins. Dans le doute nous les avons considérées comme des *terrasses probables*.

Conclusion des trois derniers chapitres

Cet essai typologique, accompagné d'une cartographie détaillée, avait pour objectif de fournir un outil aux jeunes chercheurs du Centre Européen de Recherches Préhistorique de Tautavel (CERPT), et aujourd'hui au Centre de Culture Scientifique Technique et Industrielle (CCSTI). On ne s'étonnera donc pas de trouver une cartographie détaillée qui se réduit aux niveaux dont l'altitude est en dessous de 400 m d'altitude, car il est peu probable que les humanités antérieures à Homo sapiens, très peu nombreuses, aient occupé les versants situés en montagne, même dans les étages collinéens, des périodes interglaciaires. Ce fut encore plus vrai pour les pléniglaciaires.

Cinq niveaux de terrasses se sont donc mis en place depuis le début du Quaternaire. Il est probable que la très haute terrasse III-2 (Mas Ferréol) remonte au début du Quaternaire, à cet étage villafranchien aujourd'hui tombé en désuétude. À l'inverse, les basses terrasses I-2 et I-1 relève du Pléistocène supérieur, voire tardiglaciaire. Mais, dans l'ensemble, les dates exprimées ne sont guère scientifiquement fondées et reposent surtout sur une estimation. Une des rares dates précises est celle mesurée par E.M. Laaraich sur la haute terrasse de l'Era (III-2) à Tautavel : stade isotopique 23, dans l'événement paléomagnétique de Jaramillo, soit 950 000 B.P.

Toutefois, un temps relativement long sépare les plus hauts niveaux des plus récents. Nous avons souligné que les cinq niveaux de paléoalluvionnements reconnus par tous semblent regroupés en trois ensembles en vertu de leur altération chimique (hydrolyse) et physique (éolisation), mais aussi de leurs altitudes absolues et relatives. Les très anciennes des hautes terrasses (III-2 et

III-1) sont étagées, mais topographiquement assez proches l'une de l'autre. Nous avons aussi souligné la proximité topographique des basses terrasses (I-2 et I-1) et leur éloignement du niveau précédent. Enfin, il n'existe généralement qu'un seul niveau de moyennes terrasses (II-2) qui ne se démultiplie que dans la basse vallée de la Têt, et en rive gauche seulement.

Nous devons, dés maintenant, évoquer une autre méthode quantitative, celle qui consiste à analyser les déformations des profils longitudinaux. Nous présenterons celle des thalwegs actuels, afin d'éliminer le rôle des seuils reliés à la présence d'une barre rocheuse ou d'un changement de faciès. Nous sommes donc allé au-delà de la logique d'une simple cartographie. Souvent, la relative abondance d'affleurement bien déterminés, l'altimétrie assez bonne de la carte au 1:25 000 de l'IGN, et l'utilisation d'un altimètre donnant une précision métrique, nous ont permis de réaliser des profils assez corrects de la répartition longitudinale des terrasses en parallèle avec les thalwegs auxquels elles sont associées.

On obtient alors un autre modèle : celui d'une répartition verticale, qui souligne l'ampleur des incisions, et le rôle d'éventuels mouvements tectoniques. C'est l'objectif des chapitres qui suivent.

Troisième partie
La géométrie des profils longitudinaux

À l'évidence, nous avions rencontré de nombreuses anomalies dans la répartition verticale des terrasses les plus anciennes. C'est de ces observations qu'est née l'idée d'une approche géométrique en reconstituant le profil longitudinal des paléoalluvionnements sur l'ensemble des fleuves du Roussillon. Nous avons, ci-dessus, émis l'hypothèse du rôle majeur des climats quaternaires dans l'incision des thalwegs, en soulignant que la brièveté des fluctuations ne permettait pas d'atteindre un équilibre, qui se trouvait remis en question à chaque glaciation. Mais le profil pouvait aussi être perturbé par la variation du faciès de la roche encaissante et par des mouvements tectoniques. La géologie n'a pas varié au cours du Quaternaire, les ruptures de pentes du thalweg actuel relèvent des mêmes causes géologiques au début de la période. Un premier travail porta donc sur la modélisation des thalwegs actuels.

La modélisation du profil longitudinal est une méthode assez originale de quantification car elle reprend à son compte une logique analytique utilisée dans le fonctionnement hydrologique des bassins versants quand les relevés morphométriques sont privilégiés. Nous sommes alors partis du concept que *toute terrasse fluviatile est un lit majeur fossilisé soit par la modification du niveau de base, soit par des mouvements tectoniques verticaux.*

Comme de nombreuses terrasses sont aussi en lambeaux et leur connexion est difficile du fait de leur éloignement, la modélisation a souvent permis d'en reconstituer les profils originaux et d'assurer une cartographie fiable. Mais les déformations néotectoniques se sont poursuivies tout au long du Quaternaire, perturbant chaque fois le profil des niveaux alluviaux. La reconstitution des profils longitudinaux fut un moyen, non seulement de détecter la position des niveaux, mais, surtout, de déterminer leur reconstituer leur topographie originelle.

Notre méthode s'appuie sur le concept du fonctionnement hydrodynamique des cours d'eau, de leurs réseaux hydrographiques et de leurs bassins versants. Le thalweg n'est alors que l'expression de l'énergie libérée par le liquide en mouvement et de la charge qui l'accompagne. Du fait de leur progression vers l'aval, liquide et charges associées perdent de l'énergie ; aussi la pente du thalweg se réduit-elle progressivement. Alors, sauf occurrence d'une crise de rhexistasie, d'un mouvement du niveau de base ou d'un mouvement tectonique, un profil d'équilibre s'établit du fait de l'égalité d'action entre l'érosion et l'alluvionnement. La charge apportée par chaque crue est répartie tout au long du cours aval, et elle y construit une plaine alluviale. Mais que survienne une rupture de cet équilibre et l'érosion peut l'emporter, l'incision provoque alors la transformation de ce lit majeur en terrasse. L'origine peut être une modification de la compétence de l'écoulement (terrasse climatique) ou un mouvement tectonique vertical (terrasses tectoniques).

Du point de vue de la dynamique fluviale, l'équilibre est atteint quand la puissance brute de l'écoulement est entièrement consommée par les frottements internes ou externes, et par le transport de la charge. Le solde, ou puissance nette, est alors nul, et, l'érosion et l'alluvionnement se compensent suivant les variations saisonnières du débit. En milieu géologiquement homogène, cet équilibre des frottements donne au lit mineur un profil qui, tracé en repères orthonormés, prend une allure hyperbolique que nous essayons d'exprimer mathématiquement.

Mais, avant d'effectuer cette recherche analytique sur le profil des terrasses, il était indispensable de bien cerner le profil des thalwegs actuels. En effet, le niveau de l'incision des cours d'eau aujourd'hui encore drainés, constitue la situation d'équilibre (souvent précaire) atteinte au cours de l'Holocène. Si cette incision est en équilibre avec l'alluvionnement, le profil longitudinal s'approchera d'une courbe d'allure parabolique. Mais c'est peu probable, car les variations de faciès n'ont pas été nivelées en 10 000 ans. Aussi, toute anomalie rencontrée le long des ces profils peut rendre compte du rôle que jouèrent les bancs de roches résistantes, indépendamment des mouvements tectoniques, tout au long du Pléistocène.

6 - La géométrie des profils des thalwegs

Par convention, le thalweg est le drain le plus long du réseau hydrographique qui donne son nom au bassin versant. En effet, il provient du chenal élémentaire le plus éloigné de l'embouchure et atteint celle-ci avec l'ordre le plus élevé dans la hiérarchie de Strahler.

Représenté en échelle arithmétique, le profil du cours d'eau, ainsi défini, est également, dans un même plan, l'enveloppe du profil de tous les chenaux. On peut alors comprendre pourquoi *« les morphologues de tradition davisienne »* nommaient cet ensemble s'inscrivant dans une courbe d'allure hyperbolique, le *« profil d'équilibre »*.

Toutefois, l'allure hyperbolique n'est atteinte que dans le cas d'une évolution très longue, qui, nous le savons, n'existe guère que sur les boucliers précambriens, ces cratons qui n'ont pratiquement pas connu de mouvements tectoniques depuis leur genèse, mais où les systèmes d'érosion sont restés identiques et constants depuis la même date.

À l'inverse, les cours d'eau aujourd'hui associés aux espaces soumis aux orogenèses hercyniennes et surtout alpines, n'ont guère eu le temps d'inciser leur lit aussi profondément, et leur profil relève d'une allure parabolique et/ou du graphe d'une fonction exponentielle régressive.

Cette remarque a fortement orienté la recherche d'un modèle.

6.1 – Quel est le modèle mathématique le plus propice ?

Nous sommes partie d'un postulat : il est concevable d'assimiler la pente du lit à celle de la ligne d'eau. C'est probablement faux en période de hautes eaux, quand le débit liquide et accompagné d'un débit solide. Mais, au cours d'un écoulement moyen et à fortiori au cours des étiages, l'assimilation est possible, car l'eau courante n'a qu'une modeste compétence au transport et les alluvions du fonds sont presque immobiles (peut-être en dehors de limons).

6.1.1 - Approche mathématique

Nous avons donc raisonné à partir des débits **Q** tel que …

(1) $$Q = v.S$$

… où **S** est la section mouillée du lit.

➢ Schumm, dans ses travaux, puis Léopold, sur la Yellowstone, ont démontré que la croissance du débit en direction de l'aval relevait d'une fonction exponentielle, ou d'une fonction du second degré, (progression géométrique).

➢ Or, dès le XVIIIe siècle, Chézy avait modélisé l'expression de la vitesse **v** en un point donné selon la formule…

(2) $$v = C.R^{1/2}.I^{1/2}$$

➢ On reconnaît à cette vitesse d'être une fonction de la racine carrée du *rayon hydraulique* **R**, tel que **R = S/P** où **P** est le *périmètre mouillé*, et de la racine carrée de *la pente de la ligne d'eau* **I. C** est un *coefficient de rugosité* dépendant de la nature des berges du fond et de la charge.

➢ De la relation **(1)**, on extrait la vitesse **"v" = Q.S^{-1}** que nous reportons dans la relation (2) …

$$Q.S^{-1} = C.R^{1/2}.I^{1/2} \text{ soit } Q = C.R^{1/2}.I^{1/2}.S$$

… ou :

(3) $$Q^2 = C2.R.I.S2$$

➢ Nous pouvons simplifier cette expression. La section mouillée **S** peut être ramenée à **S = H.L**, produit de l'*écartement des berges* **L** et de la *profondeur moyenne du lit* H, et la relation simplifiée ainsi s'écrirait:

(4) $$Q^2 = C^2.(H.L).(H+L)^{-1}.I.(H.L)^2$$

➢ Or, du fait du sapement des berges, la largeur s'accroît plus vite que la profondeur.

➢ Dans la partie moyenne et aval des petits et moyens cours d'eau, la profondeur des eaux moyennes n'excède pas 3% de la largeur, et elle tend à devenir négligeable. La valeur de la section mouillée **S = L.H** tend alors vers **S = L**.

➢ Dans la formule **(4)**, il se produit que **(H.L)** et **(H+L)** tendent vers **L** tandis que $\mathbf{R = (H.L).(H+L)^{-1}}$ tend vers **1** et cette formule s'écrit alors …

$$(5) \qquad \mathbf{Q^2 = C^2.I.L^2 \text{ ou } Q = C.L.I^{1/2}}$$

➢ Le débit **Q** est donc proportionnel à une constante **C** et à une modeste variable **L**. Il apparaît surtout proportionnel à la racine carrée de la pente de la ligne d'eau.

➢ Notre objectif est d'estimer la variation de la *pente du thalweg* **i**, en divers points du cours. En un même lieu, la *pente de la ligne d'eau* **I** est différente de la pente **i** du thalweg, mais en retenant les valeurs moyennes, en des points différents du cours, un parallélisme existe entre **I** et **i**.

➢ En théorie, la profondeur augmentant, la pente de la surface d'eau serait inférieure à la pente du fond. Mais, du fait du recul de la part prise par cette dernière dans le gabarit, nous admettrons que, sur une courte distance, la *pente de la ligne d'eau* **I** se rapproche de la *pente du thalweg* **i**, et sans faire une grosse erreur, nous pouvons assimiler **I** à **i**. En un point donné, le débit serait de :

$$(6) \qquad \mathbf{Q = C.L.i^{1/2} = a.i^{1/2}}$$

… où **a** est une constante du bassin.

➢ Si, comme il le semble, le débit croît en progression géométrique ou exponentielle, la pente régressera suivant une fonction semblable, assortie d'un coefficient, sous réserve de l'homogénéité de la roche encaissante. En effet, il n'y aura équilibre que si le drain est incisé dans un ensemble lithologiquement homogène, mais si le contraste est trop grand, un équilibre partiel se réalise en fonction de la nature des roches rencontrées.

➢ Dans le cas d'une grande homogénéité lithologique (assortie d'un grand calme tectonique), le profil longitudinal d'un chenal est une courbe de type hyperbolique. Mais selon l'équation **(6)** son expression mathématique peut être une ***fonction exponentielle***

$$(7) \qquad \mathbf{E = E_0.+ E^{a.H}}$$

… ou parabolique

$$(8) \qquad \mathbf{E = a.H^2 + b.H + c}$$

… dans laquelle **E** est l'*éloignement de point de référence* (l'embouchure par exemple), **H** l'*altitude de ce dernier*, et a, b et c des coefficients caractéristiques du lieu.

6.1.2 - Il n'y a pas de préférence pour l'usage des deux équations

Leurs courbes représentatives sont très proches, si on prend en compte les données relatives aux cours d'eau : ne perdons pas de vue que si *l'éloignement* **E** est de l'ordre du *kilomètre*, *l'altitude* **H** sera de l'ordre du ***mètre***. Dans la réalité, ces courbes seraient très proches de l'horizontale.

1°) Un des bassins de notre thèse, l'Hyrome, nous servira d'exemple. Il appartient surtout à un contexte géographique totalement différent, et son profil a évolué dans le calme tectonique du Briovérien angevin.

Dans le document 6.1 (où l'échelle des altitudes est très exagérée), les équations et les *coefficients de corrélation* $\mathbf{r^2}$ montrent la possibilité d'utiliser l'une ou l'autre.

➢ Dans notre logique, le profil longitudinal d'un thalweg peut donc être modélisé par une équation simple. Cependant, ce n'est vrai que dans le contexte d'une grande homogénéité des faciès et d'un grand calme tectonique.

➢ La traversée d'une barre rocheuse provoque une césure dans le profil longitudinal, avec apparition de rapide, voire d'une chute.

2°) Une tectonique active peut bouleverser ce profil, que le cours d'eau tentera de retrouver, en permanence. Prenons l'exemple de l'Agly, dont il fallait rappeler les avatars géologiques.

L'Agly prend sa source au hameau du Liñas, dans les séries sédimentaires plissées et charriées de la zone péné-pyrénéenne du massif de Bubarach. Ensuite, il s'écoule vers l'est-sud-est, tracé apparemment adapté aux directions pyrénéennes. En aval de Camps, le cours s'oriente vers le sud, avec un parcours en baïonnette qui l'engage, orthogonalement, dans le synclinal de Saint-Paul-de-Fenouillet. Ce synclinal qui attira aussi deux affluents de l'Agly - le Maury à l'est et la Boulzane à l'ouest - constitue encore un relief conforme, un val allongé d'ouest en est, où les marnes albiennes sont conservées dans l'axe du pli. Elles sont bordées au nord et au sud, par les deux barres de calcaire urgonien, aux strates relevées à la verticale, que le fleuve traverse par deux étroites cluses : les gorges de Gadamus au nord et la Clue de la Fou au sud. C'est alors qu'il s'enfonce en gorges épigéniques dans le massif hercynien. Le contexte géomorphologique devient compliqué, car de nombreuses phases tectoniques se sont succédé, depuis le Crétacé jusqu'à l'Eocène supérieur.

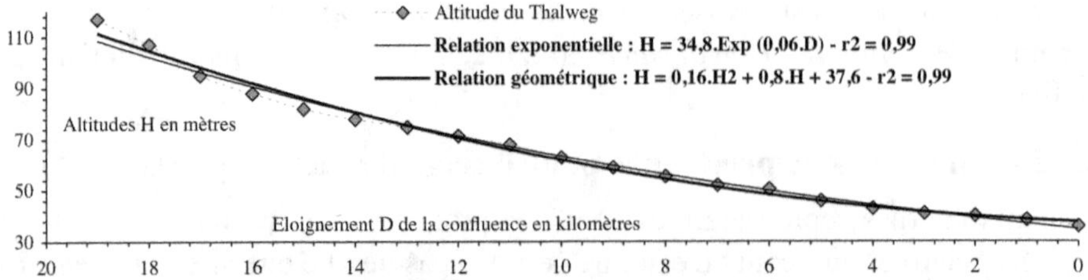

Document 6.1 - Corrélation exponentielle et du second degré, entre l'altitude du thalweg de l'Hyrome, et l'éloignement de sa confluence avec le Layon. Dans le contexte d'un monadnock et d'une surface polygénique développée dans des schistes briovériens, les deux modes de simulation sont recevables.

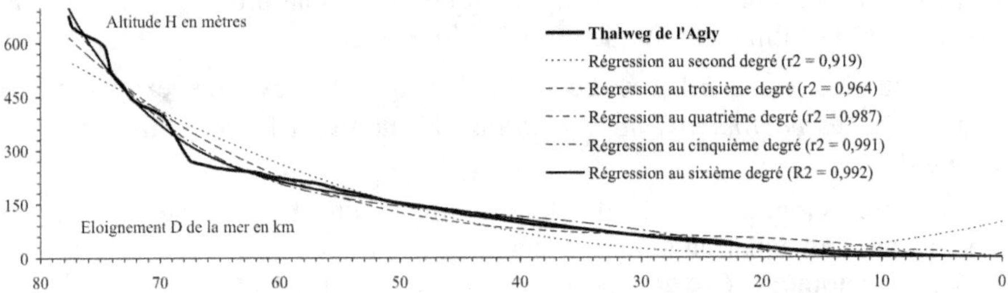

Régression du 5e degré : $H = 4.10^{-6}.D^5 - 0,0006.D^4 + 0,033.D^3 - 0,74.D^2 + 6,77.D - 2,34$

Régression du 6e : $H = 4.10^{-8}.D^6 - 6.10^{-6}.D^5 + 0,0002D^4 - 0,003.D^3 + 0,025.D^2 + 0,94D - 1,16$

Document 6.2 - Tentative de modélisation du profil de l'Agly entre sa source et la mer

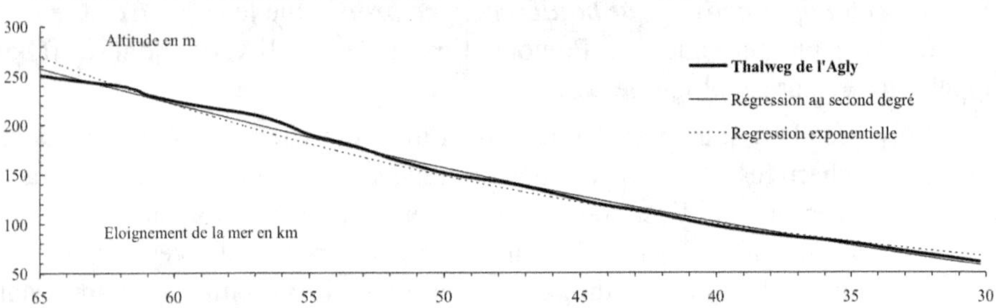

Régression du second degré : $H = 0,051.D^2 + 0,86.D - 15$ $(r^2 = 0,99)$

Régression exponentielle : $H = 20,24.e^{0,0398.D}$ $(r^2 = 0,99)$

Document 6.3 - Modélisation du profil de l'Agly entre la Clue de la Fou et le vieux pont d'Estagel (emporté par les inondations de 1999)

Aussi, dans la répartition classique de la structure pyrénéenne, le bassin de l'Agly, né dans le Crétacé supérieur de la zone péné-pyrénéenne, se développe dans la zone nord-pyrénéenne, constituée par le massif hercynien du Fenouillèdes, qui, à la manière d'un horst, a percé la couverture mésozoïque (Aptien moyen à Albien) réduite au synclinal de Saint-Paul-de-Fenouillet, au Nord (en partie chevauchant) et au synclinal de Boucheville au Sud.

Les traces de la tectonique hercynienne sont encore parfaitement décelables, et de nombreuses failles ont probablement rejoué, au cours de la tectonique pyrénéenne du Cénozoïque. Aussi, au débouché de la Clue de la Fou, l'Agly n'a-t-il pas traversé cette masse tout à fait en étranger, car son tracé semble respecter des directions hercyniennes : NW-SE de la Clue de la Fou au moulin de Saint-Arnac, puis NE-SW jusqu'à l'extrémité occidentale de la plaine d'Ansignan, dont il suit le tracé NW-SE jusqu'au barrage de Caramany, et enfin tracé SW-NE jusqu'à Latour-de-France.

Les travaux publics récents ont partout révélé la présence de failles, avec des axes majeurs dominants : la faille de l'Agly, faille varisque de la Têt qui limite le massif au sud et la faille nord-pyrénéenne qui le sépare du synclinal de Boucheville et du massif granitique de Millas. La faille de l'Agly n'est en réalité qu'un ensemble complexe que le fleuve semble suivre : sud-armoricain dans le fossé d'Ansignan, et varisque entre Caramany et Latour-de-France. Enfin, la sismicité reste encore importante et ses failles sont restées actives à la période historique.

À Latour-de-France, le fleuve pénètre dans les séries jurassiques et crétacées du synclinal de l'Agly. Le document 6.2 montre que le thalweg doit être divisé en deux sections, séparées par la traversée des calcaires urgoniens de la Clue de la Fou. Aucun des modèles mathématiques ne s'adapte. Pour obtenir une équation approchée dont le coefficient de corrélation $\mathbf{r^2}$ se rapproche le plus de la réalité, il faudrait un modèle mathématique au 5e ou 6e degré, soit des équations très complexes.

Toutefois, dans la traversée du Fenouillèdes (document 6.3), les modèles d'équations les mieux appropriés peuvent être la régression exponentielle ou celle du second degré. Cependant, ces modélisations ne sont que des approches, car on se rend bien compte que le profil naturel du thalweg constitue une courbe d'allure *sinusoïdale* de part et d'autre des courbes de simulation.

6.1.3 - Application au profil des terrasses

La finalité de notre démarche reste la modélisation des profils longitudinaux des terrasses, où notre concept est que le profil longitudinal d'une terrasse est celui d'un thalweg fossile.

➢ Ainsi toute perturbation de ce profil, qui ne pourra être attribuée à un changement de faciès de la roche encaissante, traduira la probabilité de mouvements tectoniques post-alluviaux.

➢ Des lambeaux de terrasses éloignés les uns des autres, mais dont la représentation en repère orthonormé donne une droite en échelles semi-logarithmique ou du second degré, auront de fortes chances d'appartenir au même niveau. Les équations (**7**) ou (**8**) sont alors très utiles pour répartir les niveaux.

➢ Toutefois, le rendu d'une déformation est mieux réalisé par l'équation (8), qui, en repère orthonormé et en échelle arithmétique, peut révéler des profils devenus convexes, comme ce fut le cas sur la moyenne de la Têt.

Faute de datation absolue, cette méthode est apparue très utile dans l'établissement d'une chronologie relative, que les analyses granulométriques sont souvent venues conforter.

1°) De la théorie à la pratique : afin de contourner tous ces pièges, souvent associés à des déformations tectoniques quaternaires, nous avons eu recours à la mensuration de l'espace autant de fois que cela fut possible: soit par des mesures réalisées sur la carte au 1:25 000 I.G.N., soit par des mesures effectuées à l'altimètre directement sur le terrain.

➢ Aujourd'hui, les lits mineurs n'occupent plus qu'un faible espace, au vu des vastes plaines d'épandage souvent bien conservées pour ce qui concerne les basses et moyennes terrasses de la Têt, de l'Agly et du Tech.

➢ Pour les hautes terrasses, les lambeaux qui subsistent dessinent des alignements étroits, où les levés (qu'ils soient effectués sur les terrains ou sous les cartes) n'offrent pas de différence fondamentale avec la procédure de relevé du profil des fonds de thalwegs. Cette remarque reste valable dès qu'on aborde des lits encaissés - les gorges de l'Agly, par exemple - où l'extension du lit mineur ne diffère guère de celle de la vallée.

Par contre, il a fallu procéder à des extrapolations, dans le cas des plaines d'épandage. Autant que cela ait été possible, chaque point dont les coordonnées étaient relevées était associé au thalweg le plus proche. Nous avons aussi évité de choisir des points trop éloignés du lit mineur, afin de limiter les erreurs d'extrapolation, d'une part, et d'attribution à l'un ou l'autre cours d'eau dans le cas de plaines d'épandage mixtes - Agly-Têt et Têt-Réart - d'autre part.

2°) Exemple d'application de la méthode : une confusion règne dans les niveaux anciens de la rive droite de la Têt, entre le seuil de Rodès et la mer. La banlieue orientale de Perpignan, le bourg de Cabestany et celui de Canet-en-Roussillon, jalonnent la haute terrasse de Cabestany selon J. Collina-Girard et G. Clauzon . En effet, leur degré d'altération en fait des niveaux très anciens. Dans la coupe de Canet-en-Roussillon, la structure des galets de roches cristallines et métamorphiques est totalement dissociée (M. Calvet parle de fantômes). Topographiquement, elles paraissent situées dans le prolongement du niveau inférieur des hautes terrasses de la rive gauche (niveau auquel J. Collina-Girard avait donné l'éponyme de Cabestany).

La réalité est moins simple. Cette terrasse se dédouble vers le sud (aux lieux-dits Les Brouches, ou au cimetière de Cabestany). En ce lieu, se développe un niveau inférieur réduit en lambeaux, mais qui, en surface, prend l'aspect d'un régolite où les quartz présentent une double éolisation associée à une patine rubéfiée à près de 100 %.

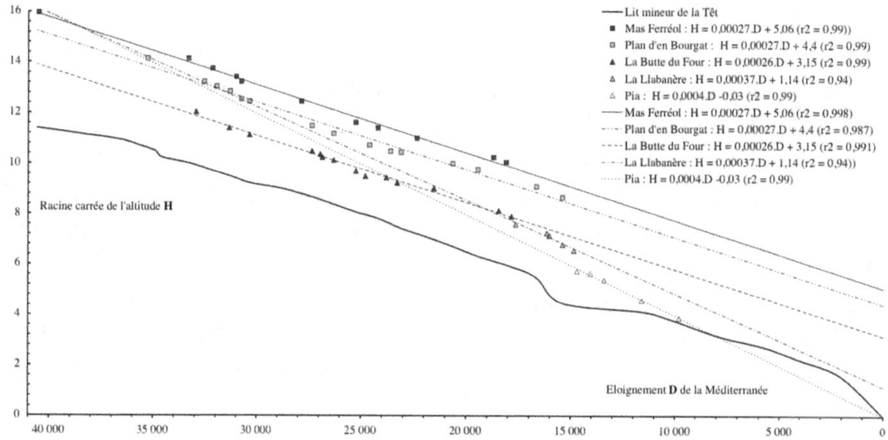

Document 6.4 - Profils longitudinaux de la Têt et de ses hautes et moyennes terrasses de la rive gauche entre Rodès et la Mer.

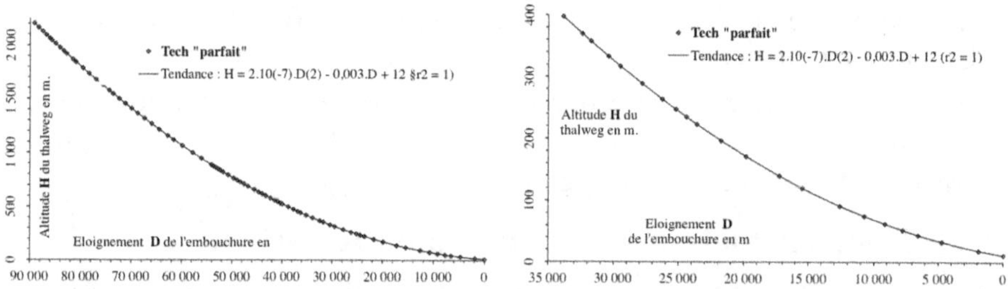

Document 6.5 - Profil parabolique parfait d'un Tech théorique entre sa source et la mer (à gauche) et la limite supérieure des terrasses cartographiées (à droite)

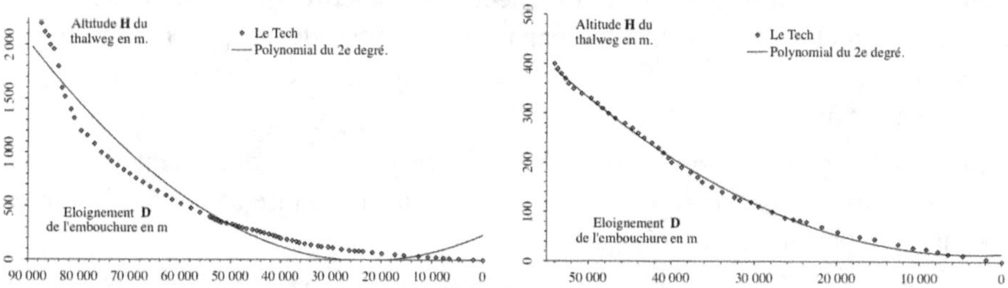

Document 6.6 - Profil du Tech et tendance du second degré entre sa source et la mer (à gauche) et la limite supérieure des terrasses (à droite).

Nous ne pouvions suivre la notice de la carte géologique de Perpignan qui attribue au niveau le plus élevé un âge plus jeune que Mas Ferréol, et au niveau le plus bas, celui de la Butte du Four, alors qu'il n'en présente aucun des aspects. On ajoutera que cette datation ne résiste pas à l'hypothèse de mouvements tectoniques. Aussi avons-nous été parfois conduit à modifier la datation relative des niveaux que nous avons explorés entre le seuil de Rodès et Canet-en-Roussillon, tant par rapport à Henry de Lumley (1964), J. Collina-Girard (1976) qu'à G. Clauzon (1994).

Sur les cartes que nous avions levées, nous avons mesuré les pentes des thalwegs et des terrasses qui les accompagnent, et la construction de profils (document 6.4 : ici en échelle géométrique) a permis de confirmer ou d'infirmer certaines datations, jusque-là impossibles à préciser par les moyens habituels.

➢ Les profils des *hautes terrasses de Mas Ferréol* et *de Plan d'en Bourgat* apparaissent rigoureusement parallèles, avec le même coefficient directeur : $\mathbf{27.10^{-3}}$.

➢ Les *moyennes terrasses de la Butte du Four, de La Llabanère et de Pia* ne sont effectivement pas dans le prolongement l'une de l'autre ; les alignements se trouvent progressivement décalés vers le bas. Surtout, une dénivellation post-tectonique aurait modifié un profil déjà acquis et les coefficients directeurs des équations de régression seraient les mêmes.

➢ À l'inverse, ce coefficient directeur augmente de la *Butte du Four* = $\mathbf{26.10^{-3}}$, à *Pia* = $\mathbf{40.10^{-3}}$, ce qui irait en faveur d'un mouvement synalluvial, et d'un cours d'eau essayant de rectifier son profil d'équilibre au fur et à mesure de sa déformation tectonique.

Avant d'appliquer cette procédure à l'ensemble des cours d'eau et de leur système de terrasses, nous avons analysé avec une grande précision les perturbations des profils des thalwegs actuels.

6.1.4 – Profils actuels des cours d'eau du Roussillon

Il faut, en effet, commencer par un état des lieux des déformations des thalwegs actifs subissant le processus holocène. Par souci de rigueur scientifique, il faut toutefois commencer par émettre quelques réserves de principe. La méthode n'est pas une panacée, elle possède ses propres limites, la principale étant la notion d'échelle chère aux géographes. Quelques exemples suffiront à l'exprimer.

a) Supposons que le profil soit une parabole parfaite : document 6.5. Pour exemple, nous avons choisi le profil approché du Tech entre sa source et la mer, une parabole parfaite exprimée par la relation …

(1) $$H = 2.10^{-7}.D^2 - 0{,}003.D + 12$$

… où **H** est l'altitude du thalweg et **D** son éloignement de la Méditerranée. Sur ce profil parfait, la modélisation est indépendante de l'altitude et de l'éloignement. Ce n'est bien sûr pas le profil naturel du Tech, mais la succession de profils d'équilibres plus ou moins parfaits (document 6.7).

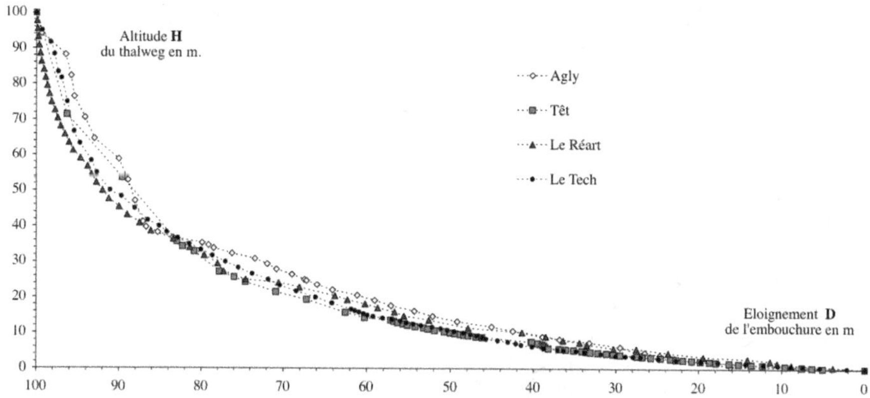

Document 6.7 - Profil relatif de l'ensemble des cours d'eau du Roussillon

C'est à 400 m NGF que nous avons arrêté la cartographie des plus hauts niveaux de terrasses. C'est important, car la modélisation du profil du thalweg, qui en général ne sera retenue que jusqu'à cette altitude, ne donne pas les mêmes résultats. L'équation approchée sur l'ensemble du Tech ...

(2) $H = 5.10^{-07}D^2 - 0{,}02.D + 233$ ($r^2 = 0{,}948$)

... donne un profil plus redressé (Coefficient directeur : 5.10^{-7}), que l'équation du profil parallèle aux terrasses (coefficient directeur : 1.10^{-7}).

(3) $H = 10^{-07}D^2 - 0{,}001.D + 16$ ($r^2 = 0{,}999$)

A contrario, l'équation approchée de ce dernier profil est bien plus proche de la réalité : r = 0,999.

b) Pour les quatre fleuves du Roussillon, nous avons calculé ce couple d'équations approchées du profil longitudinal. Pour des raisons de différence de taille, les résultats sont donnés en valeurs relatives. Les profils sont effectivement proches d'une parabole, les coefficients corrélation $\mathbf{r^2}$ sont compris entre **0,95 et 1** mais ce n'est qu'une tendance. Le point d'inflexion des paraboles se relève bien avant d'atteindre la mer, ce qui doit être interprété comme la mise en évidence de perturbations importantes du profil actuel.

(Agly)	$H = 0{,}015.D^2 - 0{,}87.D + 14$	($r^2 = 0{,}919$)
(Têt)	$H = 0{,}012.D^2 - 0{,}58.D + 8$	($r^2 = 0{,}908$)
(Réart)	$H = 0{,}015.D^2 - 0{,}87.D + 12$	($r^2 = 0{,}923$)
(Tech)	$H = 0{,}014.D^2 - 0{,}75.D + 10$	($r^2 = 0{,}936$)

Si on limite l'altitude à 400 m, les résultats sont différents (document 6.8) :

(Agly)	$H = 0{,}010.D^2 - 0{,}20.D + 4$	($r^2 = 0{,}919$)
(Têt)	$H = 0{,}009.D^2 - 0{,}12.D + 1$	($r^2 = 0{,}944$)
(Réart)	$H = 0{,}015.D^2 - 0{,}79.D + 11$	($r^2 = 0{,}938$)
(Tech)	$H = 0{,}011.D^2 - 0{,}14.D + 4$	($r^2 = 0{,}997$)

➢ Le profil du Réart reste très perturbé, et une césure importante se tient à 80 % de la distance de la mer (30 km). Le fait que les valeurs trouvées varient peu par rapport à celles du document 6.7, tient au fait que le thalweg de ce fleuve côtier prend naissance que peu au-dessus de 400 m d'altitude.

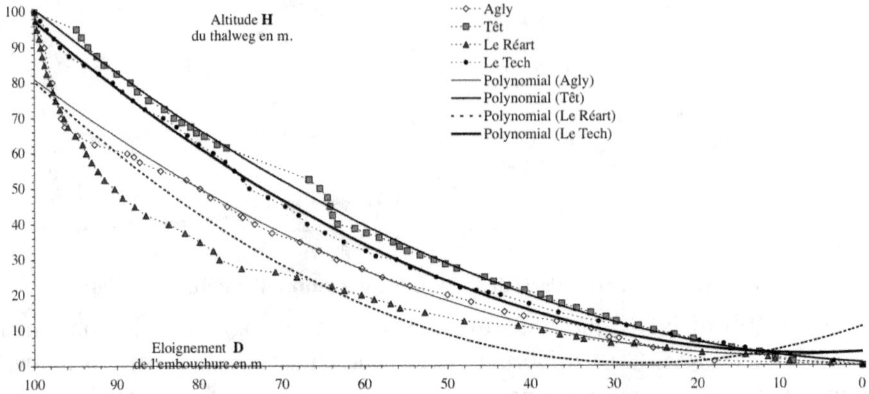

Document 6.8 - Profil relatif de l'ensemble des cours d'eau du Roussillon en dessous de 400 m d'altitude.

➢ Le profil de l'Agly est également perturbé (la parabole de la tendance se relève à l'aval).

➢ Le profil du Tech est presque parfait : la réalité est quasi parallèle à sa modélisation ($r^2 = 0{,}997$).

➢ La qualité du profil de la Têt est un artéfact de calcul : le profil réel n'est que statistiquement parallèle à son modèle ($r^2 = 0{,}998$). Dans la réalité, le profil est marqué par une importante césure à Vinça à 48 km de la mer.

Cette dernière remarque montre les limites de la méthode et suffit en elle-même à justifier ces quelques lignes. Mais, pour chacun des fleuves côtiers (et leurs affluents majeurs), la méthode consistera à décomposer le profil longitudinal, à y rechercher césures et équilibres locaux, et à y modéliser les résultats afin d'émettre une explication.

6.2 – Les profils holocènes

Il va de soi que ce sont les modifications du profil des thalwegs en dessous de 400 m d'altitude qui concernent la compréhension de toute perturbation de l'étagement des terrasses.

6.2.1 - Profil du Tech entre la mer et 400 m d'altitude

La comparaison entre les équations approchées du profil entre la mer et 2 500 m et la mer et 400 m donne, maintenant en valeurs réelles, des résultats comparables :

(1) $H = 0{,}24.10^{-6}.D^2 - 3{,}57.10^{-3}.D + 13$

(2) $H = 0{,}20.10^{-6}.D^2 - 1{,}67.10^{-3}.D + 4$

... Cela tient à une différence très faible dans la valeur des coefficients directeurs des équations paraboliques de la régression à partir de 2 500 m : 0,24 et à partir de 400 m : 0,20. Nous n'observons pas de perturbation importante dans le profil du Tech qui, en échelle géométrique, se résume en une droite, jusqu'au seuil littoral de 12,5 m (document 6.9.b).

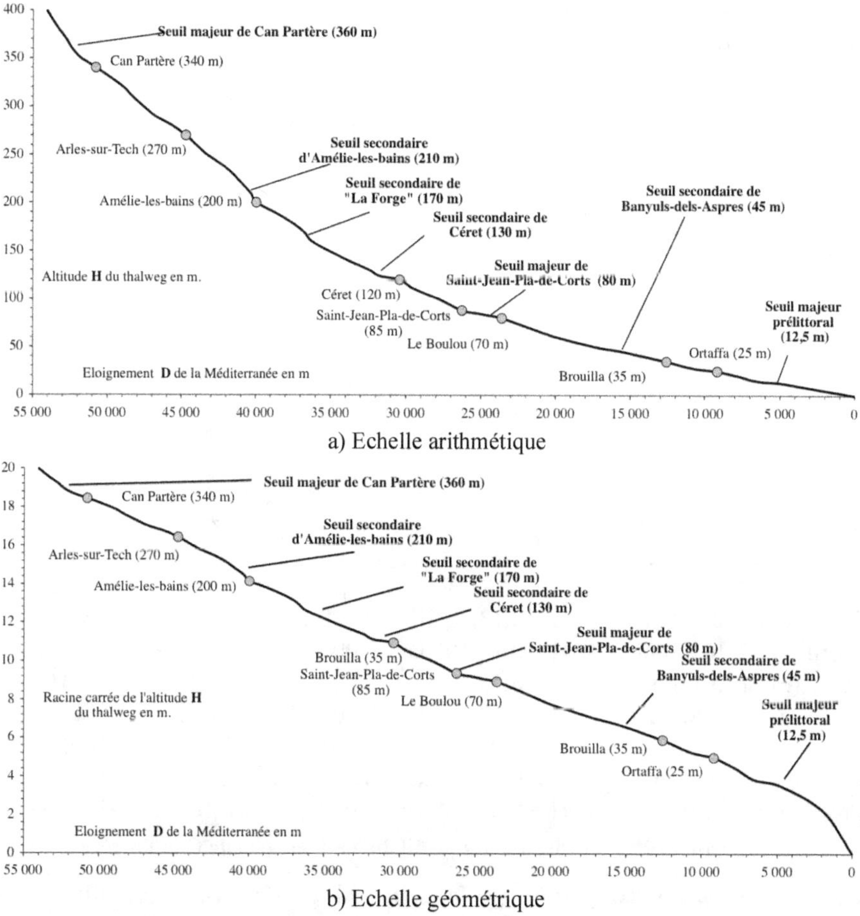

Document 6.9 - Profil longitudinal du Tech entre 400 m et la mer

Toutefois, des perturbations mineures, mais très nettes, apparaissent à Amélie-les-Bains (210-220 m), à la Forge (170-180 m), à Céret (124-130 m) et à Banyuls-Dels-Aspres (45-50 m). Nous avons alors reconsidéré la décomposition du profil entre Can Partère et la Mer (document 6.10). La décomposition numérique rétablit une autre réalité : le profil est plus pentu à l'occasion de ces seuils secondaires. Certains sont des artéfacts.

➤ C'est le cas des seuils de 210 m à Amélie-les-Bains, 170 m à La Forge et 130 m à Céret. Le coefficient directeur des équations ne varie que de $0,13.10^{-6}$ à $0,14.10^{-6}$.

➤ C'est aussi le cas pour les seuils de 45 m à Banyuls-Dels-Aspres. Le coefficient directeur des équations est de $0,09.10^{-6}$.

Cependant, la comparaison des coefficients directeurs des équations révèle l'existence de trois césures majeures du profil : le seuil de Céret à 130 m d'altitude, le seuil de Saint-Jean-Pla-de-Corts, à 80 m et un seuil prélittoral de 12,5 m (document 6.10).

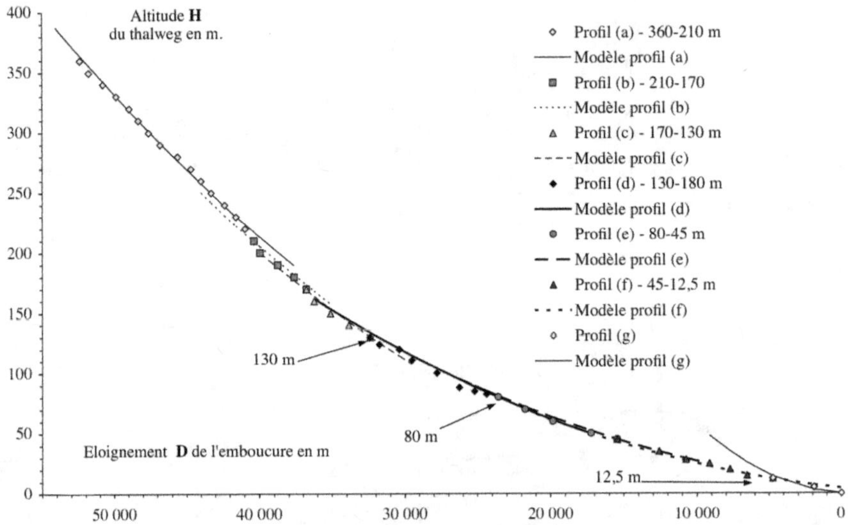

Profil (a) : 360-210 m $H = 0,13.10^{-6}.D^2 - 0,000\ 14.D + 0,04$ $r^2 = 1,021$

Profil (b) : 210-170 m $H = 0,14.10^{-6}.D^2 - 0,000\ 70.D + 0,85$ $r^2 = 0,980$

Profil (c) : 170-130 m $H = 0,13.10^{-6}.D^2 - 0,000\ 19.D + 0,07$ $r^2 = 0,962$

Profil (d) : 130-80 m $H = 0,09.10^{-6}.D^2 - 0,001\ 11.D + 3,612$ $r^2 = 0,986$

Profil (e) : 80-45 m $H = 0,08.10^{-6}.D^2 - 0,001\ 30.D + 5,51$ $r^2 = 0,978$

Profil (f) : 45-12,5 m $H = 0,09.10^{-6}.D^2 - 0,001\ 25.D + 4,27$ $r^2 = 1,009$

Profil (g) : 12,5-0 m $H = 0,52.10^{-6}.D^2 - 0,000\ 47.D + 0,105$ $r^2 = 0,965$

Document 6.10 - Modélisation du profil du Tech en aval de Can Partère

2°) L'interprétation est plutôt géologique : il existe trois possibilités pour donner une explication au site d'une rupture de pente du profil en long : la traversée d'un banc de roche dure qui fait encore obstacle à l'incision, la rupture du profil d'équilibre par un accident néotectonique et l'emboîtement de deux profils d'équilibre, né de la variation du niveau de base : réelle par eustatisme, relative par isostasie.

La cartographie géologique datait un peu. Nous ne disposions encore, au moment où nous écrivions ces lignes, que de la feuille Céret au 1:80 000 de

Depéret, publiée en 1910, et de la feuille Prades à la même échelle, levée par O. Mengel et publiée par L. Bertrand en 1921. Nous disposons depuis de la thèse de M. Calvet publiée en 1995.

a) Le rôle des faciès semble l'emporter dans le secteur de cartographie des terrasses.

➢ Très en amont, au défilé des Baillanouse (600 m), le Tech pénètre à nouveau dans le batholite granitique **g'** jusqu'à Can Partère. La pente du chenal reste forte : *Coef.* **0,29.10**$^{-6}$, malgré l'importante perte d'altitude. Faut-il y voir la seule nécessité d'inscrire un chenal dans une roche dure, ou doit-on évoquer l'hypothèse d'un mouvement positif récent ?

➢ À l'inverse, le seuil de Can Partère, à 360 m NGF, ne semble que d'origine structurale. Il y a changement de faciès : le Tech abandonne des gorges étroites, inscrites dans le batholite de granits **g'**, pour gagner les séries schisteuses plus tendres de l'Ordovicien. Le contact a provoqué un métamorphisme des schistes en gneiss, ce qui assure la solution de continuité. Cette rupture peut, à elle seule, expliquer une réduction du coefficient directeur de l'équation du profil : *Coef. (f) :* **0,14.10**^{6}.

➢ Le seuil de Céret, à 130 m NGF, reste essentiellement structural : c'est ici que le Tech quitte les Pyrénées pour pénétrer dans le remplissage de la ria pliocène. Passant d'un faciès résistant à un faciès tendre, le profil s'incurve : *Coef. (k)* **H = 9.10**$^{-6}$.

➢ À Saint-Jean-Pla-de-Corts, le seuil de 80 m NGF pourrait être interprété comme le passage du Pliocène au remblaiement holocène. Mais, par voie de conséquence, on peut aussi attribuer cette césure à la remontée eustatique de la transgression flandrienne. On comprend que le profil s'incurve : *Coef. (g) :* **0,08.10**$^{-6}$.

b) Le seuil prélittoral de 12,5 m ne correspond à aucun changement de faciès. Le lit actuel est inscrit dans les formations holocènes de la Salanque. Plutôt que d'admettre une modification eustatique du profil, fort peu probable, nous préférons émettre deux hypothèses, qui ne sont pas contradictoires : soit une subsidence très tardive de la Salanque, soit une modification du profil consécutive au remblaiement historique généralisé, qui caractérise la dynamique récente des cours d'eau du Roussillon.

L'accroissement du coefficient directeur de l'équation du profil Coef. (h) : 0,52.10-^{6} trouverait alors une explication : pour accroître sa compétence afin d'évacuer une charge de plus en plus importante, le cours d'eau doit incurver son profil. La méthode présente ainsi l'intérêt de déterminer les césures du profil en long et d'évoquer leurs causes. Même sur le Tech, on se rend compte de l'ampleur prise par la géologie - tectonique et lithologie - dans la genèse de profils d'équilibre secondaires. Toutefois, globalement, le profil du Tech restera un des moins perturbés qui soit, et il donne l'image d'un certain équilibre.

6.2.2 - Les thalwegs du Réart et de la Canterrane

Le Réart prend sa source à 440 m d’altitude et son gros affluent, la Canterrane, à 600 m (document 6.11).

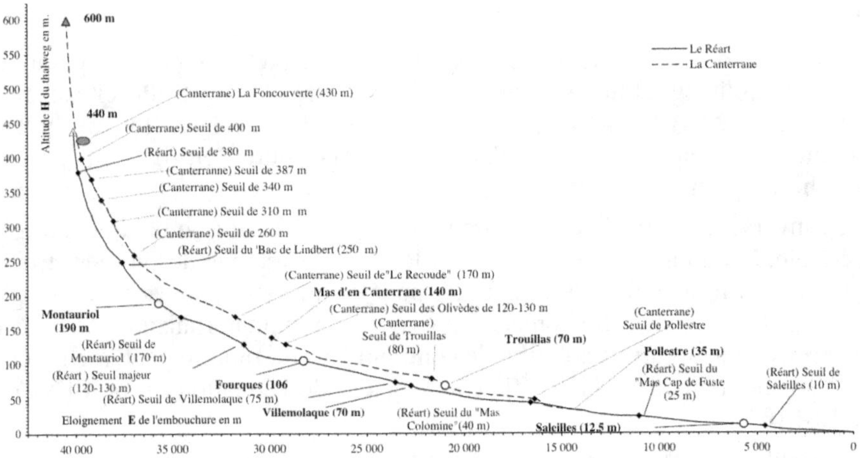

Profil (1) : 600-400 m	(a)	$H = 3,2.10^{-6}.D^2 + 2,33.D + 42\,089$	$r^2 = 0,924$
Profil (2) : 400-380 m	(b)	$H = 2,7.10^{-6}.D^2 + 0,15.D + 2\,036$	$r^2 = 1,000$
Profil (3) : 380-340 m	(c)	$H = 2,4.10^{-6}.D^2 + 0,13.D + 1\,740$	$r^2 = 0,982$
Profil (4) : 340-310 m	(d)	$H = 2.10^{-6}.D^2 + 0,10.D + 1\,298$	$r^2 = 1,004$
Profil (5) : 310-260 m	(d)	$H = 1,7.10^{-6}.D^2 + 0,08.D + 998$	$r^2 = 0,977$
Profil (2-5) : 400-260 m	(x)	$H = 2,1.10^{-6}.D^2 + 0,11.D + 1\,449$	$r^2 = 0,983$

Document 6.11 - Profils du Réart et de la Canterrane

La Salanque et le Ribéral sont subsidents. Il était donc prévisible que le profil du Réart soit perturbé par des seuils dans sa partie aval. Trois sont parfaitement identifiés : un seuil prélittoral de 10 m à Saleilles, un autre de 25 m au Mas de Cap de Fuste et un dernier de 40-50 m est commun au Réart et à la Canterrane. C’est la grande particularité dès ces deux jumeaux : les mêmes césures se retrouvent aux mêmes altitudes sur leurs deux profils (document 6.11) : les seuils de Mas Colomine et de Pollestres à 40-50 m, les seuils de Villemolaque et Trouillas à 75-80 m, (seuil majeur sur le Réart), le seuil des Olivèdes à 120-130 m, et les seuils de Montauriol et de Le Recoude à 170 m. Il faut ajouter les seuils de Bac de Lindbert, sur le Réart, et celui de 250 m, sur la Canterrane, puis un seuil à 380 m sur le Réart et à 400 m sur la Canterrane (sur une vallée très en pente où les mesures manquent de précision).

Cependant, le profil de la Canterrane semble accidenté par des seuils à 310 m, 340 m et à 380 m, alors que celui du Réart en paraît exempt.

1) Décomposition des profils : nous commencerons par les seuils amont de la Canterrane dont l'intérêt est moindre dans la compréhension du système de terrasses.

a) Le long des profils de la Canterrane et du Réart au-dessus de 260 m d'altitude.

➢ Il semble que le profil de la Canterrane soit accidenté par 5 seuils ; mais, entre la source à 600 m et le seuil de 260 m, leur originalité n'est qu'en partie démontrée par le calcul (document 6.12).

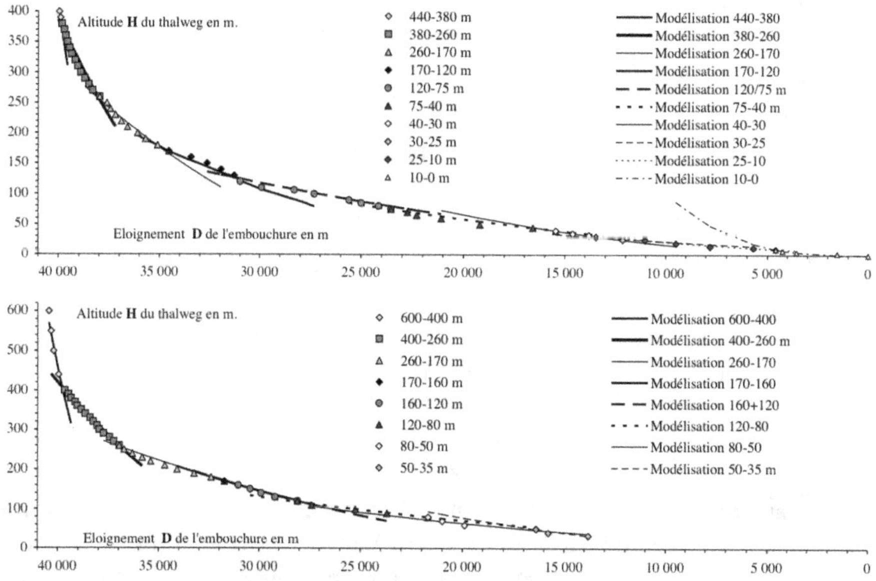

Document 6.12. - Modélisation des profils du Réart (en haut) et de la Canterrane (en bas)

➢ Au-dessus de 400 m, il s'agit d'un des chenaux principaux d'un ensemble de torrents issus des Aspres. Le thalweg est très pentu : **Coef. (a) $H = 32.10^{-6}$**.

➢ Cette section est originale. En dessous de 400 m, les coefficients directeurs **C** des équations des sections de profils sont très voisins, **$1{,}7.10^{6} < C < 2{,}7.10^{6}$.** Une seule équation traduit un équilibre bien réalisé entre 400 et 260 m : **profil (2-5)**.

➢ Entre ces deux altitudes, la topographie du thalweg du Réart n'est pas perturbée. Le traitement statistique de la régression de l'altitude avec l'éloignement de la mer donne une équation dont le coefficient de corrélation est logique. Mais un élément de réponse ne pourra être apporté que par la vérification de l'analyse topographique par un soutien géologique et tectonique.

Profil (a) : 440-380 m — $H = 35.10^{-6}.D^2 + 2{,}59.D + 47\,378$ — $r^2 = 0{,}920$

Profil (b) : 380-260 m — $H = 4{,}3.10^{-6}.D^2 + 0{,}24.D + 3\,689$ — $r^2 = 0{,}937$

b) Profils de la Canterrane entre 260 m et sa confluence avec le Réart : cinq profils secondaires se partagent cette section :

Profil (6) : 260-170 m	(e)	$H = 3{,}2.10^{-6}.D^2 + 0{,}006.D + 24{,}28$	$r^2 = 0{,}916$
Profil (7): 170-120 m	(f)	$H = 3{,}5.10^{-6}.D^2 + 0{,}007.D + 33{,}26$	$r^2 = 0{,}987$
Profil (8) : 120-80 m	(g)	$H = 0{,}9.10^{-6}.D^2 + 0{,}0015.D + 5{,}85$	$r^2 = 0{,}937$
Profil (9) : 80-50 m	(h)	$H = 1{,}0.10^{-6}.D^2 + 0{,}001.D + 2{,}70$	$r^2 = 0{,}873$
Profil (10) : 50-30 m	(i)	$H = 2{,}2.10^{-6}.D^2 + 0{,}0008.D + 0{,}782$	$r^2 = 0{,}899$

... mais du fait de l'identité du coefficient directeur de leur équation, l'originalité des deux premiers et des deux suivants est contestable, et l'on ne pourrait retenir que deux profils d'équilibre seulement.

Profil (6-7) : 270-120 m (ef)	$H = 3{,}2.10^{-6}.D^2 + 0{,}0055.D + 24{,}162$	$r^2 = 0{,}950$
Profil (8-9) : 120-45 m (gh)	$H = 1{,}1.10^{-6}.D^2 + 0{,}0009.D + 1{,}88$	$r^2 = 0{,}980$

Toutefois, une rupture concave est parfaitement individualisée à 120 m d'altitude, suivie par une rupture convexe à 50 m, où la pente du thalweg s'accroît pour gagner la confluence avec le Réart.

c) Profils du Réart entre 260 m et sa confluence avec la Canterrane : les mêmes profils, à des altitudes voisines existent sur le Réart :

Profil (11) : 260-170 m	(j)	$H = 8{,}2.10^{-6}.D^2 + 0{,}033.D + 339{,}9$	$r^2 = 0{,}939$
Profil (12): 170-120 m	(k)	$H = 3{,}2.10^{-6}.D^2 + 0{,}007.D + 40{,}61$	$r^2 = 1{,}072$
Profil (13) : 120-75 m	(l)	$H = 0{,}7.10^{-6}.D^2 + 0{,}0014.D + 6{,}47$	$r^2 = 0{,}968$
Profil (14) : 75-40 m	(m)	$H = 0{,}8.10^{-6}.D^2 + 0{,}001.D + 4{,}04$	$r^2 = 0{,}926$
Profil (15) : 40-30 m	(n)	$H = 1{,}4.10^{-6}.D^2 + 0{,}0003.D + 0{,}19$	$r^2 = 0{,}953$

Le Réart offre un profil plus mûr. Les profils secondaires d'équilibre dessinent deux concavités à 170 m et 120 m, à l'image d'un vaste profil parabolique brisé en deux endroits, ce qui n'apparaissait qu'à 120 m sur la Canterrane. Toutefois, les profils 13 et 14 (à l'image des profils 8 et 9 de la Canterrane) peuvent être regroupés en un même ensemble aux éléments par ailleurs bien mieux corrélés. Puis une nouvelle concavité accidente le thalweg jusqu'à la confluence de la Canterrane.

Profil (13/14) : 120-40 m (lm) $H = 1{,}0.10^{-6}.D^2 + 0{,}0009.D + 1{,}93$ $r^2 = 1{,}008$

d) Profils et seuils prélittoraux du Réart : il faudra probablement y inclure les profils 10 et 15, car il semble que ce soit par paliers successifs que le thalweg du Réart gagne l'étang de Saint-Nazaire.

Profil (16) : 30-25 m	(j)	$H = 0{,}04.10^{-6}.D^2 + 0{,}001.D + 7{,}28$	$r^2 = 0{,}912$
Profil (17): 25-10 m	(k)	$H = 0{,}08.10^{-6}.D^2 + 0{,}001.D + 3{,}56$	$r^2 = 0{,}959$
Profil (18): 10-0 m	(l)	$H = 0{,}38.10^{-6}.D^2 + 0{,}003.D + 0{,}05$	$r^2 = 0{,}978$

La suite des paliers est réalisée par l'emboîtement de profils concaves, mais dont la pente s'accroît progressivement à l'approche de la Méditerranée, ce que rend la modélisation (document 6.12).

2°) L'interprétation de ces calculs conduit d'abord à la géologie régionale.

a) Le Réart et la Canterrane naissent dans les schistes ordoviciens des Aspres. On n'y a repéré, avec certitude, que deux seuils, communs aux deux cours d'eau : l'un situé à 380-400 m, et l'autre vers 250-260 m. La géologie ne présente ni filon de quartz, ni variation de faciès importante, à l'intérieur des schistes : ici un matériau assez peu résistant et fortement raviné.

Il reste trois hypothèses : un faciès plus résistant, mais quelle coïncidence d'altitude ? des failles ? mais l'objection est la même ! Il ne reste que le souvenir d'une érosion régressive, et d'un profil d'équilibre fossilisé. Pourquoi pas ?

b) On peut évoquer aussi le rôle du Pliocène. Le Réart quitte les Aspres à Montauriol, à une altitude de 170 m environ, et la Canterrane les quitte au Mas d'en Canterrane, vers 140 m, pour entrer dans le Pliocène. L'interprétation des seuils de Montauriol et de Recoude est simple.

➢ Nous avons souligné la forte concavité du premier ; elle souligne le passage d'un milieu plus résistant à un milieu très tendre, réclamant une compétence moindre, pour atteindre l'équilibre. La réaction de la dynamique fluviale est un abaissement de la pente. Cette concavité est presque absente du seuil de la Recoude : nous sommes encore dans les Aspres. Les similitudes des altitudes pourraient n'être qu'une coïncidence.

➢ La similitude altimétrique a été souvent signalée. Aux seuils des Olivèdes (Canterrane) et de 120-130 m (Réart), les deux cours d'eau quittent le Pliocène continental $\mathbf{P_{ob}}$ sur la feuille Céret au 1:80 000 : des sables, des galets, cailloutis parfois consolidés en brèches et poudingues, pour pénétrer dans le Pliocène marin $\mathbf{P_1}$, plus sableux, plus argileux. Le changement de faciès peut, à nouveau, justifier la réduction brutale de la pente. Toutefois, la concavité, observée en amont de Fourques, fait aussi penser à une érosion régressive.

Mais la similitude des altitudes correspond mieux à une subsidence généralisée accompagnée d'une reprise de l'érosion régressive.

c) Néotectonique et/ou érosion régressive ? Nous avons reconnu cinq seuils majeurs : 75-80 m à Touillas (Canterrane) et Villemolaque (Réart), 40-50 m à Pollestres (Canterrane) et au Mas Colomine (Réart), 30 m à la confluence Canterrane et Réart, 25 m et 10 m sur le Réart (seuil prélittoral).

➢ Quelle est leur origine ? La roche encaissante reste le Pliocène marin. Même si nous envisageons l'hypothèse de la traversée de bancs calcaires (bien réels), nous préférons une autre hypothèse à partir des équations des profils secondaires. Notre concept est qu'une succession de paliers par érosion régressive se traduit par une réduction des coefficients directeurs, la pente du thalweg se réduisant à l'approche de la mer. À l'inverse, une subsidence va au contraire provoquer l'accroissement de la pente.

➢ Qu'observons-nous ? Que la pente recule vers 75-80 m : (g) H = $0{,}9.10^{-6}$, sur la Canterrane et (m) H = $0{,}8.10^{6}$, sur le Réart, puis à 30 m à la confluence : (j) H = $0{,}04.10^{-6}$. Il y a accroissement de la pente à 45-50 m (i) H = $2{,}2.10^{-6}$ sur la Canterrane et (n)

À 75 m d'altitude, l'abaissement du profil est le fait d'une érosion régressive. Mais les accroissements ne peuvent être expliqués que par la subsidence (démontrée) de la Salanque.

Le réseau du Réart présente, somme toute, un profil classique, fortement influencé par les érosions régressives, du fait de la médiocrité et de l'homogénéité de la roche encaissante, en dehors du passage d'un massif ancien à un remplissage pliocène. Mais à l'approche de la mer, nous retrouvons un seuil (et même plusieurs) ; c'est le seuil littoral, marqué par un accroissement de la pente, qu'il faut sans doute rapporter à la permanence des mouvements tectoniques.

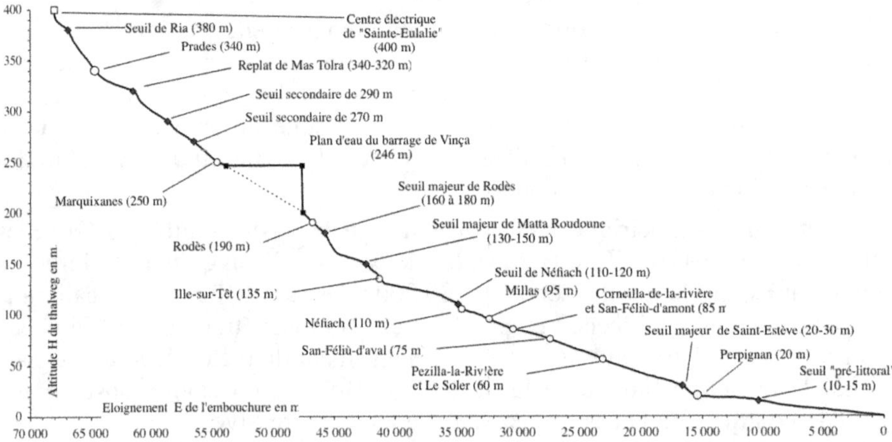

Document 6.13 - Le profil de la Tête en aval de Sainte-Eulalie (400 m NGF)

6.2.3 – Le thalweg de la Têt

La Têt prend sa source dans le Massif du Canigou. C'est vers l'altitude de 500 m que nous avons commencé la cartographie des plus hautes terrasses. Aussi avons-nous recherché le modèle représentatif de son profil longitudinal à partir de sa source, d'une part, et en dessous de 500 m, d'autre part :

(1) 2800-0 m	$H = 0{,}13.10^{-6}.D^2 - 1{,}3.10^3.D + 3{,}56$	$r^2 = 0{,}980$
(2) 500-0 m	$H = 0{,}08.10^{-6}.D^2 - 0{,}5.10^3.D + 0{,}74$	$r^2 = 0{,}999$

Dans les deux cas, la corrélation est bonne pour un profil qui reste parabolique. Mais les deux équations sont trop différentes pour admettre que le profil soit exempt de perturbations. Ajoutons que la Têt reçoit aussi de nombreux affluents, principalement de la rive droite. :

➢ Sur la rive gauche, la *Castellane* draine le Fenouillèdes, la station de Molitg-les-bains, et rejoint la Têt à Prades.

➢ Sur la rive droite, la *Lentilla* et son affluent le *Llech*, sont des torrents issus du Canigou qui ont construit un imposant système de cônes fluvio-glaciaires. La *Rigarda*, qui rejoint le fleuve en aval de Vinça, eut le même comportement.

➢ Enfin, le *Boulès*, principal drain septentrional des Aspres, semble avoir incisé fortement le massif, laissant ça et là des alluvions perchées que nous jugeons très anciennes du fait de leur altération. Il est aussi connu pour ses inondations cataclysmales de 1940 et 1942.

Toutefois, comme nous n'avons pas cartographié de terrasses alluviales au-dessus de 500 m d'altitude, le profil des thalwegs ne sera quantifié et modélisé qu'en aval de Sainte-Eulalie, limite amont de cette cartographie.

1°) Le long du thalweg de la Têt entre Sainte-Eulalie et la mer, à l'échelle du 1:25 000, nous avons pu montrer l'existence d'une cascade de ruptures de pentes, de ressauts, de replats et de rapides. Pour des raisons pratiques, mais aussi géologiques, nous avons séparé le Conflent du Roussillon, car la continuité est interrompue par un ressaut majeur, le seuil granitique de Rodès, sur lequel s'appuie le barrage de Vinça.

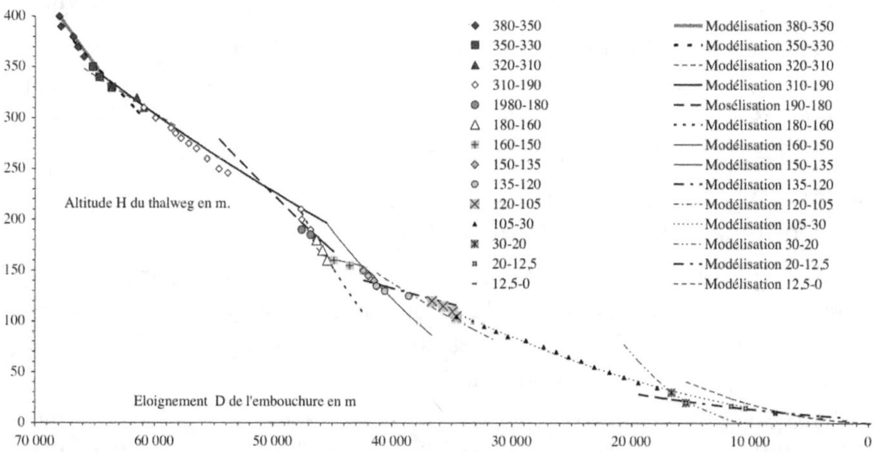

Document 6.14 - Modélisation du profil de la Têt en dessous de 500 m d'altitude

a) En Conflent, le thalweg est très loin de dessiner une parabole parfaite (document 6.13). Il est découpé par trois seuils majeurs : les seuils de Ria (380 m), de Mas Tolra (rapide de 330 à 310 m) et le seuil granitique de Rodès (180-160 m). Mais entre les deux derniers, deux seuils secondaires ont été observés à 290 et 270 m NGF. Enfin, nous estimons que le site du barrage de Vinça occupe un replat, comme nous l'avons observé sur les affluents (le recul de la pente permit d'obtenir un plan d'eau important). Les profils dérivés sont les suivants et le document 6.14, en illustre les résultats.

➢ Un premier pool se tient en amont du seuil de Ria (350 m), et la centrale électrique de Sainte-Eulalie y prend appui :

(1) 380-350 m $H = 0{,}33.10^{-6}.D^2 - 0{,}215.D + 344{,}8$ $r^2 = 1{,}000$

➢ Le pool de Prades est suivi du replat de Mas Tolra, entre 350 et 320 m : la plaine alluviale y prend quelque extension.

(2) 350-340 m $H = 0{,}21.10^{-6}.D^2 - 0{,}011.D + 130{,}5$ $r^2 = 0{,}998$
(3) 320-310 m $H = 0{,}03.10^{-6}.D^2 - 0{,}003.D + 54{,}3$ $r^2 = 0{,}990$
(4) 310-190 m $H = 0{,}06.10^{-6}.D^2\ 0{,}001.D + 25{,}2$ $r^2 = 0{,}990$

➢ Le pool de Marquixanes à Vinça (310-190 m) est légèrement accidenté par deux seuils, l'un à 290 m, l'autre à 270 m. Mais l'ensemble reste inscrit dans une enveloppe parabolique. Il ne faut pas non plus ignorer ce replat probable sous la retenue d'eau de Vinça.

b) Quand il aborde le Roussillon, le thalweg reste très perturbé jusqu'à Néfiach. Une suite de rifles et de pools accidente son tracé entre le barrage de Vinça et Néfiach.

➢ Le seuil de Rodès (180 m) se situe en aval du pool aujourd'hui sous la retenue du barrage de Vinça, il rompt la pente du thalweg en deux tronçons :

(5) 190-180 m $H = 0{,}13.10^{-6}.D^2 - 0{,}0023.D + 110{,}04$ $r^2 = 0{,}999$
(6) 180-160 m $H = 0{,}57.10^{-6}.D^2 - 0{,}032.103.D + 456{,}4$ $r^2 = 0{,}997$

➢ Le seuil de Matta Roudoune (150 m) génère un pool suivi d'un rifle :

(7) 160-150 m $H = 0{,}03.10^{-6}.\ D^2 - 0{,}17.103.D + 28{,}2$ $r^2 = 1{,}000$
(8) 150-135 m $H = 0{,}29.10^{-6}.\ D^2 - 0{,}011.D + 110{,}8$ $r^2 = 0{,}993$

➢ Le seuil de Néfiach (120 m) joue un rôle identique :

(9) 135-120 m $H = 0{,}02.10^{-6}.D^2 - 0{,}002.D + 32{,}3$ $r^2 = 0{,}991$
(10) 120-105 m $H = 0{,}10.10^{-6}.D^2 - 0{,}57.103.D + 0{,}768$ $r^2 = 0{,}998$

Puis le profil prend une allure de parabole presque parfaite jusqu'à Perpignan (11), pour pénétrer dans la très complexe zone littorale. Un nouveau rifle rompt cette régularité entre 30 et 20 m NGF, pour laisser la place à un nouveau pool jusqu'au seuil prélittoral de 12,5 m (14).

(11) 105-30 m $H = 0{,}07.10^{-6}.D^2 - 0{,}67.10^3.D + 1{,}58$ $r^2 = 0{,}999$
(12) 30-20 m $H = 0{,}65.10^{-6}.D^2 - 0{,}013.D + 62{,}6$ $r^2 = 1{,}000$
(13) 20-12,5 m $H = 0{,}01.10^{-6}.D^2 - 0{,}62.10^3.D + 7{,}54$ $r^2 = 0{,}990$
(14) 12,5-0 m $H = 0{,}12.10^6.D^2 - 0{,}37.10^3.D + 0{,}298$ $r^2 = 0{,}983$

2°) L'interprétation doit recourir à l'analyse des héritages. Il faut faire la part entre ruptures géomorphologiques et ruptures tectoniques. Sur la Castellane, une rupture de pente convexe à 470 m ne peut pas être imputée à un changement de faciès, et la seule explication reste l'érosion régressive et la néotectonique. On évoquera aussi les influences torrentielles sur les cours d'eau issus du Canigou, Lentilla et Llech, et les profils sont rectilignes, voire bombés, lors de la traversée de la zone torrentielle vers 350-450 m d'altitude. La charge grossière et les héritages périglaciaires, équilibrent l'incision et le transport, aussi, le profil se tend-t-il.

➢ Partout, des accidents sont communs aux alentours de 900 m, de 600-650 m, de 350-400 m, de 250-300 m et de 190-200 m, avec, fait remarquable, la constitution de pools ou paliers. L'hypothèse de l'érosion régressive et de profils emboîtés n'est pas à rejeter autoritairement, mais il faut aussi vérifier le rôle éventuel de la géologie.

➢ Le Boulès qui est inscrit dans les schistes ordoviciens **s.3-2** des Aspres en est quasiment indemne jusqu'à 280 m. Deux accidents retiendront notre attention. La convexité de 280 m est géologique, le cours d'eau traverse un banc de calcaires dévoniens **d**. Quant à la rupture concave de 200 m, elle correspond à l'entrée du lit dans le Pliocène du Roussillon : plus tendre, son incision demande une compétence moindre et le profil s'abaisse.

➢ Ici rien n'est anormal, et la même explication s'applique à la Lentilla. La rupture de pente de 300-350 m est géologique : le cours inscrit jusque-là dans les schistes ordoviciens **s.3-2**, traverse un épais banc de schistes métamorphiques **s.4**. Sa pente s'abaisse logiquement en pénétrant dans le cénozoïque du Conflent.

➢ Le cas de la Têt, en aval de Sainte-Eulalie, relèverait d'une même cause lithologique. À Ria, en Conflent, le fleuve quitte la roche métamorphique pour un remplissage miocène. Il est normal que son profil s'abaisse. Mais comment expliquer les seuils de Mas Tolra (330-310 m) et les seuils secondaires de 290 et 270 m ? On peut évoquer la proximité du socle : le granit **g.** affleure dans le lit et explique de façon fort simple la présence de pools et de rifles. Le paroxysme est atteint dans la traversée épigénique de l'enrochement granitique de Rodès. La chute est de 20 m sur 600 m de drain. Elle a justifié la construction du barrage de Vinça.

En Roussillon et en Salanque, l'explication lithologique ne s'applique plus : le socle est profond et la Têt n'incise que du Pliocène continental puis marin. Or, les pools et rifles se suivent et se ressemblent jusqu'à Néfiach. M. Calvet évoqua l'hypothèse néotectonique pour la conservation du lambeau de terrasse villafranchienne de Matta Roudoune. En milieu lithologiquement homogène et friable, seule l'hypothèse néotectonique peut expliquer de telles déformations du lit non encore colmatées. À l'appui de l'hypothèse néotectonique, en aval de Néfiach, le lit reprend une allure parabolique qui est vite interrompue dans la Salanque par une succession de pools et de rifles dont le dernier est le seuil prélittoral.

Nous avons essayé de tempérer au maximum les hypothèses néotectoniques. De nombreuses prétendues aberrations du profil de la Têt et de ses affluents sont d'origine géomorphologique : glaciations pyrénéennes, érosion régressive, changement de faciès. Mais en Roussillon, où la subsidence de la Salanque n'est plus un secret, il faudra invoquer ces mouvements récents pour expliquer la déformation et la disposition relative de nombreuses terrasses.

6.2.4 – Les thalwegs de l'Agly et de ses affluents

Rappelons que l'Agly traverse, d'abord, les séries sédimentaires plissées et charriées de la zone péné-pyrénéenne du massif de Bubarach, puis qu'il s'écoule vers l'E.S.E, selon un tracé apparemment adapté aux directions pyrénéennes. En aval de Camps, le cours s'oriente vers le sud avec un parcours en baïonnettes qui l'engage orthogonalement dans le synclinal de Saint-Paul-de-Fenouillet. Ce synclinal qui attira aussi deux affluents de l'Agly, le Maury et la Boulzane, constitue encore un relief conforme, un val allongé d'ouest en est où les marnes albiennes conservées dans l'axe du pli sont limitées, au nord et au sud, par deux barres de calcaire urgonien relevées à la verticale, et que le fleuve traverse par des cluses à Gadamus et à la Clue de la Fou. C'est alors qu'il s'enfonce en gorges épigéniques dans le massif hercynien.

1°) Ici, la néotectonique est une réalité. En effet, le contexte géomorphologique se complique, car de nombreuses phases tectoniques se sont succédé du Crétacé à l'Eocène supérieur. Aussi, dans la répartition classique de la structure pyrénéenne, le bassin de l'Agly, né dans le Crétacé supérieur de la zone péné-pyrénéenne, se développe dans la zone nord-pyrénéenne, constituée par le massif hercynien du Fenouillèdes, qui, à la manière d'un horst, a percé la couverture mésozoïque (Aptien moyen à Albien) réduite au synclinal de Saint-Paul-de-Fenouillet, au nord (en partie chevauchant) et au synclinal de Boucheville au sud. Il faut reconsidérer les descriptions géologiques du quatrième chapitre.

a) Le massif hercynien du Fenouillèdes est un ensemble cristallin complexe et très métamorphisé. Pour sa description géologique, nous avons repris la terminologie de la feuille Quillan au 1:80 000 (1967).

➢ Rappelons que les gorges se sont incisées dans le granit de Saint-Arnac (**g2A**). Ensuite elles recoupent les gneiss de Caramany et de Bélesta (**zB-C**) dans la partie médiane, puis en aval les grès schisteux ordoviciens (**O1-4**) de Força Réal. Ce sont elles qui forment l'armature de ce massif.

➢ Entre Latour-de-France et Estagel, le cours d'eau roule sur ses alluvions actuelles (**Fz**), dont le thalweg est inscrit dans un système de terrasses. Par la suite, pénétrant dans le synclinal de l'Agly, le fleuve recoupe les calcaires du Lias (**jo-l1**), du Dogger et du Malm (**j1-9**), les poudingues oligocènes (**g**) et les calcaires urgoniens (**n2-6a**).

➢ Ce sont ces faciès qui ont fourni et fournissent encore la majorité du matériel lithique du cortège alluvial.

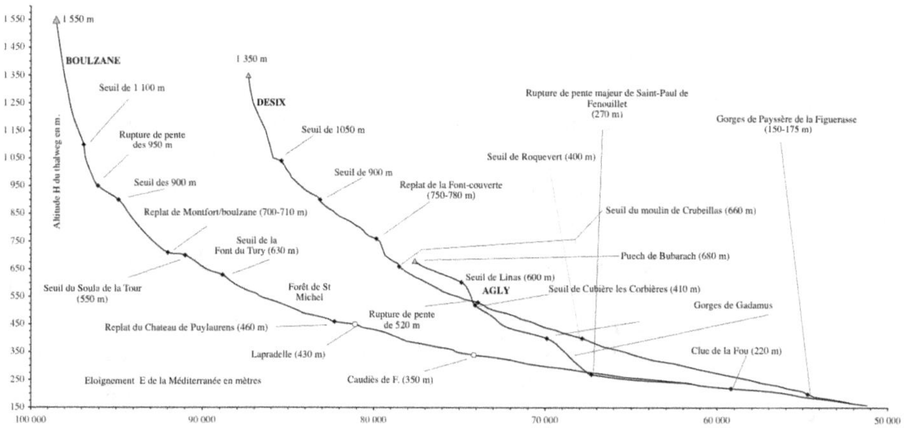

Agly : 680-0 m $H = 0{,}11.10^{-6}.D^2 - 0{,}002.D + 2{,}01$ $r^2 = 0{,}975$

Boulzane : 1 550-236 m $H = 0{,}33.10^{-6}.D^2 - 0{,}028.D + 580$ $r^2 = 0{,}970$

Desix : 1 350-168 m $H = 0{,}36.10^{-6}.D^2 - 0{,}024.D + 401$ $r^2 = 0{,}992$

Document 6.15 - Profil du réseau amont de l'Agly

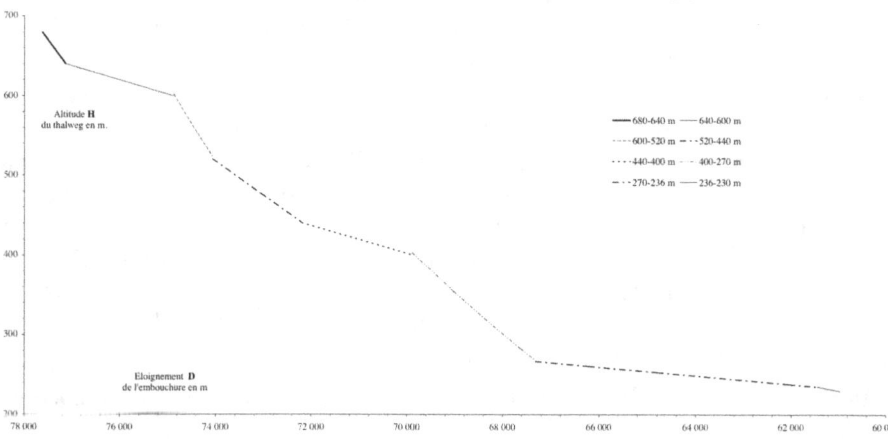

(A.1) 680-600 m $H = 0{,}30.10^{-6}.D^2 - 0{,}018.D + 268$ $r^2 = 0{,}999$

(A.2) 600-520 m $H = 4{,}50.10^{-6}.D^2 - 0{,}57.D + 18\,0387$ $r^2 = 0{,}995$

(A.3) 520-400 m $H = 0{,}44.10^{-6}.D^2 - 0{,}035.D + 693$ $r^2 = 0{,}987$

(A.4) 400-270 m $H = 2{,}05.10^{-6}.D^2 - 0{,}229.D + 6\,398$ $r^2 = 0{,}999$

(A.5) 270-236 m $H = 0{,}03.10^{-6}.D^2 + 0{,}002.D + 24$ $r^2 = 0{,}993$

(A.6) 236-230 m $H = 0{,}15.10^{-6}.D^2 + 0{,}007.D + 77$ $r^2 = 1{,}000$

(A.7) 230-220 m $H = 0{,}04.10^{-6}.D^2 + 0{,}001.D + 13$ $r^2 = 1{,}000$

Document 6.16 - Profil de l'Agly en amont de la Clue de la Fou

Les traces de la tectonique hercynienne sont encore très présentes, et de nombreuses failles ont probablement rejoué au cours de la tectonique pyrénéenne du Cénozoïque. Aussi, au débouché de la Clue de la Fou, l'Agly n'a-t-il pas traversé cette masse tout à fait en étranger, car son tracé semble respecter :

➢ Des directions hercyniennes NW-SE de la Clue de la Fou au moulin de Saint-Arnac. Puis une direction NE-SW jusqu'à l'extrémité occidentale de la plaine d'Ansignan, dont il suit le tracé NW-SE jusqu'au barrage de Caramany. Enfin, la vallée suit un tracé sud-ouest/nord-est jusqu'à Latour-de-France.

➢ Les travaux publics récents ont partout révélé des failles, mais des axes majeurs dominent : la faille de l'Agly, la faille varisque de la Têt qui limite le massif au Sud, et la faille nord-pyrénéenne qui le sépare du synclinal de Boucheville et du massif granitique de Millas. Au nord, le chevauchement frontal nord-pyrénéen du synclinal de Saint-Paul est aussi accompagné de failles dans le socle.

➢ Les failles sont également nombreuses à l'intérieur du massif. La faille de l'Agly n'est en réalité qu'un ensemble complexe que le fleuve semble suivre: sud-armoricain dans le fossé d'Ansignan, et varisque entre Caramany et Latour-de-France. Enfin, la sismicité reste encore importante et ces failles sont restées actives à la période historique : séismes de 1428, de novembre 1920, de décembre 1922 et très récemment de février 1996, déjà cités.

➢ À Latour-de-France, le fleuve pénètre dans les séries jurassiques et crétacées du synclinal de l'Agly. La confluence avec le ruisseau de Maury, puis avec le Verdouble, confirme une réelle adaptation de l'écoulement à la structure, où, malgré des méandres, en amont et en aval de Case de Pène, l'Agly reste très proche de l'axe synclinal. La structure profonde est alors enfouie sous les sédiments pliocènes et les alluvions quaternaires du fleuve, qui constituent la Salanque, cuvette encore subsidente entre la Têt et l'Agly. Cet affaissement longtemps actif expliquerait cette adaptation de l'écoulement à la structure, et l'abandon d'un delta quaternaire dans l'étang de Salses.

b) Au cours de ce périple, l'Agly reçoit quatre affluents majeurs ayant construit des terrasses :

➢ La Boulzane le rejoint à Saint-Paul-de-Fenouillet.
➢ La Desix conflue en amont du barrage de Caramany.
➢ Le Ruisseau de Maury rejoint l'Agly à Latour-de-France
➢ Mais le plus important est surtout le Verdouble, au vaste bassin versant en aval d'Estagel.

La perturbation néotectonique et structurale ne se lit pas dans la modélisation des profils par une équation du second degré. L'enveloppe du profil reste parabolique, toutefois, le document 6.15 montre l'occurrence de nombreuses césures dans les profils, plus particulièrement pour ce qui concerne le Verdouble.

Cependant, il existe une césure majeure, la rupture de pente observée sur le profil de l'Agly dans la traversée du synclinal des Fenouillèdes, entre les gorges de Gadamus et celles de la Clue de la Fou, après la confluence avec la Boulzane. Pour ce qui nous concerne, elle met en cause l'originalité d'un cours de l'Agly issu des Corbières, et elle plaide en faveur d'une origine dans le Fenouillèdes, au travers du cours de la Boulzane.

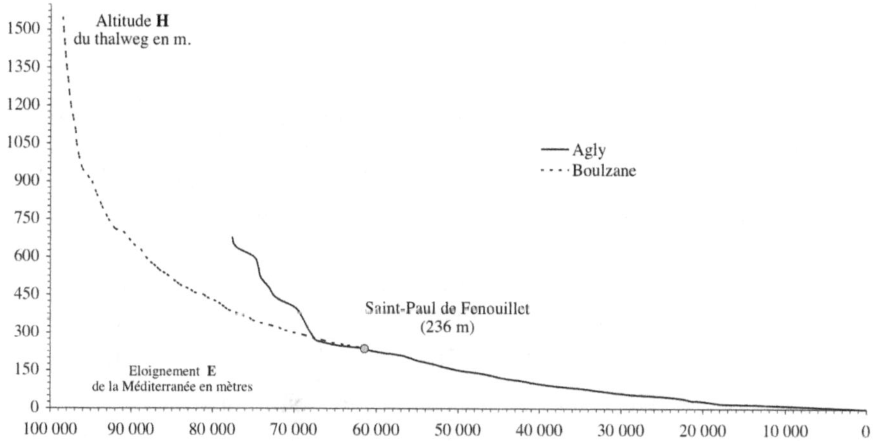

(1) Agly : $H = 0{,}11.10^{-6}.D^2 - 0{,}002.D + 2{,}01$ $r^2 = 0{,}975$

(2) Boulzagly $H = 0{,}12.10^{-6}.D^2 + 0{,}003.D + 18{,}2$ $r^2 = 0{,}969$

Document 6.17 - Profils comparés de la Boulzane et de l'Agly

2°) L'Agly en amont de la Clue de la Fou. Entre le Puech de Bubarach et Saint-Paul-de-Fenouillet, l'Agly, est d'abord adapté aux fronts de chevauchement qui portent les séries crétacées sur le jurassique et le socle hercynien. Puis il les recoupe rapidement en gorges épigéniques : les gorges de Gadamus et la Clue de la Fou. Le profil très redressé (document 6.15) est affecté par deux seuils, l'un à Liñas (600 m) et l'autre à Cubière (410 m), et surtout par une concavité majeure à Saint-Paul-de-Fenouillet.

La décomposition du profil quantifie ce dispositif dont il ressort une forte perturbation. Le profil ne s'inscrit pas dans une parabole (document 6.16), et les ruptures de pentes sont importantes en considération de ce qui a été calculé sur la Boulzane et la Desix. On y observe deux seuils majeurs : l'un à 600 m et l'autre à 400 m. Ils brisent fortement la régularité de la régression de la pente du profil, par l'occurrence de rapides après Liñas, et surtout après Cubière des Corbières, dans les gorges épigéniques de Gadamus. Un troisième seuil, à la Clue de la Fou (220 m), joue un rôle moins important.

Inversement, le profil s'abaisse après la confluence avec la Boulzane, pour laquelle l'Agly fait figure d'affluent. La comparaison des profils de l'Agly et d'un hypothétique « *Boulzagly* » laisse planer ce doute (document 6.17).

L'explication structurale s'accorde, cependant, parfaitement avec le profil amont de l'Agly. Au-dessus de 600 m, le profil est celui du chenal d'un bassin torrentiel. En effet, le cours d'eau draine un bassin très en pente, incisé dans les calcaires gréseux coniaciens **C6c** dits de Montferrand. Son tracé est orthogonal aux fronts de chevauchement et aux plis. Plus en aval, le thalweg se retrouve inscrit dans un niveau gréseux santonien **C7c** qu'il a bien moins incisé du fait de sa position dans l'axe synclinal.

La rupture de pente de Cubière coïncide avec l'amont des gorges de Gadamus. Redevenu orthogonal aux directions tectoniques, le cours d'eau a inscrit de profondes et étroites gorges épigéniques dans les calcaires cénomaniens **C5-6b** qui chevauchent les formations calcaires concordantes du Lias **l.2**, du Néocomien **CIV**, du Malm **J2** et de l'Aptien **CI-II**, rebord septentrional du synclinal du Fenouillèdes. Cette traversée de roches très résistantes explique le fort accroissement de la pente. Toutefois, cette incision pourrait être récente ; le profil quasi rectiligne **(3)** peut être modélisé par une fonction linéaire et pourrait être interprété comme le résultat d'une capture.

(3) 400-270 m H = 0,052.D - 3 237 $r^2 = 0{,}998$

Dans ce cas, la réduction de la pente, à la confluence de la Boulzane, inexplicable dans le contexte d'une homogénéité lithologique - les marnes schisteuses albiennes **C3-1** - prend tout son sens si l'Agly est l'affluent de la Boulzane. Toutefois, ce serait trop simple : c'est au sortir même des gorges, à l'entrée du synclinal du Fenouillèdes, dans l'Albien, que la concavité du profil se réalise. Enfin, il ne faut pas écarter le rôle de la tectonique.

3°) À l'aval de la confluence de la Boulzane (< 250 m) l'Agly sort du synclinal du Fenouillèdes par les gorges de la Clue de la Fou (A.7) où la pente ne s'accroît que légèrement. Il pénètre alors dans le massif hercynien du Fenouillèdes, connu pour sa sismicité. Dans cette traversée, il ne reçoit que la Desix comme affluent majeur (accompagnée de terrasses). Ce n'est qu'à la sortie de ce massif, après avoir effectué une large boucle, à la concavité orientée vers le nord, qu'il retrouve le synclinal du Fenouillèdes où l'attendent deux affluents majeurs, le Maury et surtout le Verdouble, avant de pénétrer dans la Salanque.

Deux problématiques nous intéressent ici : l'hypothèse tectonique, dans la traversée du Fenouillèdes, et la réalité néotectonique dans le profil du Verdouble. Toutefois, nous évacuerons tout de suite le Maury dont le profil reste dans la logique de la Boulzane et de la Desix (document 6.18).

a) – Le Maury offre un profil encore serein. Son enveloppe reste une parabole (document 6.19) seulement perturbée par quelques accidents assez mineurs) : un rifle au col de la Bose à 240 m, un palier à la Miraille (200-205 m), une concavité à la Plane de la Massette (170 m) et au Mas Testu (100 m). La modélisation leur donne une importance que nous retrouverons dans la distribution des terrasses, tandis que deux accidents majeurs perturbent ce profil régulier : un rifle à 240 m et un palier à 210 m. Ces deux accidents ne sont marqués ni par un contact lithologique, ni par un changement de faciès.

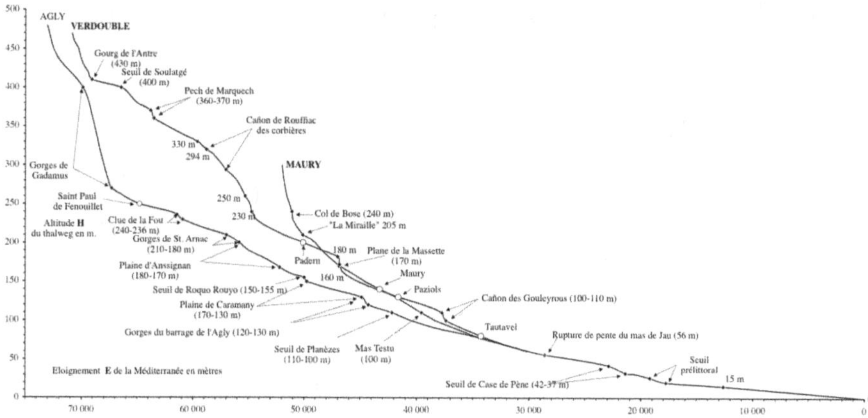

Maury : 300-72 m	$H = 0{,}18.10^{-6}.D^2 - 0{,}005.D + 38{,}7$	$r^2 = 0{,}990$
Verdouble : 1 800-61 m	$H = 0{,}13.10^{-6}.D^2 - 0{,}003.D + 16{,}8$	$r^2 = 0{,}998$

Document 6.18 - L'Agly et ses affluents en dessous de 500 m d'altitude

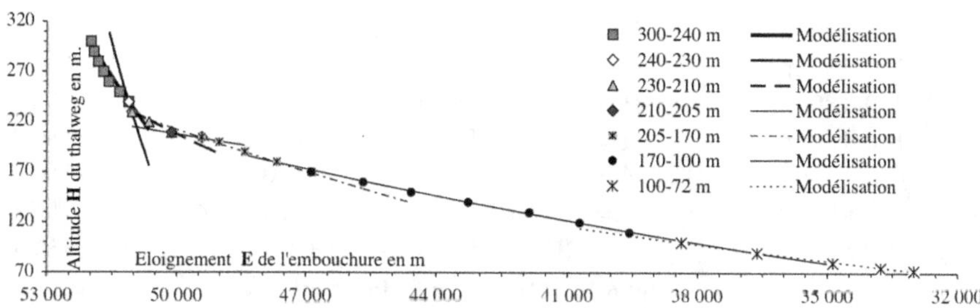

Maury (300-72 m)	$H = 0{,}18.10^{-6}.D^2 - 0{,}005.D + 38{,}7$	$r^2 = 0{,}990$
(M.1) 300-240 m	$H = 4{,}08.10^{-6}.D^2 - 0{,}36.D + 7\,733$	$r^2 = 0{,}990$
(M.2)240-230 m	$H = 21{,}7.10^{-6}.D^2 - 2{,}07.D + 49\,602$	$r^2 = 1{,}000$
(M.3) 230-210 m	$H = 0{,}53.10^{-6}.D^2 - 0{,}032.D + 478$	$r^2 = 0{,}999$
(M.4) 210-205 m	$H = 0{,}06.10^{-6}.D^2 - 0{,}001.D + 4{,}26$	$r^2 = 1{,}000$
(M.5) 205-170 m	$H= 0{,}26.10^{-6}\ D^2. + 0{,}011.D + 117$	$r^2 = 1{,}000$
(M.6) 170-100 m	$H = 0{,}12.10^{-6}.D^2 + 0{,}0021.D + 12{,}1$	$r^2 = 0{,}999$
(M.7) 100-72 m	$H = 0{,}08.10^{-6}.D^2 + 0{,}001.D + 0{,}95$	$r^2 = 0{,}999$

Document 6.19 - Modélisation du profil du ruisseau de Maury

➢ Le lit mineur du Maury est inscrit dans les marnes albiennes (**C3-1** sur la feuille Quillan au 1:80 000 et **n7** sur la feuille Rivesaltes au 1:50 000). Or, nous avons observé que le Col de Bose, à 240 m, marque la limite amont de la très basse terrasse (I-1 - Rivesaltes), et les cartes géologiques le signalent. On pourrait y reconnaître la limite amont de l'incision pré-alluviale.

➢ Pareillement, le palier de la Miraille s'explique par la présence du cône de déjection du torrent du même nom, venu du sud, et cette explication sera retenue comme vraisemblable.

Ce calme tectonique n'est plus à évoquer dans le cas du Verdouble.

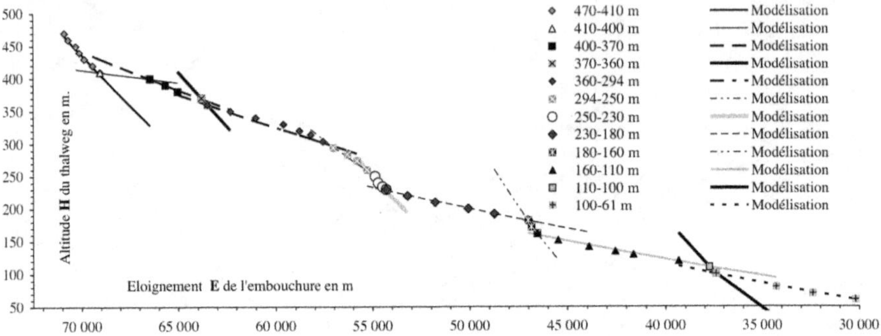

(V.1) 470-410 m	$H = 0{,}62.10^{-6}.D^2 - 0{,}53.D + 1\,158$	$r^2 = 0{,}997$
(V.2) 410-400 m	$H = 0{,}01.10^{-6}.D^2 - 0{,}003.D + 186$	$r^2 = 1{,}000$
(V.3) 400-370 m	$H = 0{,}08.10^{-6}.D^2 - 0{,}0004.D + 0{,}36$	$r^2 = 0{,}996$
(V.4) 370-360 m	$H = 0{,}76.10^{-6}.D^2 - 0{,}064.D + 1\,328$	$r^2 = 1{,}000$
(V.5) 360-294 m	$H = 0{,}07.10^{-6}.D^2 - 0{,}001.D + 4{,}2$	$r^2 = 0{,}993$
(V.6) 294-250 m	$H = 0{,}39.10^{-6}.D^2 - 0{,}023.D + 346$	$r^2 = 0{,}993$
(V.7) 250-230 m	$H = 1{,}13.10^{-6}.D^2 - 0{,}09.D + 1\,806$	$r^2 = 0{,}984$
(V.8) 230-180 m	$H = 0{,}05.10^{-6}.D^2 - 0{,}001.D + 8{,}2$	$r^2 = 0{,}999$
(V.9) 180-160 m	$H = 2{,}47.10^{-6}.D^2 - 0{,}19.D + 3\,654$	$r^2 = 0{,}995$
(V.10) 160-110 m	$H = 0{,}06.10^{-6}.D^2 - 0{,}001.D + 1{,}8$	$r^2 = 0{,}998$
(V.11) 110-100 m	$H = 2{,}47.10^{-6}.D^2 - 0{,}19.D + 3\,654$	$r^2 = 0{,}995$
(V.12) 100-61 m	$H = 0{,}12.10^{-6}.D^2 - 0{,}002.D + 6{,}7$	$r^2 = 0{,}995$

Document 6.20 - Modélisation du Verdouble

(Les coefficients directeurs rendent parfaitement compte du dispositif en marches d'escalier)

b) – Le profil du Verdouble est très perturbé par la tectonique et il devient comparable à un escalier (document 6.20) :

➢ Section concave en amont du *Gourg de l'Antre*, (430 m), suivie d'un palier.

➢ Section concave de *Soulatgé*, brisée par le rapide du *Puech de Marquech*.

➢ Section très convexe de 360 à 230 m de part et d'autre du *cañon de Rouffiac des Corbières* (290-310 m), mais interrompue par celui de *Duihlac* (230-250 m).

➢ Section concave de la *plaine de Padern*, interrompue par le *cañon de la Grau de Padern* (170-180 m).

➢ Section parabolique de la plaine de Paziols, interrompue par le cañon des Gouleyrous (100-110 m).

➢ Section parabolique de la *plaine de Tautavel*.

La modélisation s'impose surtout pour évoquer les bombements, même si elle illustre le dispositif en marches d'escaliers. Le lit recoupe une structure faillée où dominent des faciès calcaires turoniens et campaniens à l'amont, jurassiques et bériasiens à l'aval, mais tous fortement marmorisés par la compression, ce qui en fait des ensembles homogènes. La différence est tectonique, la distension fini-orogénique a provoqué la naissance de bassins effondrés en touches de piano, comblés des dépôts alluviaux cénozoïques, et évidés au Quaternaire, du fait d'une néotectonique qui favorisa l'incision.

La traversée d'un fossé et de ces marges explique assez facilement le dispositif en escalier : fossé de Padern (V.8-V.9), plaine de Tuchan (V.10-V.11) et plaine de Tautavel (V.12). Très en amont, la rupture brutale d'une parabole à 400 m ne peut être expliquée que par un processus récent. Entre le Gourg de l'Antre et la cote 230 m, le cours prend une allure convexe incompatible avec les principes de la dynamique fluviale. L'enrochement est constitué d'écailles de calcaires crétacés fortement faillés. Certes, on peut toujours évoquer des captures et un profil n'ayant pas atteint son équilibre. Mais le Verdouble y a construit des terrasses très anciennes ; il est donc présent depuis longtemps. Une telle perturbation de lit actuel ne peut trouver une réponse que dans la poursuite ou l'occurrence récente des mouvements tectoniques positifs. N'oublions pas qu'il a évidé les fossés de leur remplissage de galets, et la dynamique fluviale serait insuffisante sans un coup de pouce tectonique verticale et de bas en haut.

La même hypothèse accompagne le tracé de l'Agly dans sa traversée du Fenouillèdes.

c) Un autre profil perturbé par la tectonique est celui de l'Agly : en aval de la Clue de la Fou, dans la traversée du Fenouillèdes, le thalweg de l'Agly n'est qu'une succession de rifles et de pools, qui se traduisent, morphologiquement, par une suite de gorges et plaines alluviales (document 6.21) :

- La *Clue de la Fou* (236-230 m) et l'étroite plaine qui lui succède.
- Les *gorges de Saint-Arnac* (220-180 m) et la *plaine d'Anssignan.*
- Le *seuil de Roquo Rouyo* (155-150 m) et la plaine de Caramany.
- Les *gorges du barrage de l'Agly* (120-130 m) et la Plaine de Rasiguères.
- Le *seuil de Planèzes* (100-110 m)
- La *plaine de Latour-de-France* (80-100 m).

Entre la Clue de la Fou et le barrage de l'Agly, le profil général, très tendu, voire convexe, n'est pas sans rappeler le profil du thalweg du Verdouble, entre le Gourg de l'Antre et la cote 230 m. Après la confluence avec le Maury, l'allure prend plutôt celle de paliers séparés par des rifles, à Case de Pène (35-40 m) et à l'approche du littoral (20-25 m). Ce seuil prélittoral est commun à tous les cours d'eau, à l'approche de la Méditerranée, mais il est ici accentué par un point d'inflexion à 15 m. La modélisation quantifie et relativise ces observations.

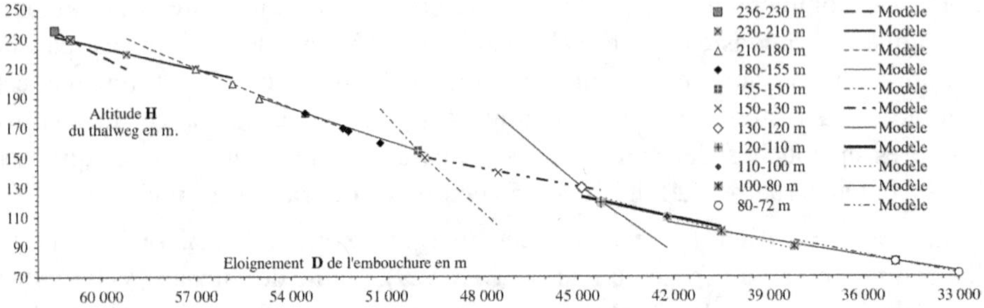

(A.6) 236-230 m $H = 0{,}15.10^{-6}.D^2 - 0{,}007.D + 77$ $r^2 = 1{,}000$
(A.7) 230-210 m $H = 0{,}03.10^{-6}.D^2 - 0{,}002.D + 23$ $r^2 = 0{,}999$
(A.8) 210-180 m $H = 0{,}10.10^{-6}.D^2 - 0{,}002.D + 13$ $r^2 = 0{,}998$
(A.9) 180-155 m $H = 0{,}07.10^{-6}.D^2 - 0{,}0005.D + 0{,}8$ $r^2 = 0{,}992$
(A.10) 155-150 m $H = 0{,}81.10^{-6}.D^2 - 0{,}059.D + 1\,059$ $r^2 = 1{,}000$
(A.11) 150-130 m $H = 0{,}03.10^{-6}.D^2 - 0{,}001.D + 13{,}4$ $r^2 = 1{,}000$
(A.12) 130-120 m $H = 0{,}56.10^{-6}.D^2 - 0{,}03.D + 486$ $r^2 = 1{,}000$
(A.13) 120-110 m $H = 0{,}05.10^{-6}.D^2 - 0{,}0005.D + 1{,}01$ $r^2 = 1{,}000$
(A.14) 110-100 m $H = 0{,}08.10^{-6}.D^2 - 0{,}0009.D + 2{,}65$ $r^2 = 1{,}000$
(A.15) 100-80 m $H = 0{,}04.10^{-6}.D^2 - 0{,}0009.D + 5{,}09$ $r^2 = 0{,}998$
(A.16) 80-72 m $H = 0{,}05.10^{-6}.D^2 - 0{,}0004.D + 0{,}83$ $r^2 = 1{,}000$

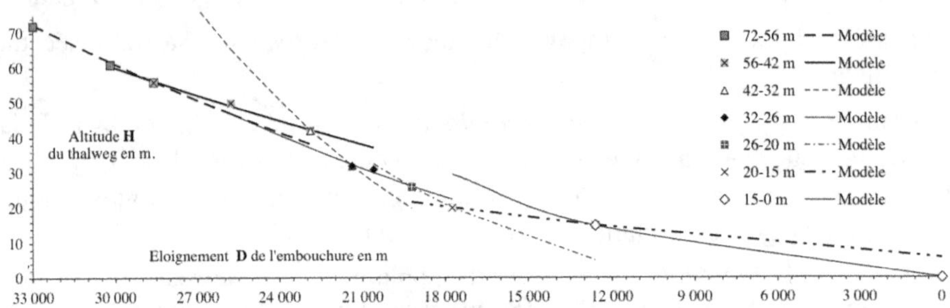

(A.16) 80-72 m $H = 0{,}05.10^{-6}.D^2 - 0{,}0004.D + 0{,}83$ $r^2 = 1{,}000$
(A.17) 72-56 m $H = 0{,}05.10^{-6}.D^2 - 0{,}0004.D + 0{,}83$ $r^2 = 1{,}000$
(A.18) 56-42 m $H = 0{,}03.10^{-6}.D^2 - 0{,}0009.D + 6{,}13$ $r^2 = 0{,}998$
(A.19) 42-32 m $H = 0{,}30.10^{-6}.D^2 - 0{,}007.D + 37{,}2$ $r^2 = 1{,}000$
(A.20) 32-26 m $H = 0{,}07.10^{-6}.D^2 - 0{,}00004.D + 0{,}01$ $r^2 = 0{,}988$
(A.21) 26-20 m $H = 0{,}19.10^{-6}.D^2 - 0{,}003.D + 10{,}3$ $r^2 = 1{,}000$
(A.22) 20-15 m $H = 0{,}01.10^{-6}.D^2 - 0{,}0006.D + 5{,}8$ $r^2 = 1{,}000$
(A.23) 15-0 m $H = 0{,}09.10^{-6}.D^2$ $r^2 = 1{,}000$
(A.6-23) 236-0 m $H = 0{,}06.10^{-6}.D^2 - 0{,}0002.D + 0{,}23$ $r^2 = 0{,}999$

Document 6.21 - Modélisations de l'Agly en aval de la Clue

L'enveloppe de l'ensemble serait parabolique (**A.6-23**), mais, dans le détail, la modélisation confirme une suite d'accidents, séparés par des paliers, qui pourraient être des profils recherchant l'équilibre entre des faciès de résistance différente. Mais la néotectonique reste très active dans le Fenouillèdes et la subsidence est continue au niveau de la Salanque.

Le rôle des faciès reste, toutefois, évident :

➢ À la sortie de la *Clue de la Fou* (**A.6**) - barre de calcaires urgoniens **CI-IIa** - l'Agly pénètre dans une dépression d'érosion (**A.7**), creusée dans des terrains grèso-marneux du Lias **L4-3** et du Keuper **t3-1**.

➢ Les *gorges de Saint-Arnac* (**A.8**) sont inscrites dans un batholite de granits porphyroïdes **g1p**, puis d'amphibolites **zc**, très résistants. Pour inciser son lit, l'Agly doit y accentuer la pente de son thalweg.

➢ Les *gorges du barrage de l'Agly* (**A.12**) recoupent ces mêmes amphibolites qui servent d'enrochement à l'ouvrage d'art.

➢ Le *palier de Rasiguères* (**A.13**) et, à sa suite, le *seuil de Planèzes* (**A.14**) correspondent à la succession de micaschistes **xb** et d'amphibolites.

➢ Peu en amont de *Latour-de-France* (**A.15**) le profil s'abaisse dans le complexe gréso-schisteux ordovicien **C3-1**. Celui-ci n'offre pas de solution de continuité de la résistance relative, ni avec les marnes aptiennes de l'anticlinal de l'Agly, entre *Latour-de-France et Case de Pène* (**A.17 et A.18**), ni avec le remplissage pliocène de la *Salanque*.

➢ Cette régularité est toutefois interrompue à *Case de Pène* (**A.19**) par la traversée d'une barre de calcaires urgoniens.

➢ Enfin, entre le seuil prélittoral et la mer, le profil est légèrement bombé, avec une rupture de pente à 15 m. Ne s'agit-il pas de l'écho du cône torrentiel du Roboul, qui, au Quaternaire récent, refoula le cours inférieur de l'Agly vers le sud ?

On notera cependant l'acquisition d'un profil d'équilibre : les équations **A.15, A.16, A.17** et **A.18** ont le même coefficient directeur. Pourtant, l'Agly a traversé des schistes métamorphiques, son propre cône de déjection quaternaire **Fy** (qui, il est vrai, lui masque les calcaires urgoniens **n2-5a**), et les complexes marno-calcaires de l'Aptien et de l'Albien **n5** à **n7**. La régularisation y est donc quasiment acquise.

Toutefois, deux secteurs sont affectés par de la tectonique. Entre Ansignan et Caramany, le tracé est parallèle à des directions sud-armoricaines. On leur connaît des failles transverses, dont celle qui, à Roquo Rouyo, dénivelle un éboulis du dernier glaciaire. Les accidents **A.8** et **A.10,** s'il ne faut pas exclure l'hypothèse structurale, sont aussi à ranger dans des perturbations néotectoniques. Dans l'axe des directions hercyniennes, une vaste dépression (**A.9 et A.11**), de la cote 180 m à la cote 130 m, se serait creusée, par érosion, dans la zone broyée des gneiss de Caramany **xc** ou **zc**. Le seuil de Roquo Rouyo, qui sépare les plaines d'Anssignan et de Caramany (cette dernière contient aujourd'hui l'eau du barrage de l'Agly) serait alors néotectonique. Il faut aussi y attribuer le seuil prélittoral (**A.21**).

Certes, à l'image du Tech, le fleuve a pu inciser son lit, pour évacuer les alluvions historiques. Mais la Salanque est aussi connue pour sa subsidence, et à l'image de la basse vallée de la Têt, il faut privilégier l'influence tectonique. Néanmoins, en dehors de modifications issues d'un dispositif en touches de piano (en particulier sur le Verdouble), le principal problème créé par l'Agly, concerne le cas particulier de la Boulzane qui pourrait constituer la véritable section amont.

C'est essentiel pour la compréhension du système de terrasses.

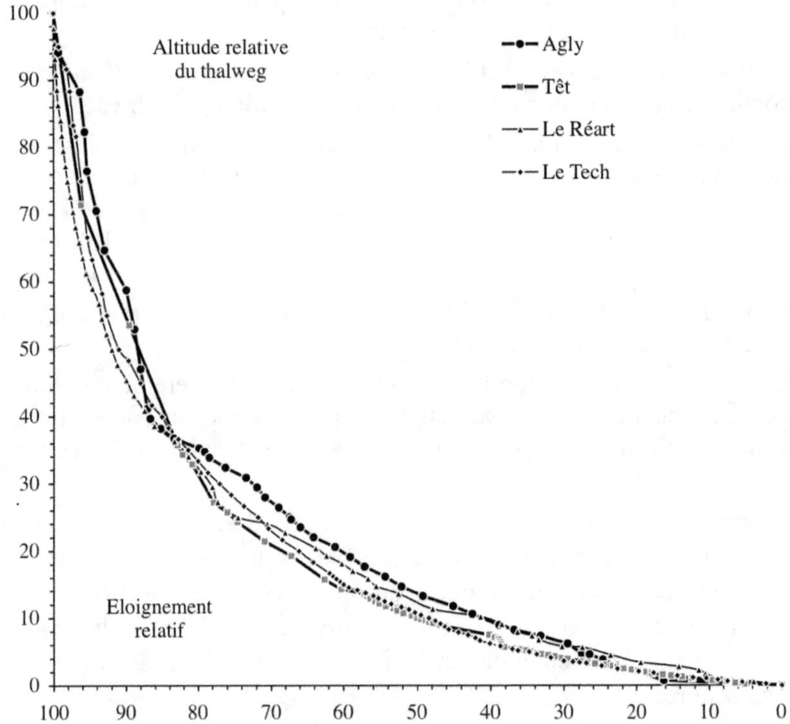

Document 6.22 - Profils relatifs des cours d'eau du Roussillon

6.2.5. - Synthèse des profils holocènes

Pour ce qui est de l'ensemble des cours d'eau du Roussillon, nous pensons avoir établi la complexité des systèmes d'érosion qui ont profilé les thalwegs. Pour tout ce qui concerne les profils holocènes (et il est important de le rappeler), le paramètre le plus important, dans l'occurrence de perturbation de profils qui restent paraboliques, n'est pas la néotectonique mais bel et bien la variation des faciès. Dans un contexte davisien, les thalwegs ont un profil global déjà mûr (document 6.22) avec des profils relatifs fortement concaves. Le rôle de la lithologie est en réalité bien plus effacé qu'on pourrait le penser.

Cependant, les ondulations de détails sont là et, si l'on souhaite une meilleure approche de la répartition verticale des terrasses, elles ne devront pas être négligées.

➢ Le Réart, le Tech ont un profil assez peu perturbé, proche de l'équilibre : le système de terrasses sera aisé à appréhender.

➢ Le profil de la Têt est déjà plus perturbé, ce qui se retrouvera dans les alluvionnements anciens qui ont conservé les profils fossiles.

➢ Enfin, l'Agly a été très perturbé par la néotectonique. C'est aussi celui dont le système de terrasses a été le moins étudié.

On se rend bien compte que l'équilibre d'un profil est très fragile, dans un contexte géologique aussi varié et aussi instable que les Pyrénées-Orientales. L'incision des cours d'eau a dû s'adapter à des faciès souvent tranchés, constitués de bassins de roches tendres séparés par des bancs de roches résistantes, et un profil multiple, à équilibres multiples, s'est ainsi réalisé suivant des thalwegs *verticalement sinueux*, où les seuils de roches résistantes jouèrent le rôle d'autant de *niveaux de base locaux*.

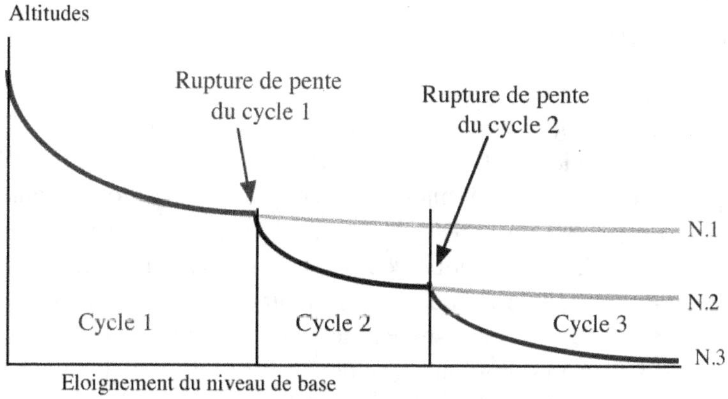

Document 6.23 - Le profil d'équilibre selon l'école davisienne

Les profils actuels semblent ainsi moins affectés par l'instabilité tectonique que par la nature des barres rocheuses qu'ils recoupent. Mais les profils des thalwegs des fleuves côtiers du Roussillon sont récents et appartiennent à la dynamique fluviale holocène, laquelle, avec le temps, parviendrait à un équilibre. En effet, si un accident quelconque perturbe un profil, les matériaux du fond se déplacent vers l'aval, afin de rétablir le profil initial. Sur la durée, on parvient à un profil d'équilibre (sous réserve d'une faible perturbation néotectonique, ce qui n'est peut-être pas le cas ici).

Pour les fleuves, l'école davisienne l'expliquait par une adaptation du lit au niveau général des océans (document 6.23).

➢ En amont, le courant est plus fort, aussi l'érosion est-elle plus intense, et le lit est incliné, afin que le courant ait la vitesse requise à l'évacuation des débris.

➢ Mais vers l'aval, le courant s'affaiblit, la pente diminue et c'est l'alluvionnement qui l'emporte.

➢ On comprend ainsi l'allure parabolique des profils d'équilibre.

L'école davisienne expliquait alors les ruptures brutales de concavité par des variations de l'altitude du niveau de base, et l'occurrence d'une adaptation à deux systèmes d'érosion. La partie amont appartient à un niveau de base océanique différent de la partie aval, dont l'origine est à rechercher dans les variations du niveau moyen des océans au cours des glaciations. C'est à partir de cela qu'on expliquait, en partie, la succession de terrasses qui accompagnent les lits actuels dans la plupart des régions du monde.

C'était limiter le rôle des environnements climatiques aux seules variations des niveaux marins, en ignorant le déplacement des cellules météorologiques.

7 - Le profil longitudinal des terrasses : une réponse à la néotectonique

Deux concepts sont à l'origine de cette réflexion. D'une part, au cours du XXe siècle, la notion davisienne de cycles d'érosion, associée à la chronologie méditerranéenne établie par Gignoux, a fortement imprégné les hypothèses de mise en place des paléo-alluvionnementx. On privilégiait alors la variation du niveau marin qui, il est vrai, présente l'avantage d'être générale. Au cours des glaciations, la quantité d'eau mobilisée par les inlandsis fut telle que le niveau des océans s'abaissa de plus de 100 m, pour remonter parfois à plusieurs dizaines de mètres au-dessus du niveau actuel, pendant les interglaciaires. On pensa, au XIXe siècle, et durant une grande partie du XXe siècle, que les fleuves alluvionnaient au cours des transgressions consécutives à la remontée interglaciaire des eaux, et qu'ils incisaient leur lit pour sculpter des terrasses, au cours des régressions consécutives aux glaciations. On chercha donc des terrasses sur les vallées européennes dont la dénivellation correspondait à celles des variations du niveau marin, et l'on en trouva. Elles furent ainsi nommées *terrasses fluvio-glaciaires*. Pourtant, cela ne résiste pas à la critique ; si les mesures ont montré que les régressions provoquent une incision du lit, à la recherche d'un nouveau profil d'équilibre, les transgressions n'entraînent pas de modifications profondes de l'alluvionnement. La constitution d'un nouveau profil d'équilibre, par alluvionnement d'aval en amont, est lent, et, pour sa réalisation, il demanderait plus de temps que n'en laisse la succession des glaciations ; pourtant, on rencontre des terrasses dans la plus grande partie des vallées.

À l'inverse, les crises climatiques sont une explication viable pour les régions tempérées. On estime que, si les glaciations se sont mises en place lentement, le réchauffement fut rapide. La crise climatique commence par l'apparition du froid, accompagnée par une érosion intense en amont des bassins versants, par la construction de moraines, l'érosion périglaciaire et le ravinement par rhéxistasie, ce qui alimente un fort alluvionnement vers l'aval. À la fin de la glaciation, le réchauffement n'est pas accompagné d'une recolonisation immédiate des versants, alors que les précipitations liquides augmentent. À l'amont, dans ce contexte de *rhéxistasie*, les cours d'eau, mieux alimentés et encore fortement chargés, peuvent *percer le pavage de leurs alluvions* pour acquérir un nouveau profil d'équilibre, avant l'installation d'un couvert végétal. Mais, à l'aval, cet alluvionnement finiglaciaire construit une plaine alluviale, qui ne sera incisée en terrasse qu'au cours de la régression suivante. En fait, à l'aval des grands fleuves, alimentés en *phase anaglaciaire*, les alluvions seront incisées par *l'enfoncement eustatique* du cours d'eau en *phase cataglaciaire* ; ce sont là de *vraies terrasses eustatiques*. Mais les terrasses situées en amont des grands fleuves ont été construites en *phase cataglaciaire* et incisées en *phase anaglaciaire*, ce sont des *terrasses climatiques*. D'autre part, il y a fort à penser que les profils des terrasses, qui ne sont que les profils de lits majeurs fossiles, ont été affectés par les mouvements néotectoniques quaternaires. C'est en accord avec cette quasi-certitude, que nous avons rétabli la datation relative des terrasses de la Têt en aval de Perpignan. M. Calvet est même allé jusqu'à estimer une tectonique synalluviale dans la démultiplication de la moyenne terrasse.

Les chapitres précédents, relatifs aux terrasses du Roussillon, correspondraient à une *procédure qualitative*, qui consiste à rechercher les niveaux anciens sur le terrain, les décrire le long des coupes, analyser la colorimétrie et le degré d'altération des dépôts et les cartographier afin de leur donner un âge absolu à partir des données de l'archéologie préhistorique.

C'est une méthode risquée, que nous jugeons peu convaincante : les sites paléolithiques sont rares et entrent dans un contexte évolutif lent. Une autre procédure consiste à quantifier. La première est le recours à la sédimentologie : nous avons réalisé quelques analyses granulométriques afin d'étayer l'hypothèse d'une mise en place plus torrentielle que fluviale, associée à la notion de crises climatiques. Un autre moyen, mais qui échappe à notre domaine de recherches, serait d'effectuer une chronologie absolue : paléomagnétisme, potassium-argon, radiochronologie, résonance paramagnétique électronique, thermo-luminescence. E.M. Laaraich et B. Debals se sont exercés à ces méthodes, les résultats n'ont pas été à la hauteur des espérances : les sédiments sont souvent lessivés, pauvres en calcaires, azoïques, ce qui limite l'application des procédures. C'est alors que nous avons songé à donner une expression mathématique à la datation relative des niveaux d'après leur altitude absolue et leur éloignement de la Méditerranée. Cette procédure doit permettre de reconstituer les profils des anciens lits (une terrasse est un lit majeur fossile), et, à partir de cette reconstitution, de confirmer la chronologie relative, jusque-là utilisée, ou d'établir une nouvelle chronologie.

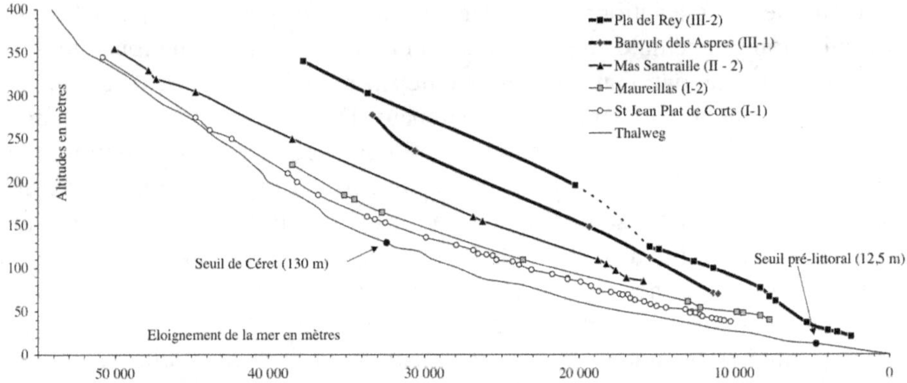

Document 7.1 - Profil longitudinal du système des terrasses du Tech

7.1 - Etagement des terrasses du Tech

Ce fleuve côtier nous servira de modèle d'application de notre méthode du fait de la relative simplicité de son système de terrasses.

Le recours aux profils longitudinaux de la répartition des différents niveaux par rapport au thalweg tend à infirmer quelque peu cette disposition (document 6.5 et 6.6). Rappelons que c'est à 400 m NGF que débute notre cartographie des plus hauts niveaux de terrasses, mais, du fait de variations de la résistance des roches rencontrées, il existe des ruptures de la pente du thalweg à Amélie-les-Bains (210-220 m), à La Forge (170-180 m), à Céret (124-130 m), et à Banyuls del Aspres (45-50 m).

Toutefois, il avait été déterminé que les profils secondaires nés des seuils d'Amélie-les-bains, de La Forge et de Céret étaient des artéfacts car le coefficient directeur des équations est de $0,13.10^{-6}$ à $0,14.10^{-6}$: des valeurs déjà rencontrées pour le profil 6 - $0,14.10^{-6}$ - de la modélisation générale du profil du thalweg. Aussi, pour ce qui concerne la répartition des terrasses, le thalweg n'est crédité que de deux seuils majeurs : à Céret (H = 130 m et D = 32 410 m), et un seuil prélittoral (H = 12,5 m et D = 4 750 m). Le seuil de Céret est structural : le Tech sort des Pyrénées pour entrer dans la plaine pliocène, mais le seuil prélittoral de 12,5 m d'altitude, à 4,8 km de la Méditerranée, tient soit à une subsidence très tardive de la Salanque, soit à une modification du profil consécutive au remblaiement historique généralisé qui caractérise la dynamique récente des cours d'eau du Roussillon.

En son temps, Depéret n'y avait trouvé qu'un système de trois terrasses ; en 1995, M. Calvet y a défini les mêmes ensembles, avec toutefois quelques précisions :

- Deux basses terrasses **T.1** et **T.2** (**I-2** et **I-1** pour nous).
- Une moyenne terrasse **T.3** (**II-2** pour nous) limitée à la partie aval du fleuve, et absente du Vallespir.
- Deux hautes terrasses **T.4** et **T.5** (**III-2** et **III-**1 pour nous), souvent réduites à des lambeaux, et rejetées en altitude par la néotectonique, dès qu'on pénètre en Vallespir.

La représentation de leur profil longitudinal par rapport à l'axe du thalweg (document 7.1) illustre assez parfaitement la théorie évoquée sur l'incision d'un réseau hydrographique par palier et qui abandonne ses lits majeurs après chaque incision consécutive à une crise climatique. L'analyse des profils des différents niveaux de terrasses induirait aussi la permanence de mouvements tectoniques au cours du Quaternaire.

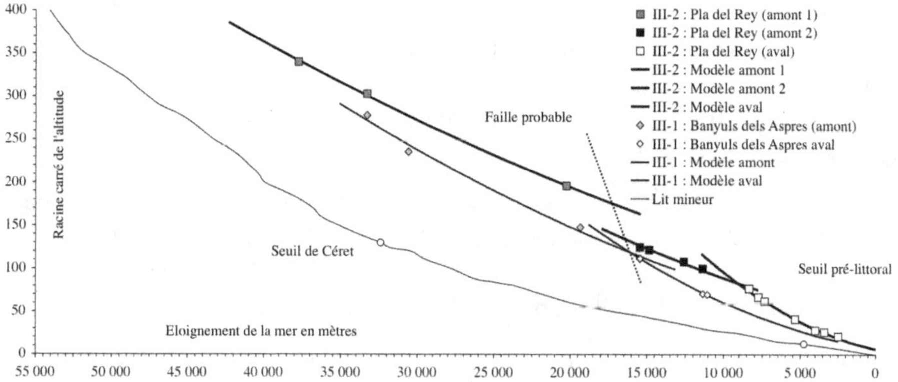

Plat del Rey amont 1	$H = 0{,}65.10^{-6}.D^2 + 4{,}5.10^{-3}.D + 78{,}3$	$(r^2 = 1{,}00)$
Plat del Rey amont 2	$H = 1{,}13.10^{-6}.D^2 + 4{,}08.10^{-3}.D + 36{,}8$	$(r^2 = 0{,}99)$
Plat del Rey aval	$H = 5{,}20.10^{-6}.D^2 + 43{,}7.10^{-3}.D + 6{,}52$	$(r^2 = 0{,}99)$
Banyuls-Aspres amont	$H = 1{,}05.10^{-6}.D^2 + 3{,}7.10^{-3}.D + 32{,}3$	$(r^2 = 0{,}99)$
Banyuls Aspres aval	$H = 2{,}60.10^{-6}.D^2 + 2{,}7.10^{-3}.D + 7{,}01$	$(r^2 = 1{,}00)$

Document 7.2 - Modélisation et décomposition du profil des hautes terrasses du Tech

7.1.1 - Modélisation du profil des hautes terrasses

Au Quaternaire ancien, le Tech a construit deux terrasses très fortement étagées par rapport au lit actuel. Ce sont les *terrasses du Plat del Rey* - **III-2** et de *Banyuls-dels-Aspres* - **III-1**, assimilées aux niveaux de Mas Ferréol et de

Plan d'en Bourgat dans la basse vallée de la Têt. Ces niveaux ne constituent plus des remblaiements continus mais des lambeaux accrochés aux Albères et aux Aspres, en amont, et couronnant les buttes pliocènes de la rive gauche, en aval. Il faut scientifiquement reconnaître que la détermination de leur altitude reste incertaine (document 7.2).

Déjà, sur le document 7.1, la répartition de la cote des lambeaux de ces hauts niveaux présente des anomalies.

1°) Terrasse de Plat del Rey - III-2 : nous avons pu en relever les coordonnées de 14 points, mais leur répartition dans le même repère orthonormé que le thalweg ne donne pas une répartition conforme au profil d'équilibre d'une plaine alluviale fossile. Il faut répartir les points coordonnés en trois ensembles, pour observer une certaine logique.

➢ Les points situés à plus de 20 km de la mer constituent un premier ensemble, *Plat del Rey amont 1*, à l'allure parabolique, mais d'altitude nettement plus élevée que ceux qui se trouvent en aval.

➢ Ces derniers dessinent eux-mêmes des fragments de paraboles, et doivent être distribués en deux ensembles, *Plat del Rey amont 2* et *Plat del Rey aval,* de part et d'autre d'un point situé à 8,35 m de la Méditerranée.

La modélisation mathématique (document 7.2) au second degré de ces trois ensembles donne effectivement des résultats cohérents, avec d'excellents coefficients de corrélation. En fait, tout se passe comme si le profil avait été dénivelé par faille, à 20 km de la mer, bien après l'alluvionnement, puis seulement gauchi en aval.

2°) La terrasse de Banyuls-dels-Aspres - III-1 n'a pu être coordonnée que par 6 points. Cependant, dans le même repère (document 7.2), ces points se disposent suivant deux profils, l'un, Banyuls-dels-Aspres amont, à plus de 20 km de la mer, et l'autre, Banyuls-dels-Aspres aval, est plus incurvé.

3°) Les deux hautes terrasses présentent les mêmes césures au sein de leur profil : l'une à 20 km de la mer, la seconde beaucoup plus proche, à 8,35 km. Pour la terrasse de Banyuls-dels-Aspres - III-1, la seconde césure n'est que virtuelle, ces lambeaux n'approchant pas à moins de 11 km de la mer.

Quant à l'interprétation de ces deux ruptures, elle ne peut guère être lithologique. En effet, une éventuelle césure pour des raisons lithologiques devrait se situer en amont de Banyuls-dels-Aspres, entre le socle et le remplissage cénozoïque. Or il n'en est rien, elle est à 20 km de la Méditerranée entre Banyuls-dels-Aspres et Ortaffa, au sein du remplissage cénozoïque. La même observation s'applique à la seconde césure.

Seule l'hypothèse tectonique peut expliquer ces modifications des profils. Ceci n'a rien d'original, quand on sait que des mouvements inverses se sont réalisés avec plus ou moins de vigueur au cours du Quaternaire, et qu'ils peuvent se résumer par une poursuite de la subsidence dans les plaines : Roussillon, Confluent, Vallespir. Ainsi, pour ce qui concerne la terrasse du *Plat del Rey* - **III-2**, elle semble avoir subi la poursuite de cette subsidence par une simple modification du profil à 8,35 km de la mer. À l'inverse, une véritable dénivellation, par flexure ou par faille, l'accidente à 20 km du littoral. Cette dernière hypothèse correspond aussi à la césure qui accidente le profil de la terrasse de *Banyuls-dels-Aspres* - **III-1**.

Cette coïncidence ne peut être fortuite : ce type de mouvement, que nous observerons dans la Salanque, près de Perpignan, sur la basse vallée de la Têt, est lent et durable, et il affecte les thalwegs toujours aux mêmes endroits, le long des lignes de faiblesse du socle. Ici, une première ligne se situa à une dizaine de km de la mer et l'autre à une vingtaine. L'intérêt immédiat de la césure de 20 km est chronologique : elle aurait dénivelé la haute terrasse du *Plat del Rey* - **III-2**, et seulement incurvé le profil de la haute terrasse de *Banyuls-dels-Aspres* - **III-1**.

Un temps assez long séparerait donc les mises en place des deux hauts niveaux !

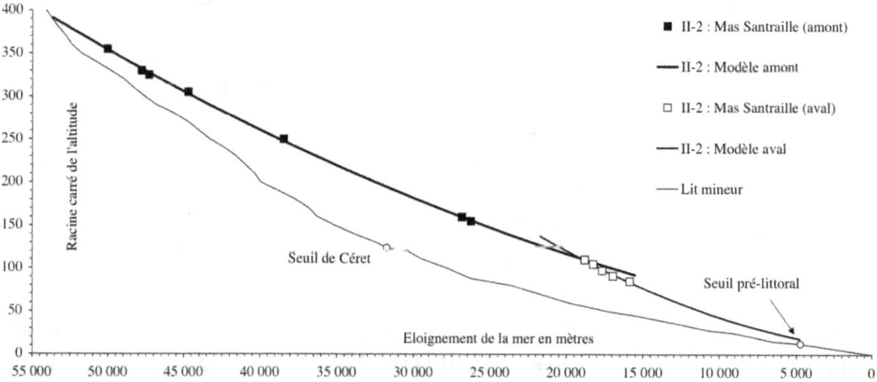

Mas Santraille amont	$H = 0{,}071.10^{-6}.D^2 + 2{,}9.10^{-3}.D + 30$	$(r^2 = 0{,}99)$
Mas Santraille aval	$H = 1{,}94.10^{-6}.D^2 + 1{,}9.10^{-3}.D + 4{,}67$	$(r^2 = 0{,}99)$

Document 7.3 - Modélisation et décomposition du profil de la moyenne terrasse du Tech

7.1.2 - Modélisation de la moyenne terrasse

Le Tech possède un unique système de moyenne terrasse, auquel nous avons donné l'éponyme de Mas Santraille - II-1. Le profil en long de cette terrasse, pour laquelle 12 points ont été coordonnés, se sépare en deux ensembles paraboliques, Mas Santraille amont et aval, de part et d'autre d'un point situé vers 20 km de la mer, et les points de chacune des branches sont parfaitement coordonnés (document 7.3).

La coïncidence avec les hautes terrasses n'est pas fortuite. Les terrasses de Mas Santraille amont sont disposées sur la rive droite, et celles de Mas Santraille aval le sont sur la rive gauche. En outre, elles se trouvent séparées par un plan méridien passant à l'ouest d'Ortaffa, à 20 km de la mer. Il ne peut s'agir que du même accident dont le rejeu accompagna une subsidence de la Salanque d'Argelès sur mer. Après la mise en place de la terrasse de Mas Santraille - II-1, la subsidence se poursuivit.

7.1.3 - Modélisation des basses terrasses

Au cours du Pléistocène final et du Tardiglaciaire, le Tech a construit deux dernières terrasses étagées - *Maureillas - I-2* et *St Jean-Plat de Cors - I-1* - bien inscrites entre le thalweg et les moyennes terrasses (document 7.4).

Nous disposons d'un nombre de points coordonnés plus importants pour ces deux niveaux à peine étagés : 11 points pour la terrasse de *Maureillas I-2*, et 47 points pour la terrasse de *Saint-Jean-Pla-de-Corts - I*-1.

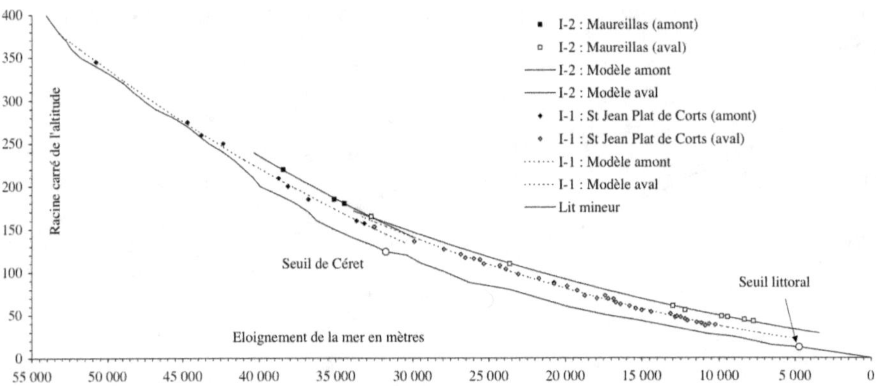

Maureillas amont	$H = 0{,}12.10^{-6}.D^2 + 1{,}01.10^{-3}.D + 2{,}11$	($r^2 = 0{,}99$)
Maureillas aval	$H = 0{,}064.10^{-6}.D^2 + 2{,}3.10^{-3}.D + 20{,}5$	($r^2 = 1{,}00$)
St J. Plat de Cors amont	$H = 0{,}12.10^{-6}.D^2 + 0{,}71.10^{-3}.D + 1{,}06$	($r^2 = 1{,}00$)
St J. Plat de Cors aval	$H = 0{,}08.10^{-6}.D^2 + 1{,}9.10^{-3}.D + 10{,}9$	($r^2 = 0{,}99$)

Document 7.4 - Modélisation et décomposition du profil des basses terrasses du Tech

1°) La basse terrasse de Maureillas I-2 dessine une courbure d'allure parabolique. Cependant, une césure, certes moins bien constituée que sur les moyennes et hautes terrasses, se dessine à 165 m d'altitude, entre 32,5 et 33 km de la mer. De part et d'autre de ce point, le profil se divise en deux branches - Maureillas amont et Maureillas aval - aux points assez parfaitement corrélés (document 7.4).

Cependant, cette terrasse n'a pas été affectée par les mouvements observés sur les niveaux plus anciens, à 20 et 8,5 km de la mer, mais en un nouveau point, à 32-33 km de la mer, très voisin du seuil de Céret qui affecte le thalweg à une altitude de 130 m et qui est éloigné de 32,4 km de la mer.

2°) Cette césure se retrouve sur la basse terrasse de Saint-Jean-Pla-de-Corts - I-1. En effet, cette basse terrasse est scindée au même point : H = 153 m / E = 32,4 km suivant deux ensembles bien corrélés (document 7.4).

Il est évident que les mouvements qui ont affecté les hautes et moyennes terrasses n'ont pas rejoué au cours Pléistocène récent. La césure de 32-33 km n'est plus tectonique, mais n'est autre que l'impact du seuil structural de Céret, quand le Tech sort des Pyrénées pour entrer dans le remplissage pliocène. À l'appui de cette hypothèse, les profils des sections amont et aval de chacune des terrasses, sont assez parfaitement parallèles, car le seuil de Céret est immobile et la différence d'altitude traduit l'incision consécutive à la crise tardiglaciaire.

Somme toute, le bassin du Tech fut assez peu affecté par la néotectonique. Il apparaît que la subsidence de la Salanque fut, ici, importante au milieu du Pléistocène : les hautes terrasses du *Plat del Rey - III-2* et de *Banyuls-dels-Aspres - III-1* furent très affectées par une subsidence de la plaine pliocène, laquelle continua d'affecter la moyenne terrasse de *Maureillas - II-1.* Cependant, cette subsidence cessa au Quaternaire récent : ni les basses terrasses de *Maureillas - I-2* et de *Saint-Jean. Plat de Cors - I-1,* ni le thalweg holocène ne furent affectés.

Toutefois, pour ce dernier, l'occurrence d'un seuil prélittoral, accompagné d'une forte pente, qu'on attribue à une reprise historique de l'érosion régressive, pourrait aussi être une manifestation d'une subsidence proche de la côte.

7 .2 – Etagement des terrasses du Réart

À ce fleuve côtier, il faut associer le système de terrasses de son principal affluent, la Canterrane. Ces deux cours d'eau offrent la particularité de la brièveté du développement de leurs basses terrasses *Villemolaque - I-2* et *Terrats* - **I-2**. Inversement, ils ont développé un important système de moyennes et hautes terrasses : *Saleilles* - **II-1**, *Cabestany-bas* **III-1** et *Puig de Négou* - **III-2**. Mais ces terrasses ne dépassent pas 260 m d'altitude.

En dessous de cette altitude, le thalweg est affecté de plusieurs seuils (documents 6.11 et 6.12). De nombreux seuils affectent simultanément le Réart et la Canterrane: à 170 m, à 120 m et à 75-80 m, et à 40-50 m (sur la Canterrane, on observe une rupture convexe dont la pente du thalweg s'accroît pour gagner la confluence avec le Réart). Le Réart serait affecté par des seuils prélittoraux à 30 m, 25 m et 10 m. L'explication avancée fut d'abord lithologique : vers 170 m et 120-130 m, les deux cours d'eau quittent les sables, galets et cailloutis parfois consolidés en brèches et poudingues du Pliocène continental, pour pénétrer dans le Pliocène marin sablo-argileux. Toutefois, les seuils situés entre 50 m et le niveau de la mer peuvent être attribués à une subsidence généralisée accompagnée d'une reprise de l'érosion régressive.

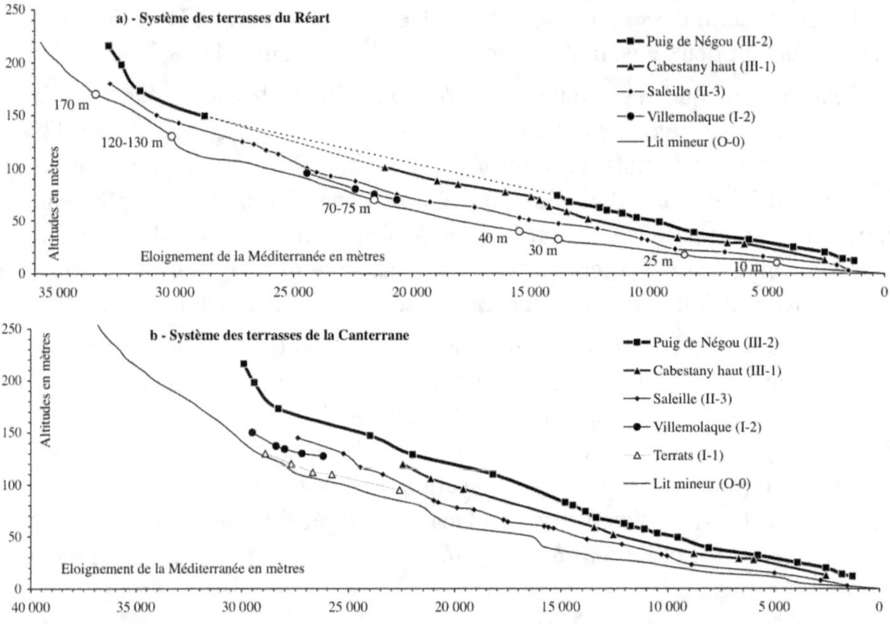

Document 7.5 - Représentation graphique des terrasses du Réart et de son affluent la Canterrane.

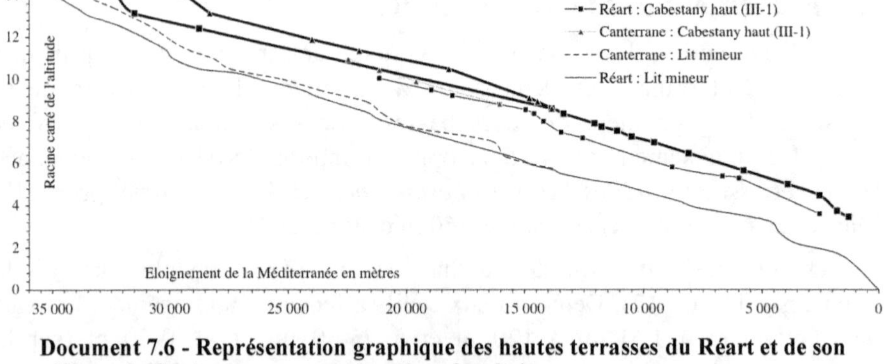

Document 7.6 - Représentation graphique des hautes terrasses du Réart et de son affluent, la Canterrane, en coordonnées géométriques.

Le document 7.5 fait état d'un doute concernant la haute terrasse le long du Réart. Une lacune de 15 km existe entre l'amont et l'aval, et elle provoque un doute quant à leur rattachement : Puig de Négou ou Cabestany-haut. La même question se pose sur la Canterrane. La représentation graphique de leurs coordonnées - en portant en ordonnées la racine carrée de l'altitude - a permis de répondre (documents 7.6 et 7.7).

7.2.1 – Modélisation des hautes terrasses

Le parallélisme de la répartition des niveaux anciens des deux cours d'eau frères répond, de lui-même, à la question. Sur ces bassins versants, le système de terrasses est, certes, incomplet, mais, que ce soit sur la Canterrane ou le Réart, les alluvions anciennes que nous avons rencontrées, très en amont, se rapportent au niveau le plus ancien de Puig de Négou, ce que confirment les mêmes variations de leurs profils.

➢ Ainsi les profils des hautes terrasses de *Puig de Négou* - **III-2**, très inclinés à l'amont, s'adoucissent entre 30 et 15 km de la mer.

➢ Après la confluence entre Réart et Canterrane, le profil de la haute terrasse de *Puig de Négou* - **III-2** s'incurve en une légère concavité, dont la courbure s'accroît sur la haute terrasse de Cabestany-haut - III-1.

La modélisation rend compte de ces descriptions.

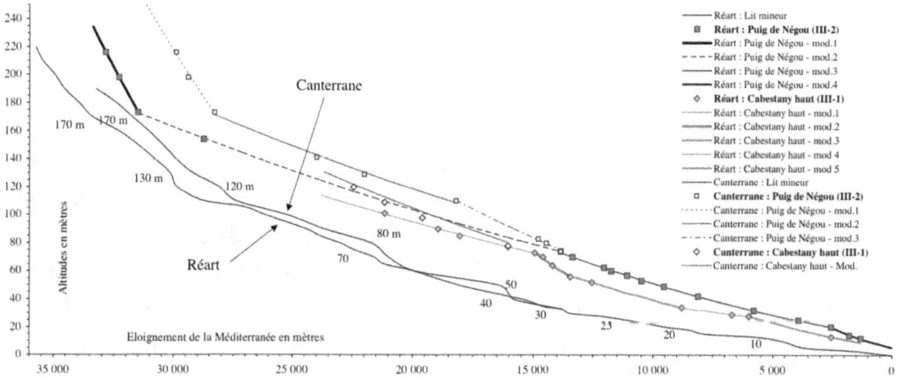

Réart : modèle 1	$H = 1,3.10^{-6}.D^2 + 0,05.10^{-3}.D + 523,6$	$(r^2 = 1,00)$
Réart : modèle 2	$H = 0,6.10^{-6}.D^2 + 2,6.10^{-3}.D + 25,4$	$(r^2 = 1,00)$
Réart : modèle 3	$H = 0,13.10^{-6}.D^2 + 2,6.10^{-3}.D + 12,7$	$(r^2 = 1,00)$
Réart : modèle 4	$H = 0,67.10^{-6}.D^2 + 3,9.10^{-3}.D + 5,5$	$(r^2 = 0,99)$
Canterrane : modèle 1	$H = 0,9.10^{-6}.D^2 + 0,26.10^{-3}.D + 184,4$	$(r^2 = 0,99)$
Canterrane : modèle 2	$H = 0,07.10^{-6}.D^2 + 2,9.10^{-3}.D + 31,4$	$(r^2 = 1,00)$
Canterrane : modèle 3	$H = 1,8.10^{-6}.D^2 + 2,4.10^{-3}.D + 7,9$	$(r^2 = 1,00)$

Document 7.7 - Modélisation des hautes terrasses du Réart et de son affluent la Canterrane

1°) Modélisation des perturbations de la haute terrasse du Puig de Négou (document 7.7, modèles 1 à 4). Le long du Réart, son profil se décompose en quatre sections réparties entre les points suivants : H = 173 m/E = 31,5 km, H =

74 m/E = 13,9 km et H = 20 m/E = 2,6 km. Elles sont parfaitement modélisables par une équation du second degré.

a) Une première rupture de pente (document 7.7, modèle 1) correspond au point H = 173 m/E = 31,5 km. Sur le Réart, elle se traduit par une forte réduction de la pente (le coefficient directeur de l'équation de modélisation est divisé par 20). Les coordonnées de cette rupture de pente coïncident avec le seuil de 170 m du thalweg, attribué à un changement de faciès : les bassins versants, jusque-là inscrits dans les sables, galets et cailloutis parfois consolidés en brèches et poudingues du Pliocène continental, pénètrent dans le Pliocène marin, sablo-argileux.

Cette hypothèse est étayée par le profil de la même terrasse le long de la Canterrane. On y relève la même rupture de pente du profil à 170 m, accompagnée d'une réduction de la pente par 13. Mais le plus marquant reste, le parallélisme presque parfait entre leurs représentations graphiques. L'explication lithologique reste la plus probable

b) La deuxième et la troisième ruptures de pente se tiennent aux coordonnées H = 74 m/D = 13,9 km et H = 20 m / D = 2,6 km. Le long du Réart, la deuxième et la troisième ruptures de pente se tiennent aux coordonnées H = 74 m / D = 13,9 km et H = 20 m/D = 2,6 km.

Il y correspond un accroissement progressif de la pente du profil (coefficient directeur multiplié par 2, puis par 5). Ces deux sections pourraient être rattachées aux perturbations du thalweg à l'aval du seuil de 75 m et aval ; elles appartiennent à des seuils prélittoraux souvent difficiles à interpréter. Si les plus proches de la mer peuvent traduire une reprise de l'érosion régressive, les plus éloignés pourraient être le reflet d'une subsidence généralisée : ainsi les profils 14 et 15 du thalweg (document 6.11) seraient la poursuite d'une subsidence ayant déjà remodelé le profil de la très haute terrasse à 15 et 3 km de la mer (document 7.7, modèles 3 et 4). Toutefois, cette subsidence pourrait commencer plus en amont, à H = 120 m / E = 18,2 km, point où la rupture se réalise sur la Canterrane (modèle 3) et correspond aux profils 7 ou 8 du thalweg de la Canterrane (document 6.12).

***2°) Cette perturbation du profil concerne aussi la haute terrasse de Cabestany-haut* - III-2**

Canterrane : modèle 1	$H = 0{,}11.10^{-6}.D^2 + 2{,}3.10^{-3}.D + 12{,}5$	($r^2 = 1{,}00$)
Réart : modèle 1	$H = 0{,}06.10^{-6}.D^2 + 0{,}24.10^{-3}.D + 24{,}1$	($r^2 = 1{,}00$)
Réart : modèle 2	$H = 0{,}52.10^{-6}.D^2 + 3{,}3.10^{-3}.D + 5{,}2$	($r^2 = 1{,}00$)
Réart : modèle 3	$H = 0{,}13.10^{-6}.D^2 + 1{,}9.10^{-3}.D + 7{,}2$	($r^2 = 0{,}99$)
Réart : modèle 4	$H = 0{,}04.10^{-6}.D^2 + 1{,}6.10^{-3}.D + 16{,}7$	($r^2 = 1{,}00$)
Réart : modèle 5	$H = 0{,}20.10^{-6}.D^2 + 2{,}3.10^{-3}.D + 5{,}6$	($r^2 = 1{,}00$)

➢ En amont de la rupture de pente de H = 78 m/E = 16 km, les *modèles 1*, des hautes terrasses des deux cours d'eau, traduisent une pente très voisine et surtout, plutôt faible, pour des niveaux parallèles aux niveaux de *Puig de Négou*, étagés au-dessus d'elles.

➢ En aval de ce point, et de la confluence Réart-Canterrane, la pente s'accroît fortement sur la terrasse de *Cabestany-haut* du Réart. Mais, à l'image des très hautes terrasses de *Puig de Négou*, cette modification du profil est discontinue et marquée par des ruptures de pentes secondaires, illustrées par les équations des *modèles 2 à 5*.

On aurait pu penser qu'entre 73 m et 28 m, la concavité observée est la traduction d'un profil d'équilibre hérité. Il n'en est rien ; entre ces deux points, il n'y a pas de coordination possible sans recourir à une partition de cette concavité en trois tronçons : modèles 2 à 4. À l'observation, on s'aperçoit aussi que les ruptures de pente situées à 73 m, 56 m, 34 m et 28 m d'altitude, correspondent assez bien aux seuils de 40 m, 30 m, 20 m et 10 m d'altitude du thalweg, c'est-à-dire à des points respectivement situés à 15,5 km, 13,5 km, 11 km et 4,6 km de la mer.

L'hypothèse néotectonique est ici la plus séduisante ; même si elle ne doit pas être la seule à évoquer, sa probabilité semble bien établie. En effet, à quelques km de là, le site de Cabestany appartient à un bloc affaissé par la faille de Perpignan, processus que nous évoquerons dans la basse vallée de la Têt. Toutefois, il ne faut pas écarter une simple variation de faciès. Nos pérégrinations systématiques sur le terrain nous ont montré l'importance du rôle joué par la succession de faciès sableux et de faciès à galets dans le pliocène continental. Il n'y a qu'à circuler aux alentours de la cuvette éolienne de Bages. Son origine est bien plus complexe : si le fond topographique est réellement un *estany* de déflation pléistocène dans le pliocène marin, ses alentours sont constitués de "*rebords de plateaux concentriques*" correspondant chacun à un épandage de galets de quartz datant du Pliocène continental, donc final. Un doute existe entre les hypothèses structurales et les hypothèses néotectoniques, dont il reste toujours à faire la part.

7.2.2 – Modélisation de la moyenne terrasse

Cette terrasse est, bien sûr, unique, mais elle est ubiquiste sous le toponyme *Saleilles* - **II-1**. Le profil des hautes terrasses s'y trouve en partie reproduit (document 7.8). Jusqu'à la confluence entre le Réart et la Canterrane, les deux profils offrent une grande similitude :

➢ Une forte pente dans la partie amont : H > 150 m et E > 30,8 km).
➢ Une concavité marquée entre : H = 150 m/E = 31 km et H = 63 m / E = 17 km.
➢ Par la suite, le Réart offre :
➢ Un double profil convexo-concave entre : H = 63 m /E = 17,4 km, H = 45 m / E = 12,2 Km, H = 20 m / E = 6,8 km puis H = 8 m / E = 2,1 km.

➢ Une pente prélittorale entre H = 8 m / E = 2,1 km et la Méditerranée.

Ces perturbations de la régularité du profil ont été modélisées.

a) Seul le Réart possède une terrasse située en amont du km 30,8. Son profil peut être modélisé par une équation (document 7.8, modèle 1) dont la forte pente se situe en amont du seuil de 170 m du thalweg.

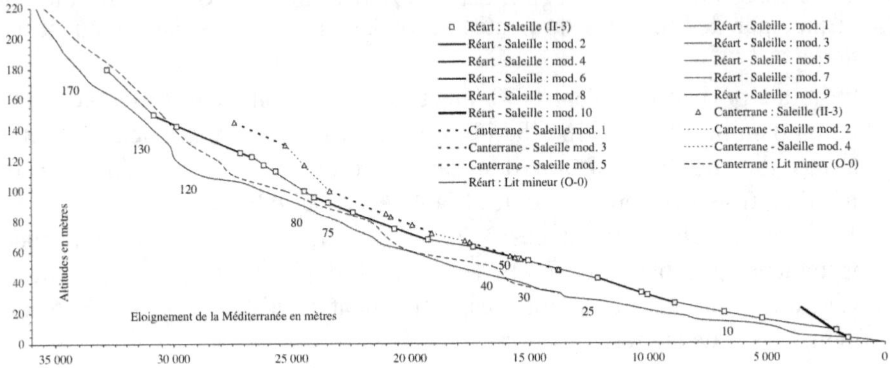

Réart-Saleilles : mod. 1	$H = 3{,}4.10^{-6}.D^2 - 6{,}7.10^{-3}.D + 33{,}1$	($r^2 = 1{,}00$)
Réart-Saleilles: mod. 2	$H = 0{,}8.10^{-6}.D^2 + 2{,}0.10\text{-}3.D + 12{,}2$	($r^2 = 1{,}00$)
Canterrane-Saleilles: mod. 1	$H = 0{,}9.10^{-6}.D^2 - 2{,}3.10^{-3}.D + 15{,}1$	($r^2 = 1{,}00$)

Document 7.8 - Modélisation de la moyenne terrasse du Réart et de son affluent, la Canterrane.

b) Par la suite, la pente se réduit entre les points H = 150 m /E = 31 km et H = 122 m/E = 26,7 km sur le Réart, d'une part, et H = 130 m/E = 25,3 km et H = 100 m/ E = 23,4 km, sur la Canterrane, d'autre part.

On évoque une réduction de pente structurale, attribuée à un changement de faciès, et déjà parfaitement observée sur les hautes terrasses. Cette réduction lithologique de la pente du profil se modélise facilement (document 7.8, Réart-Saleilles modèle 2 et Canterrane modèle 1), et il nous semble important de souligner la similitude entre les coefficients directeurs de ces équations du profil local des *terrasses de Saleilles* - **II-1** et des hautes terrasses de *Puig de Négou* - **III-2** et de *Cabestany-haut* - **III-1**. Nous y voyons une confirmation d'une variation lithologique du profil.

c) Puis, en aval de la confluence entre Réart et Canterrane, on rencontre une importante concavité du profil (déjà subodorée par le profil de la haute terrasse du Réart sur les documents 7.6 et 7.7) entre les cotes H = 123 m/E = 26,7 km sur le Réart, d'une part, et H = 130 m/E = 25,3 km sur la Canterrane et leur confluence, d'autre part. Cette concavité ne constitue pas un ensemble uniforme, et elle doit être modélisée par trois équations du second degré, sur chacun des fleuves côtiers.

Réart-Saleilles : mod. 3	$H = 2,3.10^{-6}.D^2 - 1,9.10^{-3}.D + 3,8$	($r^2 = 1,00$)
Réart-Saleilles : mod. 4	$H = 1,1.10^{-6}.D^2 - 1,3.10^{-3}.D + 3,7$	($r^2 = 1,00$)
Réart-Saleilles : mod. 5	$H = 0,03.10^{-6}.D^2 - 1,7.10^{-3}.D + 26,2$	($r^2 = 1,00$)
Canterrane-Saleilles: mod. 2	$H = 5,7.10^{-6}.D^2 - 1,7.10^{-3}.D + 601$	($r^2 = 1,00$)
Canterrane-Saleilles: mod. 3	$H = 1,2.10^{-6}.D^2 - 1,3.10^{-3}.D + 3,4$	($r^2 = 1,00$)
Canterrane-Saleilles: mod. 4	$H = 0,05.10^{-6}.D^2 - 1,9.10^{-3}.D + 17,4$	($r^2 = 1,00$)

Cette concavité se démultiplie (comme sur les hautes terrasses) en un double profil convexo-concave, entre, H = 63 m / E = 17,4 km, H = 45 m/ E = 12,2 Km, H = 20 m / E = 6,8 km puis H = 8 m/E = 2,1 km. On l'a traduit par les modèles mathématiques suivants :

Réart-Saleilles : mod. 6	$H = 0,7.10^{-6}.D^2 + 1,8.10^{-3}.D + 11,5$	($r^2 = 1,00$)
Réart-Saleilles : mod. 7	$H = 0,8.10^{-6}.D^2 + 1,7.10^{-3}.D + 9,3$	($r^2 = 1,00$)
Réart-Saleilles : mod. 8	$H = 1,9.10^{-6}.D^2 + 1,1.10^{-3}.D + 1,5$	($r^2 = 1,00$)
Réart-Saleilles : mod. 9	$H = 1,1.10^{-6}.D^2 + 1,5.10^{-3}.D + 4,8$	($r^2 = 1,00$)
Réart-Saleilles : mod. 10	$H = 4,8.10^{-6}.D^2 - 7,3.10^{-3}.D + 2,8$	($r^2 = 1,00$)

Les concavités correspondent à la fois aux ruptures de pentes 73 m, 56 m, 34 m et 28 m des hautes terrasses et aux seuils de 40 m, 30 m, 20 m et 10 m du thalweg, soit à des points respectivement situés à 15,5 km, 13,5 km, 11 km et 4,6 km de la mer. Les coefficients directeurs ont aussi une tendance à augmenter, ce qui pourrait transcrire une subsidence progressive. Toutefois, cela ne permet ni de réfuter ni d'affirmer la double hypothèse morphostructurale et/ou néotectonique, déjà évoquée ci-dessus.

Néanmoins, à la cote H = 8 m / E = 2,05 Km, la pente s'accentue très fortement, ce qui n'est pas sans rappeler l'occurrence des seuils prélittoraux observés aussi sur le Tech. Ici, l'hypothèse néotectonique, dans le contexte d'une subsidence ancienne et continue de la Salanque est plus que vraisemblable (modèle 10).

7.2.3 - Remarques sur les basses terrasses

Celles de *Villomolaque* - **I-2** ont été en grande partie effacées à l'Holocène, sur la basse vallée des deux cours d'eau, et la *basse terrasse de Terrats* – **I.1** n'existe que sous la forme d'un court lambeau, et uniquement sur la Canterrane. Toutefois nous avons tenté une modélisation du fait de leur position : à 30 et 40 km de la mer (document 7.9). En effet, qu'on reprenne tous les profils, les basses terrasses correspondent à des secteurs assez bien définis. Sur la Canterrane, *les terrasses de Villemolaque et de Terrats* présentent leur plus long développement ; les variations de leur profil restent dans le contexte des terrasses plus anciennes.

Sur la Canterrane, la *modélisation de la basse terrasse de Villemolaque* oblige à la décomposer en deux parties, qui ne sont autres que le reflet du changement de faciès expliquant la rupture de pente déjà mesurée sur les hautes et moyennes terrasses. Quant à la basse terrasse de *Villemolaque* sur le Réart, elle est trop courte pour que sa modélisation ait un sens ...

$$H = 1{,}3.10^{-6}.D^2 + 5{,}5.10^{-3}.D + 0{,}58 \qquad (r^2 = 1{,}00)$$

... mais, pour la section de la vallée considérée, elle est parallèle aux terrasses plus anciennes : Réart-Saleilles mod. 4 et Canterrane-Saleilles mod.3, par exemple.

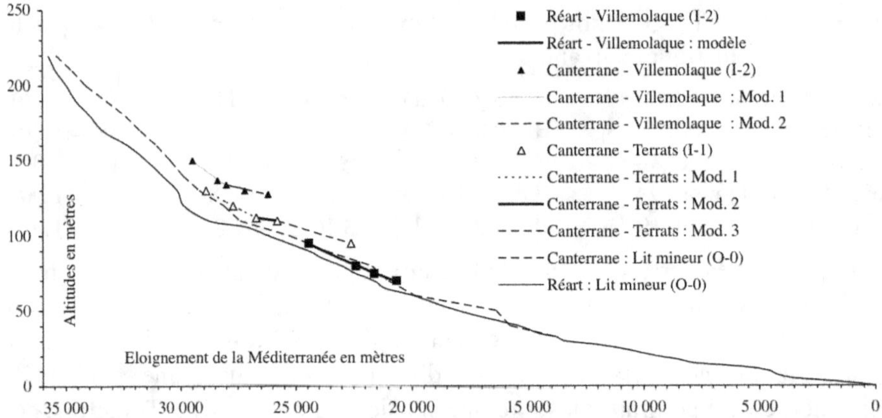

Villemolaque : mod. 1	$H = 0{,}21.10^{-6}.D^2 + 1{,}1.10^{-3}.D + 1{,}6$	$(r^2 = 1{,}00)$
Villemolaque: mod. 2	$H = 0{,}02.10^{-6}.D^2 + 2{,}2.10^{-3}.D + 51{,}2$	$(r^2 = 0{,}98)$
Terrats : mod. 1	$H = 1{,}4.10^{-6}.D^2 + 4{,}8.10^{-3}.D + 0{,}42$	$(r^2 = 1{,}00)$
Terrats : mod. 2	$H = 0{,}011.10^{-6}.D^2 + 1{,}6.10^{-3}.D + 63{,}3$	$(r^2 = 1{,}00)$
Terrats : mod. 3	$H = 0{,}0.10^{-6}.D^2 + 2{,}1.10^{-3}.D + 20{,}3$	$(r^2 = 1{,}00$

Document 7.9 - Modélisation des basses terrasses du Réart et de son affluent, la Canterrane

En conclusion, une certaine régularité semble présider à la mise en place, et au maintien, du profil des terrasses du Réart et de la Canterrane. Si l'étagement est de rigueur, le parallélisme entre les différents niveaux est la règle générale : les déformations du profil longitudinal ont, pour la plupart, une origine morphostructurale, c'est-à-dire des variations de faciès, entre le Pliocène marin et continental. Sans exclure le rôle de la néotectonique, cette régularité dans la forme des profils longitudinaux porte à privilégier le rôle de la structure. D'ailleurs, si mouvements tectoniques il y eut, il n'ont rien de comparable avec ce qu'ont subi les bassins versants de la Têt et de l'Agly.

7.3 – Etagement des terrasses de la Têt

À la différence des deux précédents, ce cours d'eau a connu d'importantes perturbations dans l'historique de l'incision de son profil longitudinal. Parmi elles, deux occupent une situation dominante : d'une part, la présence d'un seuil granitique à Vinça, qui isole le Conflent du Roussillon proprement dit, et, d'autre part, l'occurrence d'une subsidence de la Salanque accompagnée de failles dans le secteur perpignanais, pendant la quasi-totalité du Quaternaire (document 7.10). La conséquence a été marquée par :

➢ L'isolement des paléoalluvionnements de *Coste de Clara* - **III-2** et *Llonat* - **III-1** du Conflent par rapport à ceux du Roussillon : *Mas Ferréol* - **III-2** et *Plan d'en Bourgat* - **III-1**.

➢ La démultiplication de la moyenne terrasse de la *Butte du Four* - **II-3** en deux autres niveaux contem-porains : *la Llabanère* - **II-2** et *Pia* - **II-1**, à l'approche de la Salanque.

➢ Le difficile raccordement topographique entre les basses terrasses du Conflent : *Vinça* - **I-2** et *Prades* **I-1**, et leurs homologues du Roussillon : *Toulouges* - **I-2** et *Ille-sur-Têt* - **I-1**.

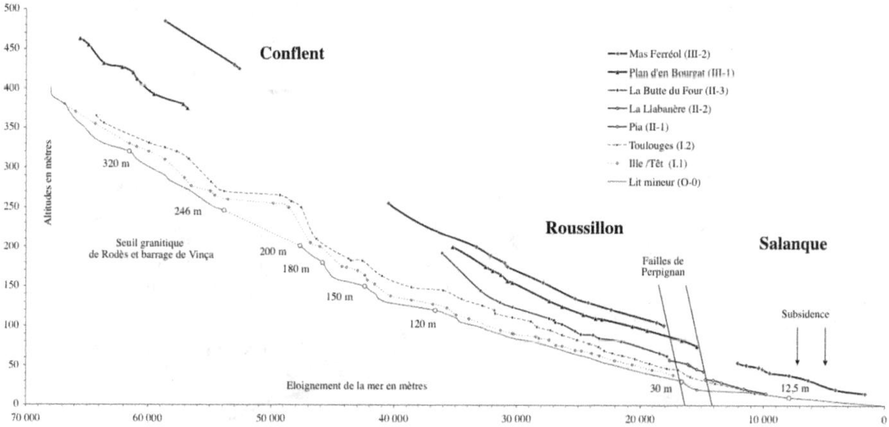

Document 7.10 - Terrasses de la Têt en Conflent et en Roussillon

Aujourd'hui, il en résulte un thalweg au profil prodigieusement perturbé.

➢ En Conflent, le thalweg est découpé selon trois seuils majeurs : les seuils de Ria à 380 m et de Mas Tolra à 320 m, et le seuil granitique de Rodès 1, entre 250 et 200 m.

➢ En Roussillon, le thalweg reste très perturbé jusqu'à Néfiach, par une suite de rifles et de pools marqués par les seuils de Rodès 2 à 180 m, de Matta Roudoune à 150 m et de Néfiach à 120 m.

➢ La Salanque ajoute des perturbations, avec un premier seuil prélittoral à 30 m, et un second à 12,5 m.

Le profil des terrasses respecte en général ces seuils. La décomposition et l'interprétation des déformations de leur profil sont un exercice que nous avons déjà effectué et publié en 1995 dans la revue Quaternaire. À l'époque, la modélisation n'avait porté que sur les terrasses situées en aval du seuil de Rodès, et le modèle numérique choisi avait été *l'exponentielle régressive d'une variable discrète de l'altitude moyenne selon l'éloignement de la Méditerranée.* Nous reprendrons la même recherche en l'étendant aux terrasses du Conflent. Mais surtout, l'altitude choisie est l'altitude réelle, une variable continue fonction de l'éloignement lui-même continu de la Méditerranée.

La modélisation avait alors montré le rôle de la néotectonique, et plus particulièrement, l'importance d'une subsidence de la Salanque, avec la probabilité d'une flexure, ou d'une faille au nord-est, vers Perpignan. Notre nouvelle procédure n'apporte rien de vraiment nouveau, quant à l'occurrence, et au positionnement des phénomènes tectoniques. Mais il permet d'affiner les hypothèses déjà émises, et de confirmer la principale hypothèse, le déplacement dans le temps, et dans l'espace, d'une tectonique cassante qui affecta l'ensemble du Quaternaire.

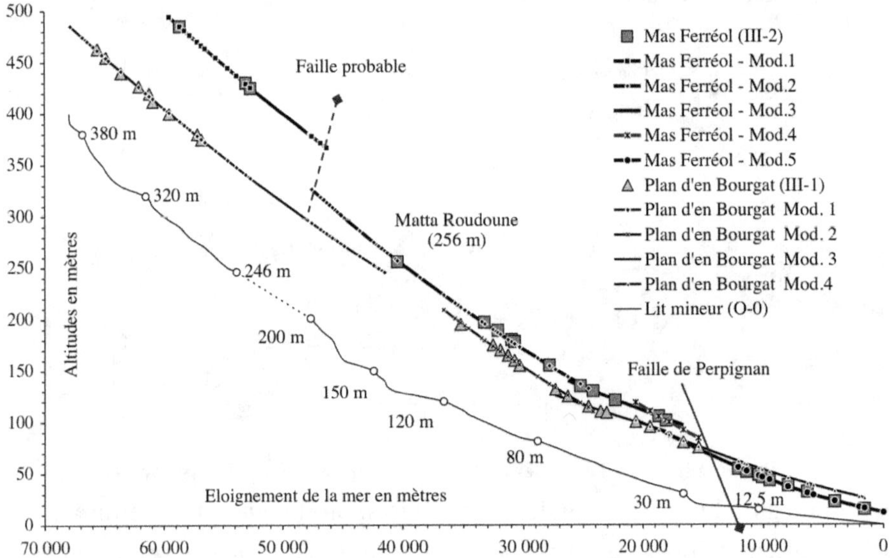

Mas Ferréol : mod. 1	$H = 0{,}05.10^{-6}.D^2 + 0{,}4.10^{-3}.D + 69{,}4$	($r^2 = 1{,}00$)
Mas Ferréol : mod. 2	$H = 0{,}08.10^{-6}.D^2 + 2{,}6.10^{-3}.D + 20{,}1$	($r^2 = 1{,}00$)
Mas Ferréol : mod. 3	$H = 0{,}04.10^{-6}.D^2 + 0{,}26.10^{-3}.D + 39{,}9$	($r^2 = 1{,}00$)
Mas Ferréol : mod. 4	$H = 0{,}10.10^{-6}.D^2 + 2{,}7.10^{-3}.D + 16{,}8$	($r^2 = 1{,}00$
Mas Ferréol : mod. 5	$H = 0{,}11.10^{-6}.D^2 + 0{,}23.10^{-3}.D + 11{,}8$	($r^2 = 1{,}00$)
Plan d'en Bourgat : mod. 1	$H = 0{,}06.10^{-6}.D^2 + 0{,}3.10^{-3}.D + 31{,}9$	($r^2 = 1{,}00$)
Plan d'en Bourgat : mod. 2	$H = 0{,}10.10^{-6}.D^2 + 1{,}9.10^{-3}.D + 8{,}8$	($r^2 = 1{,}00$)
Plan d'en Bourgat : mod. 3	$H = 0{,}03.10^{-6}.D^2 + 2{,}3.10^{-3}.D + 38{,}1$	($r^2 = 0{,}99$)
Plan d'en Bourgat : mod. 4	$H = 0{,}07.10^{-6}.D^2 + 2{,}5.10^{-3}.D + 21{,}6$	($r^2 = 1{,}00$)

Document 7.11 - Modélisation des hautes terrasses de la Têt

7.3.1 - Modélisation des hautes terrasses

Le document 7.11 traduit, sans contestation, l'impossibilité de raccorder les terrasses du Conflent selon un modèle unique, du fait d'une regrettable solution de continuité des niveaux villafranchiens dans la traversée du seuil de Rodès, aujourd'hui sous les eaux du barrage de Vinça.

Il est parfaitement logique que le profil de la très ancienne terrasse de Mas Ferréol ait subi une perturbation postalluviale. Il ne serait même pas utile de quantifier les profils pour reconnaître que les niveaux du Conflent sont à une altitude sans commune mesure avec celles des terrasses du Roussillon, lesquelles sont au-dessus de celles de la Salanque, à Canet-en-roussillon. La modélisation permet, toutefois, de montrer que le profil est aujourd'hui perturbé selon cinq tronçons. Elle permet surtout de donner une datation relative aux mouvements tectoniques à l'origine de ces perturbations, dont certains n'affectent pas la terrasse de Plan d'en Bourgat.

1°) Un premier mouvement tectonique concerne le contact Conflent-Roussillon *:* le *modèle Mas Ferréol : mod.* 1 concerne les terrasses de *Llonat* tandis que le *modèle Mas Ferréol mod. 2* concerne la partie amont des très hautes terrasses de *Mas Ferréol*, en Roussillon.

Topographiquement, ces deux ensembles (qui, au demeurant, présentent la même structure fluvio-torrentielle) ne sont pas au même niveau. Si l'on prolonge le *modèle 1* vers l'aval, et le modèle 2 vers l'amont, ils se superposent de 50 m environ. Ce ne peut être le seul résultat de la présence d'un seuil granitique à Rodès, il faut chercher une explication autre que lithologique. Un mouvement tectonique ancien et de grande ampleur fournit à ce décalage une interprétation plus cohérente. Est-ce une faille ou une flexure ? La lacune de sédimentation, qui accompagne le tracé du seuil de Rodès, ne permet pas de répondre avec précision. Cependant, le coefficient directeur de l'équation du modèle 2 est plus élevé que celui du modèle 1. Il y a donc eu, simultanément, dénivellation post-alluviale, et inclinaison de la section aval : une faille compressive donnerait une explication satisfaisante.

Or, cette fracture ne fonctionna pas par la suite, car elle n'affecte pas le profil de la terrasse de Plan d'en Bourgat (document 7.11, Plan d'en Bourgat : mod. 1 et 2). Si les terrasses de *Costes de Clara* (Mod.1) et du *Plan d'en Bourgat* (Mod.2) ne sont pas dans le prolongement l'une de l'autre, la dénivellation qui les affecte est insignifiante, et porte principalement sur une inclinaison plus forte du profil, qui doit plutôt être associée à la subsidence de la Salanque, laquelle affecte simultanément les deux niveaux plus en aval.

2°) La subsidence de la Salanque est mise en évidence sur les deux niveaux : vers l'aval, le profil de la terrasse de Mas Ferréol est modifié en trois points : H :

135 m / E = 25,3 km et H = 105 m / E = 18,7 km, ce qui se traduit par un adoucissement du profil de la terrasse à 25,3 km de la mer (Mas Ferréol : mod. 3) suivi d'une flexion à 18,7 km. Aujourd'hui, le thalweg est accidenté par deux seuils, de position voisine : un seuil de 80 m à 29 km de la mer et un seuil prélittoral de 30 m à 16,7 km de la Méditerranée.

Le nombre de points ayant servi à établir le profil des terrasses étant moins nombreux, il est fiable d'effectuer une corrélation entre les discontinuités de la régularité du thalweg, d'une part, et celles des terrasses (Mas Ferréol mod. 2, 3 et 4), d'autre part, ce qui se traduit par un adoucissement du profil de la terrasse à 25,3 km de la mer (modèle 3) suivi d'une flexion à 18,7 km. Aujourd'hui le thalweg est accidenté par deux seuils de position voisine : un seuil de 80 m à 29 km de la mer et un seuil prélittoral de 30 m à 16,7 km de la Méditerranée.

C'est d'autant plus envisageable que les mêmes perturbations affectent aussi la terrasse de *Plan d'en Bourgat* aux points H = 115 m / E = 24,6 km et H = 95 m/E = 19,5 km (Plan d'en Bourgat : mod. 2, 3 et 4). Le même phénomène s'observe donc pratiquement aux mêmes endroits. Ici, l'hypothèse lithologique ne tient pas : le sous-sol, du Pliocène marin, est très homogène, et il faut évoquer l'ancienneté et la pérennité de la subsidence de la Salanque, toute proche.

3°) C'est au contact de la faille de Perpignan que bien des interprétations erronées des terrasses de Canet-en-Roussillon et de Cabestany ont été émises. Pourtant, le dispositif topographique est clair. Sur le document 7.11, nous avons matérialisé cette faille de Perpignan, aujourd'hui incontestée. En amont, la très haute terrasse de Mas Ferréol est accompagnée de la haute terrasse de Plan d'en Bourgat. En aval, il n'existe plus qu'une seule terrasse ; longtemps, elle fut attribuée au niveau de Plan d'en Bourgat alors appelé Cabestany. Le profil rend à César ce qui lui appartient. Nous avons modélisé les trois ensembles (document 7.11, Mas Ferréol : mod. 4 et 5, et Plan d'en Bourgat : mod. 4).

Sur le document 7.11, la poursuite, vers l'aval, du graphique de Plan d'en Bourgat : mod. 4, passe très nettement au-dessus de celui de cette terrasse, et le coefficient directeur de son équation est trop faible. À l'inverse, si *Plan d'en Bourgat* et *Ferréol* sont de même pente, ils sont étagés de 10 m l'un par rapport à l'autre. Peut-on la dater de la même époque que celle qui la dénivela plus en amont, à Rodès ? Il y a là un obstacle que nous ne franchirons pas.

7.3.2 - Modélisation des moyennes terrasses

Du fait de la subsidence de la Salanque, M. Calvet, puis nous-mêmes, avons émis la probabilité d'une démultiplication de la *moyenne terrasse de la Butte du Four* - **II-3**. En effet, les terrasses de *La Llabanère* - **II-2** et de *Pia* - **II-1** offrent la même structure géologique et la même altération chimique (voir M. Calvet et ci-dessus), la même colorimétrie (voir B. Debals), la même et unique phase d'éolisation. Surtout, et cela n'a jamais été vraiment souligné, les deux niveaux de *La Llabanère* et de *Pia* poursuivent plus la topographie de la terrasse de la *Butte du Four* qu'ils ne la remplacent (document 7.12).

La moyenne terrasse de la Butte du Four n'existe pas en Conflent et n'apparaît qu'à l'aval du seuil de Rodès, mais elle apparaît déformée aux mêmes sites que les hautes terrasses (document 7.12, Butte du Four : mod. 1 et 2). Une inflexion est bien marquée au point H = 130 m/ E = 31,4 km, trop voisine des points d'inflexion de Mas Ferréol (H = 135 m/E = 25,3 km) et de Plan d'en Bourgat (H = 115 m/E = 24,6 km), pour ne pas y être associée. Une faille - ou plutôt une flexure - affectait le socle et le Pliocène, au fur et à mesure de la subsidence du Roussillon et de la Salanque, peut-être en contrepartie de l'érection des Aspres et du Fenouillèdes.

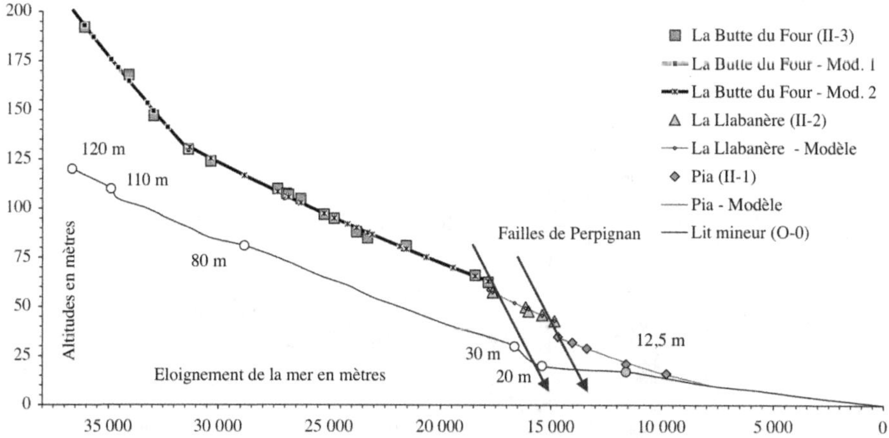

Butte du Four : mod. 1	$H = 0,28.10^{-6}.D^2 + 5,5.10^{-3}.D + 26,8$	$(r^2 = 0,99)$
Butte du Four : mod. 2	$H = 0,07.10^{-6}.D^2 + 1,7.10^{-3}.D + 10,9$	$(r^2 = 1,00)$
La Llabanère – modèle 1	$H = 1,30.10^{-6}.D^2 + 0,80.10^{-3}.D + 1,33$	$(r^2 = 1,00)$
Pia – modèle 1	$H = 1,60.10^{-6}.D^2 + 0,04.10^{-3}.D + 0,002$	$(r^2 = 1,00)$

Document 7.12 - Modélisation des moyennes terrasses de la Têt

Cette inflexion est relayée vers l'aval par une véritable démultiplication de cette terrasse aux points H= 60 m/E = 17,8 km et H = 40 m/E = 14,8 km (document 7.12, Butte du Four : mod. 2, La Llabanère – modèle 1 et Pia – modèle 1). En effet, la pente encore faible de la Butte du Four : mod. 2 (coef. = 0,07) s'accroît avec La Llabanère - modèle (coef. 1,3) et Pia - modèle (coef. 1,6). En ces mêmes lieux, nous avons décrit un seuil prélittoral sur les terrasses de *Mas Ferréol* (H = 105 m et E = 18,7 km) et de *Plan d'en Bourgat* (H = 95 m et E = 19,5 km). Quant au thalweg, à une altitude de 30 m à 16,7 km de la

Méditerranée, il s'abaisse brutalement à 20 m sur une distance de 1,3 km. M. Calvet y a vu une subsidence *synalluviale* de la Salanque (Pléistocène moyen).

La modélisation apporte un bémol : si une inflexion de *Pia* par rapport à *La Llabanère* et de *La Llabanère* par rapport à *la Butte du Four* est incontestable, elle prouve de façon aussi incontestable un décrochement de *Pia* par rapport à *La Llabanère* et de *La Llabanère* par rapport à *la Butte du Four*. Qu'un mouvement *synalluvial* ait accompagné la mise en place de la moyenne terrasse reste possible, mais nous estimons plus certaine l'occurrence d'une dénivellation *postalluviale* laquelle présente l'avantage de clarifier le dispositif général des terrasses : sur la Têt comme sur le Tech et le Réart, il n'existerait qu'un seul niveau de moyennes terrasses.

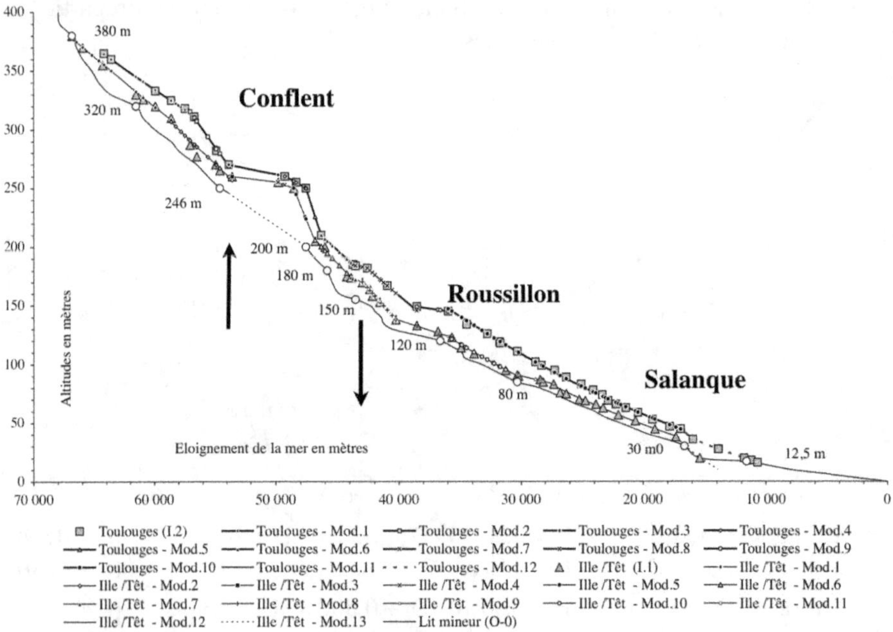

Toulouges : mod. 1	$H = 0{,}04.10^{-6}.D^2 + 2{,}6.10^{-3}.D + 46{,}9$	$(r^2 = 1{,}00)$
Toulouges : mod. 2	$H = 0{,}18.10^{-6}.D^2 - 5{,}6.10^{-3}.D + 43{,}8$	$(r^2 = 0{,}93)$
Toulouges : mod. 3	$H = 0{,}005.10^{-6}.D^2 + 1{,}7.10^{-3}.D + 164$	$(r^2 = 1{,}00)$
Toulouges : mod. 4	$H = 0{,}03.10^{-6}.D^2 + 2{,}6.10^{-3}.D + 50$	$(r^2 = 1{,}00)$
Toulouges : mod. 5	$H = 1{,}1.10^{-6}.D^2 - 73.10^{-3}.D + 1187$	$(r^2 = 1{,}00)$
Ille-sur-Têt : mod. 1	$H = 0{,}05.10^{-6}.D^2 + 1{,}9.10^{-3}.D + 16{,}6$	$(r^2 = 1{,}00)$
Ille-sur-Têt : mod. 2	$H = 0{,}09.10^{-6}.D^2 + 0{,}2.10^{-3}.D + 0{,}08$	$(r^2 = 0{,}99)$
Ille-sur-Têt : mod. 3	$H = 0{,}002.10^{-6}.D^2 + 1{,}1.10^{-3}.D + 193$	$(r^2 = 1{,}00)$
Ille-sur-Têt : mod. 4	$H = 0{,}02.10^{-6}.D^2 + 2{,}4.10^{-3}.D + 94$	$(r^2 = 1{,}00)$
Ille-sur-Têt : mod. 5	$H = 0{,}6.10^{-6}.D^2 - 44.10^{-3}.D + 659$	$(r^2 = 1{,}00)$

Document 7.13 - Modélisation des basses terrasses de la Têt

7.3.3 - Modélisation des basses terrasses

Le document 7.10 illustrait déjà un grand parallélisme entre ces basses terrasses, au plus du Pléistocène supérieur, et le thalweg holocène, et il ne fait aucun doute que les basses terrasses du Conflent, *Vinça* - **I-2** et *Prades* - **I-1**, sont en connexion avec les basses terrasses du Roussillon, *Toulouges* - **I-2** et *Ille-sur-Têt* - **I-1**. Cette hypothèse est confirmée par la modélisation sur le document 7.13. Or, selon toute vraisemblance, le profil des deux basses terrasses doit être divisé en trois ensembles.

1°) Les basses terrasses du Conflent : elles constituent un assemblage original, quelque peu parallèle aux déformations du thalweg. Les modèles 1 et 2 des deux terrasses quantifient ces déformations (document 7.13).

On relève un point d'inflexion : H = 310 m/E = 58,7 km sur la terrasse de Vinça et H = 311 m/E = 56,7 km sur la terrasse de Prades. Ce point d'inflexion est assez proche de celui du thalweg au Mas Tolra : H = 320 m/ E = 61,5 km. L'explication lithologique reste plausible du fait de la proximité du socle : le granit qui affleure dans le lit.

2°) La traversée du seuil de Rodès : la cartographie IGN au 1 :25 000 est postérieure à la construction de la retenue de Vinça, il n'a pas été possible de reconstituer le profil du thalweg, sous les eaux de la retenue. Aussi est-on très impressionné par la courbure simultanée de deux basses terrasses lors de la traversée du seuil. La simultanéité de cette courbure, sur les deux basses terrasses, n'est pas fortuite, et elle correspond, sans aucun doute, à la réponse à un élément statique - la barre granitique - ou à un processus néotectonique, car ne perdons pas de vue que la haute terrasse de Mas Ferréol fut disloquée ici par une faille inverse.

Pour ce qui est de ces basses terrasses, la courbure ne peut être modélisée par une seule équation, mais doit l'être par trois modèles, pour chacune des basses terrasses, avec des coefficients directeurs assez semblables, est-il vrai. La proximité du seuil engendre d'abord un abaissement de la pente du profil (coefficients directeurs des mod. 3 = 0,005 et 0,002), et les terrasses sont presque dans un plan horizontal. La sortie du seuil se fait au contraire avec un profil à la pente très accentuée (coefficients directeurs des mod. 5 = 1,1 et 0,6). Mais le plus important reste la partie située entre ces deux secteurs : sa modélisation (mod. 4) se traduit par des profils non seulement voisins (coefficients directeurs des mod. 4 = 0,03 et 0,02), mais assez proches de ceux des mod.1 (coefficients directeurs des mod. 1 = 0,04 et 0,05).

Nous émettrons deux hypothèses : les granits du seuil de Rodès sont difficiles à inciser, surtout si leur occurrence en ce lieu est consécutive au rejeu d'un horst. En effet, la très haute terrasse de *Mas Ferréol* fut dénivelée, après sa mise en place, à une époque indéterminée. Le profil de la haute terrasse de *Plan d'en Bourgat* n'est apparemment pas troublé ; en fait, ses témoins sont absents le long du seuil (document 7.10). Seul le profil des basses terrasses est perturbé avec précision. Aussi l'hypothèse la plus sûre est l'occurrence d'un horst entre la mise en place des hautes (et des moyennes) terrasses et des basses terrasses. Ce mouvement néotectonique a, dans un premier temps, dénivelé les plus anciens niveaux, puis l'érosion aurait fait le reste, en effaçant les alluvions anciennes maintenant trop haut perchées. Par la suite, la Têt a, peu à peu, incisé son lit dans les granits, mais sans y parvenir totalement. Il en résulte un *pool*, en amont, et un *rifle,* en aval. Ils ont fonctionné pendant une grande partie du Quaternaire. Aujourd'hui, ce site remarquable sert d'enrochement au barrage de Vinça. Toutefois, il existe une autre hypothèse, celle de la surimposition : le seuil granitique a pu exister sous une importante couverture cénozoïque et être atteint par l'incision du thalweg, par paliers, au gré des crises climatiques.

3°) Les perturbations néotectoniques du Roussillon : à la sortie du seuil de Rodès, le parallélisme des terrasses de Toulouges et d'Ille-sur-Têt avec le profil du thalweg holocène, n'est globalement plus démenti. Les profils des deux terrasses se décomposent en sept portions, dont les équations de modélisation sont plutôt très bien corrélées et constituent des couples de modèles illustrant le parallélisme des deux basses terrasses. Entre la sortie du seuil de Rodès (H = 200 m / E = 47,6 km) et Ille-sur-Têt (H = 120 m / E = 36,7 km), les profils des terrasses sont très perturbés par l'occurrence de mouvements tectoniques illustrés par les équations des modèles 5 à 9 (rappelées ci-dessous).

Toulouges : mod. 5	$H = 1,1.10^{-6}.D^2 - 73.10^{-3}.D + 1187$	($r^2 = 1,00$)
Ille-sur-Têt : mod. 5	$H = 0,6.10^{-6}.D^2 - 44.10^{-3}.D + 659$	($r^2 = 1,00$)
Toulouges : mod. 6	$H = 0,11.10^{-6}.D^2 - 0,7.10^{-3}.D + 1,15$	($r^2 = 1,00$)
Ille-sur-Têt : mod. 6	$H = 0,15.10^{-6}.D^2 + 2,9.10^{-3}.D + 14,3$	($r^2 = 1,00$)
Toulouges : mod. 7	$H = 0,006.10^{-6}.D^2 + 1,6.10^{-3}.D + 104$	($r^2 = 1,00$)
Ille-sur-Têt : mod. 7	$H = 0,03.10^{-6}.D^2 + 1,9.10^{-3}.D + 33$	($r^2 = 1,00$)
Toulouges : mod. 8	$H = 0,13.10^{-6}.D^2 - 1,2.10^{-3}.D + 2,7$	($r^2 = 1,00$)
Ille-sur-Têt : mod. 8	$H = 0,23.10^{-6}.D^2 - 7,5.10^{-3}.D + 60$	($r^2 = 1,00$)
Toulouges : mod. 9	$H = 0,004.10^{-6}.D^2 + 1,2.10^{-3}.D + 95$	($r^2 = 1,00$)
Ille-sur-Têt : mod. 9	$H = 0,02.10^{-6}.D^2 + 1,7.10^{-3}.D + 34$	($r^2 = 1,00$)

... délimités par cinq points d'inflexion ...

Terrasse de Toulouges	Terrasse d'Ille sur Têt	Thalweg
H = 210 m / E = 46,4 km	H = 205 m / E = 46,8 km	H = 201 m / E = 46,7 km
H = 184 m / E = 43,6 km	H = 174 m / E = 43,9 km	H = 155 m / E = 43,6 km
H = 182 m / E = 42,6 km	H = 170 m / E = 43,0 km	H = 150 m / E = 42,4 km
H = 149 m / E = 38,6 km	H = 138 m / E = 40,3 km	H = 130 m / E = 40,6 km
H = 145 m / E = 36,0 km	H = 123 m / E = 35,7 km	H = 120 m / E = 36,6 km

... dont les positions, le long du tracé, sont à peu près identiques. Une comparaison avec la transcription graphique du seuil de Rodès sur le document 7.13, semble indiquer la présence d'une sorte de "*graben*" limité en amont par les profils des modèles 5 (forte inclinaison avec un coefficient directeur de 1,1 et 0,6), et en aval par ceux du modèle 9 (faible inclinaison : coef. dir. = 0,04 et 0,02). Dans l'intervalle, la pente des profils est plus modérée (sans être inférieure à celle des terrasses du Conflent, comme le voudrait un profil d'équilibre), quoique interrompue par la pente plus faible du modèle 7.

Deux hypothèses peuvent être évoquées. La déformation est récente, mais antérieure à la mise en place des terrasses, mais ni la dynamique alluviale de la mise en place des basses terrasses, ni la dynamique actuelle, n'ont pu inciser ce profil. Mais on peut aussi évoquer une néotectonique en cours (ce qui n'aurait rien d'original dans cette région de forte sismicité) perturbant simultanément terrasses et thalwegs. Dans les deux hypothèses, il faut revenir au profil de la haute terrasse de *Mas Ferréol*. En effet, nous avons noté la dénivellation entre les hautes terrasses du Conflent et celles du Roussillon. Le jeu d'une faille ancienne est incontestable, mais l'énigmatique terrasse de *Matta Roudoune* pourrait aussi avoir été conservée du fait de sa position dans un secteur affaissé. Il faudrait alors admettre plutôt l'hypothèse d'un *graben* antérieur aux basses terrasses.

4°) La subsidence de la Salanque : entre Ille-sur-Têt et la mer le profil de la basse terrasse de Toulouges reprend sa régularité, seulement interrompue, à 30 km de la mer, par un seuil prélittoral.

En effet, à l'approche de la mer, deux points d'inflexion perturbent la terrasse : H = 45 m/E = 17 km et H = 36 m/E = 16 km. C'est ici que se situent les failles de Perpignan, qui ont dénivelé les hautes terrasses, et démultiplié les moyennes terrasses. L'ampleur de la concavité du thalweg irait bien dans le sens d'une activité encore en cours. On notera enfin que cette terrasse plonge sous la Salanque au voisinage du seuil prélittoral de 12,5 m, ce qui confirme sa mise en place périglaciaire, quand le niveau de la Méditerranée était plus bas qu'aujourd'hui.

Toulouges : mod. 10	$H = 0{,}08.10^{-6}.D^2 + 1.10^{-3}.D + 3{,}4$	$(r^2 = 1{,}00)$
Toulouges : mod. 11	$H = 0{,}5.10^{-6}.D^2 - 7{,}5.10^{-3}.D + 28$	$(r^2 = 1{,}00)$
Toulouges : mod. 12	$H = 0{,}1.10^{-6}.D^2 + 9.10^{-3}.D + 1{,}5.10^{-3}$	$(r^2 = 1{,}00)$
Ille-sur-Têt : mod. 10	$H = 0{,}08.10^{-6}.D^2 + 0{,}5.10^{-3}.D + 0{,}77$	$(r^2 = 1{,}00)$
Ille-sur-Têt : mod. 11	$H = 0{,}02.10^{-6}.D^2 - 1{,}5.10^{-3}.D + 30$	$(r^2 = 0{,}98)$
Ille-sur-Têt : mod. 12	$H = 0{,}08.10^{-6}.D^2 + 0{,}8.10^{-3}.D + 1{,}8$	$(r^2 = 1{,}00)$
Ille-sur-Têt : mod. 13	$H = 0{,}8.10^{-6}.D^2 - 15.10^{-3}.D + 79$	$(r^2 = 1{,}00$

Quant au profil de la terrasse d'*Ille-sur-Têt*, il ne suit pas exactement le même schéma (voir les modèles ci-dessus). Il fait l'objet d'une double inflexion secondaire à H = 91 m/E = 30,4 km et H = 83 m/E = 27,4 km de la mer, inflexions relevées sur les hautes terrasses. Le fait qu'elles ne pertubent ni la moyenne terrasse de la *Butte du Four,* ni la basse terrasse de *Toulouges,* nous a conduit à y reconnaître des perturbations synalluviales fossilisées pour ce qui concerne les hautes terrasses et la basse terrasse d'Ille-sur-Têt, et actives sur le thalweg. Enfin, les failles de Perpignan ont fait plonger cette terrasse sous la Salanque à 15,4 km de la mer, parallèlement à l'inflexion du thalweg.

8 - Étagement des terrasses de l'Agly

Nous avons jugé souhaitable de réserver un chapitre au cas particulier des cours d'eau marginaux entre le Roussillon et l'Aude, dont le tracé est antécédent au relief et dont les affluents traversent des bassins d'effondrement ou des synclinaux. Le système de terrasses y devient très complexe.

Dans le paragraphe V du sixième chapitre, nous avons reconnu et décrit de très nombreuses anomalies le long du profil des thalwegs de l'Agly et de ses affluents. Sur les affluents venus du Fenouillèdes, la plupart des perturbations des profils de l'Agly, de la Boulzane et du Maury, sont d'origine lithologique, mais, sur le Verdouble et dans la moitié aval du fleuve, le rôle d'une activité tectonique intense ne peut être éludé.

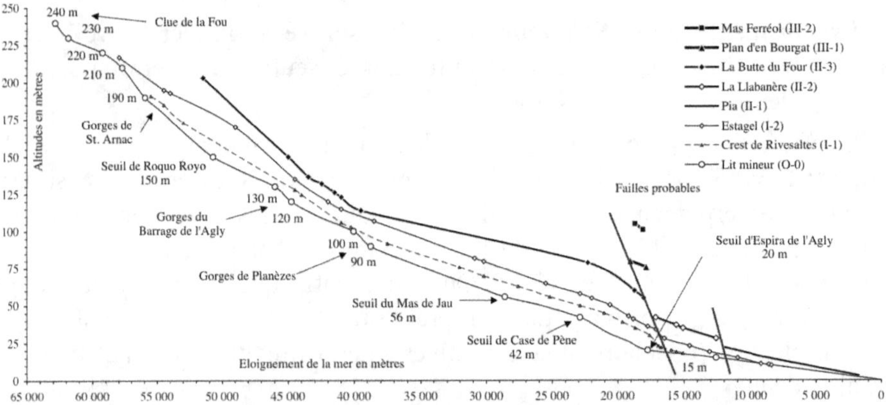

Document 8.1 - Système des terrasses de l'Agly en aval de la Clue de la Fou

Le réseau hydrographique de l'Agly ne constitue donc pas un ensemble simple. Le fleuve lui-même traverse les barres urgoniennes du synclinal du Fenouillèdes, puis les gneiss et le granit du massif du Fenouillèdes avant d'atteindre le Roussillon et la Salanque. Il en résulte une suite de gorges qui sont génératrices de rifles : gorges de Gadamus et de la Clue de la Fou dans les calcaires, gorges de Saint-Arnac, de Roquo Rouyo et du barrage de l'Agly, seuil de Planèzes dans le massif ancien. Entre ces gorges, s'ouvrent des bassins propices à la constitution de plaines et de terrasses alluviales. Quant aux affluents qui viennent se greffer sur l'Agly, la Desix a creusé des gorges épigéniques dans les roches du socle alors que la Boulzane et le Maury occupent le fond du synclinal du Fenouillèdes. Cette diversité possède pourtant un ensemble cohérent de terrasses, tant par leur nombre que par leur répartition.

Il faut, cependant, en isoler le Verdouble, issu lui aussi des Corbières, et dont le cours traverse des bassins d'effondrement : plaine de Padern, plaine de Tuchan et plaine de Tautavel, séparées par des cañons au Pech de Marquech, à Rouffiac des Corbières, à Duihlac, à la Grau de Padern et aux Gouleyrous.

Nous avons cartographié ces terrasses et relevé leurs cotes, jusqu'à une altitude de 250 m sur l'Agly, le Maury et le Verdouble, et jusqu'à 500 m à Puylaurens sur la Boulzane.

8.1 - Modélisation des terrasses de l'Agly

À l'aval d'Estagel, le système des terrasses de l'Agly se rattache au système de la Têt, sans solution de continuité, avec deux hautes terrasses *: Mas Ferréol -* **III-2** et *Plan d'en Bourgat* - **III-1**, trois moyennes terrasses : *Butte du Four* - **II-3**, *La Llabanère* - **II-2** et *Pia* - **II-1**, et deux basses terrasses : *Rivesaltes* **- I-2** (rattachée à la terrasse de Toulouges) et *Estagel* - **I-1** (rattachée à la terrasse d'Ille-sur-Têt). En aval de la Clue de la Fou, dans la traversée du Fenouillèdes, l'Agly a construit un système de trois terrasses. Nous y avons reconnu la *basse terrasse d'Estagel - I-1* qui, à l'aval, se rattache, toujours sans solution de continuité, avec les terrasses de l'aval et celles de la Têt. Toutefois, deux ensembles de lambeaux, répartis en altitude, ont posé le problème de leur rattachement aux ensembles **III-2 / III-1** ou **III-1 / II-3** ou **II-3 / I-2** (document 8.1).

Dés 1997 (Alain GIRET - *L'Agly et ses terrasses dans la traversée du Fenouillèdes* - Quaternaire, 8 (4), 1997, p. 409-418), nous n'avions évoqué que les dates relatives, mais, après retour d'expérience, il s'est avéré impossible de rattacher ce double système aux terrasses **III-2 / III-1** ou aux terrasses **III-1 / II**-3. Ces deux niveaux ne sont que la **basse terrasse d'Estagel I-2** pour les lambeaux les moins élevés et **Planèzes - II-3** (rapporté au niveau de la **Butte du Four**) pour les lambeaux les plus élevés.

Par contre, la restitution du profil de ces terrasses montre un important bouleversement tectonique quaternaire. Par exemple, seule la présence d'une faille, entre Espira et Rivesaltes, peut expliquer la démultiplication de la moyenne terrasse et la conservation de lambeaux de hautes terrasses, au sommet, et sur les flancs, des buttes pliocènes de Baixas à Peyrestortes.

8.1.1 - Modélisation de la moyenne terrasse

Elle confirme l'hypothèse d'importants mouvements tectoniques, au sein du Fenouillèdes, et à l'approche de la Salanque (document 8.2), avec la réplique de la démultiplication de la terrasse de la Butte du Four.

La moyenne terrasse a, sans aucun doute, été dénivelée par un mouvement du sous-sol (un système de failles situées entre Espira de l'Agly et Rivesaltes) que, pour ce qui nous concerne, nous avons de plus en plus de mal à considérer comme synalluvial. En effet, les dénivellations sont nettes, les altérations de terrasses sont équivalentes, et nous serions beaucoup plus enclin à reconnaître l'occurrence d'un escalier de faille à la limite Roussillon-Salanque, et qui aurait dénivelé une seule moyenne terrasse après sa mise en place.

En amont, cette même moyenne terrasse apparaît très fortement déformée. Elle a été, certes, réduite en lambeaux, et les sites fournissant des mesures indiscutables, nécessaires à la modélisation, sont rares, toutefois cette dernière révèle trois tronçons de pentes différentes (Butte du Four : mod. 1, 2 et 3).

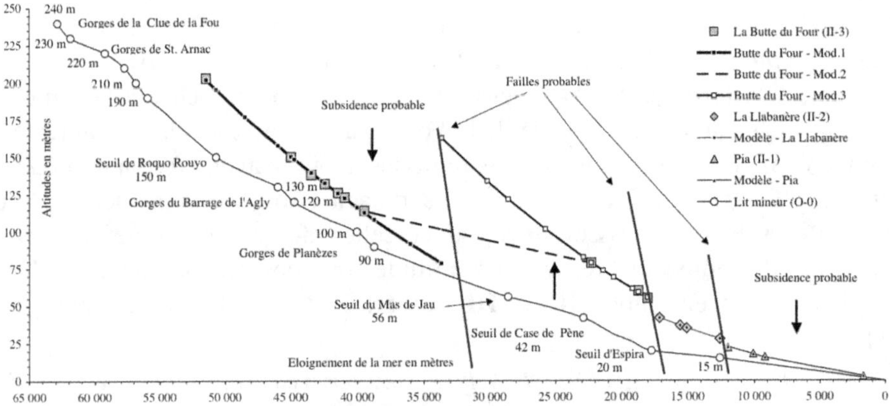

Butte du Four : mod. 1	$H = 0{,}09.10^{-6}.D^2 + 0{,}7.10^{-3}.D + 1{,}5$	$(r^2 = 1{,}00)$
Butte du Four : mod. 2	$H = 0{,}01.10^{-6}.D^2 - 1{,}4.10^{-3}.D + 43$	$(r^2 = 1{,}00)$
Butte du Four : mod. 3	$H = 0{,}1.10^{-6}.D^2 + 0{,}9.10^{-3}.D + 1{,}8$	$(r^2 = 1{,}00)$
La Llabanère : mod. 1	$H = 0{,}07.10^{-6}.D^2 - 1{,}1.10^{-3}.D + 3{,}9$	$(r^2 = 1{,}00)$
Pia : modèle 1	$H = 0{,}09.10^{-6}.D^2 + 0{,}7.10^{-3}.D + 1{,}6$	$(r^2 = 1{,}00)$

Document 8.2 - Modélisation des moyennes terrasses de l'Agly

Le modèle 1 en restitue le profil en amont des gorges de Planèzes, le modèle 3 concerne un second ensemble de témoins, retrouvé sur les deux rives de l'Agly, entre Estagel et Espira ; à l'évidence, la pente de ces deux ensembles est très voisine. La modélisation du profil théorique entre ces deux ensembles (modèle 2) révèle une pente extrêmement faible dans un secteur où les témoins sont absents.

Nous estimons, comme probable, l'interprétation suivante : le socle s'est soulevé (entre deux failles) entre Planèzes et Espira, ce qui aurait porté des témoins des hautes et moyennes terrasses à très hautes altitudes. Puis l'érosion les aurait effacés. À l'appui de cette hypothèse, nous soulignons que le profil du thalweg y est légèrement bombé, comme si la recherche d'un nouvel équilibre était en cours.

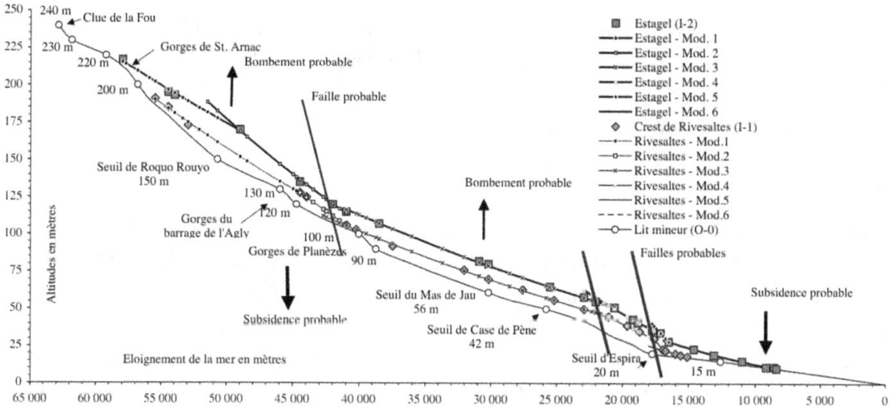

Rivesaltes : mod. 1	$H = 0{,}05.10^{-6}.D^2 + 0{,}5.10^{-3}.D + 1{,}5$	$(r^2 = 1{,}00)$
Rivesaltes : mod. 2	$H = 0{,}08.10^{-6}.D^2 - 0{,}9.10^{-3}.D + 2{,}5$	$(r^2 = 1{,}00)$
Estagel : mod. 1	$H = 0{,}1.10^{-6}.D^2 + 0{,}9.10^{-3}.D + 1{,}8$	$(r^2 = 1{,}00)$
210-205 m (M.4)	$H = 0{,}06.10^{-6}.D^2 - 0{,}001.D + 4{,}26$	$(r^2 = 1{,}00)$
205-170 m (M.5)	$H = 0{,}26.10^{-6}.D^2 + 0{,}011.D + 117$	$(r^2 = 1{,}00)$
170-100 m (M.6)	$H = 0{,}12.10^{-6}.D^2 + 0{,}0021.D + 12{,}1$	$(r^2 = 1{,}00)$
Rivesaltes : mod. 3	$H = 0{,}03.10^{-6}.D^2 + 1{,}1.10^{-3}.D + 9{,}1$	$(r^2 = 1{,}00)$
Rivesaltes : mod. 4	$H = 0{,}012.10^{-6}.D^2 - 0{,}5.10^{-3}.D + 0{,}6$	$(r^2 = 1{,}00)$
Estagel : mod. 2	$H = 0{,}08.10^{-6}.D^2 - 0{,}7.10^{-3}.D + 1{,}6$	$(r^2 = 1{,}00)$
Estagel : mod. 3	$H = 0{,}03.10^{-6}.D^2 + 1{,}3.10^{-3}.D + 12{,}6$	$(r^2 = 1{,}00)$
170-100 m (M.6)	$H = 0{,}12.10^{-6}.D^2 + 0{,}0021.D + 12{,}1$	$(r^2 = 1{,}00)$
100-72 m (M.7)	$H = 0{,}08.10^{-6}.D^2 + 0{,}001.D + 0{,}95$	$(r^2 = 1{,}00)$
Rivesaltes : mod. 5	$H = 0{,}9.10^{-6}.D^2 - 0{,}22.10^{-3}.D + 129{,}1$	$(r^2 = 1{,}00)$
Rivesaltes : mod. 6	$H = 0{,}07.10^{-6}.D^2 - 0{,}06.10^{-3}.D + 0{,}011$	$(r^2 = 1{,}00)$
Estagel : mod. 4	$H = 0{,}14.10^{-6}.D^2 - 0{,}42.10^{-3}.D + 0{,}32$	$(r^2 = 1{,}00)$
Estagel : mod. 5	$H = 0{,}75.10^{-6}.D^2 - 15{,}1.10^{-3}.D + 80{,}1$	$(r^2 = 1{,}00)$
Estagel : mod. 6	$H = 0{,}07.10^{-6}.D^2 - 0{,}5.10^{-3}.D + 0{,}90$	$(r^2 = 1{,}00)$

Document 8.3 - Modélisation des basses terrasses de l'Agly

8.1.2 - Modélisation des basses terrasses

Les *basses terrasses d'Estagel* - **I-2** et de *la Crest de Rivesaltes* - **1-1** existent sur la Boulzane, mais elles s'interrompent dans la traversée du cañon de la Clue de la Fou et ne réapparaissent qu'à la sortie des gorges de Saint-Arnac (document 8.3).

*1°) **Leur jeunesse et leur proximité chronologique*** sont rendues par le parallélisme de leurs profils, et par leur proximité topographique. Mais, quoique parallèles, ces profils sont l'objet de plusieurs ondulations, jusqu'à la forte rupture de pente du seuil d'Espira.

➢ Une première ondulation est marquée par une convexité de la *terrasse d'Estagel* - **I-2**, un profil plus rectiligne de la *terrasse de la Crest de Rivesaltes* - **1-1** et une concavité du thalweg (document 8.3). La modélisation rend assez bien ce dispositif : Rivesaltes : mod. 1 et 2, Estagel : mod. 1, d'une part, et 210-205 m (M.4), 205-170 m (M.5) et 170-100 m (M.6), pour le thalweg, d'autre part.

➢ Le profil de la terrasse de *Rivesaltes* marque en effet une inflexion en H = 170 m / E = 49 km qui se traduit par une inflexion de sa pente, lui donnant une fausse allure convexe. Le profil de la terrasse d'*Estagel* est assez régulier (mais les coordonnées de nombreux témoins sont, aujourd'hui, sous les eaux du barrage de l'Agly). Quant au profil du thalweg, sa pente s'accroît entre les cotes 205 m et 170 m, pour ensuite se réduire entre 170 m et 100 m, ce qui assure à son profil une allure concave.

L'origine tectonique est très vraisemblable, car c'est tout près de là, près de Roquo Rouyo, qu'un éboulis de gravité, appartenant au dernier glaciaire, fut dénivelé par une faille inverse. Le mouvement positif de direction verticale est postérieur à la mise en place de la *terrasse de Rivesaltes* qui fut déformée (on notera qu'un lambeau de la moyenne terrasse se trouve projeté à 202 m) ; le thalweg, encore actif, est à la recherche d'un profil en équilibre avec son niveau de base, tandis que la *terrasse de la Crest de Rivesaltes* se trouva fossilisée peu après sa mise en place. Quoi qu'il en soit, le mouvement est récent.

2°) Un autre cas de figure se présente plus en aval entre Planèzes et le Mas de Jau. La pente du profil des terrasses et du thalweg se réduit brusquement entre 38 et 40 km de la mer (Rivesaltes : mod. 3 et 4, Estagel : mod. 2 et 3 et 170-100 m (M.6) et 100-72 m (M.7) pour le thalweg).

On pourrait l'interpréter comme une des conséquences de la transition entre le Fenouillèdes et le remplissage pliocène ; mais plus en aval, en direction du Mas de Jau, alors que les terrasses offrent un tracé rectiligne, le tracé du thalweg s'incurve de telle sorte, qu'il faut interpréter cette situation comme un nouveau site de bombement, qui adoucit le profil des terrasses, maintenant fossilisées. À l'inverse, le thalweg, coupé de rapides, continue de rechercher son équilibre.

Entre cette ondulation et la précédente, la césure des 38-40 km correspondrait à une flexure entre les deux secteurs en mouvement, ce qui aurait pour effet de rapprocher les terrasses. Cet accident préfigure ce qu'on observe entre Espira de l'Agly et Rivesaltes : Rivesaltes : mod. 5 et 6 et Estagel : mod. 4, 5 et 6. En effet, la modélisation du profil de chaque terrasse montre que leur pente s'accentue pour brutalement se relever. Une forte inflexion commence à 22 km de la mer (Coef. = 0,9 sur la terrasse de Rivesaltes et 0,75 sur celle d'Estagel), et le profil se redresse à 16 km (Coef. = 0,07 pour les deux terrasses). Ce sont là les mêmes limites que les failles qui ont démultiplié la moyenne terrasse et conservé des lambeaux des hautes terrasses.

Ces remarques montrent aussi combien il faut être circonspect face à l'altitude absolue des niveaux alluviaux fossiles, dans cette région de tectonique active depuis le Crétacé.

8.2 - Modélisation des terrasses de la Boulzane et du Maury

À l'amont d'Estagel, le système des terrasses du Maury se rattache, sans solution de continuité, aux terrasses de l'Agly. De même, en amont de Saint-Paul-de-Fenouillet, les basses terrasses de la Boulzane se raccordent parfaitement avec leurs homologues situées en aval de la Clue de la Fou. Illustrée par le document 8.4, cette répartition confirme une hypothèse que nous avons évoquée à l'occasion des thalwegs : le réseau hydrographique pourrait être celui de la Boulzane ; l'Agly, comme le Maury n'en seraient que des affluents.

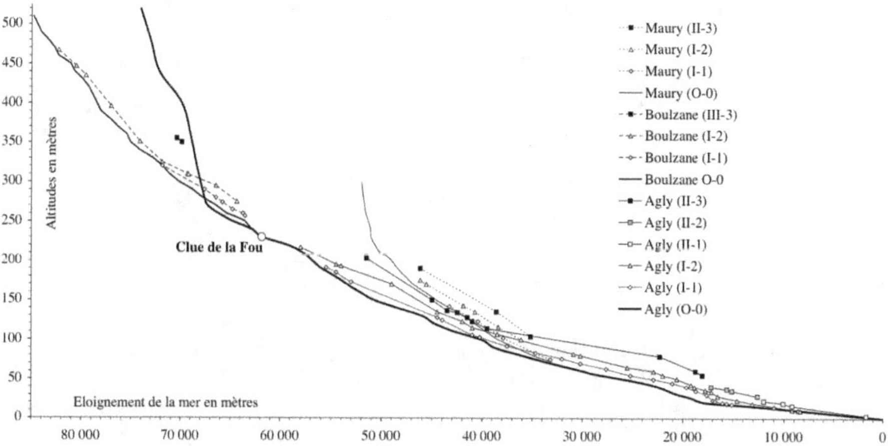

Document 8.4 - Profils des terrasses de l'Agly, du Maury et de la Boulzane

8.2.1 - Les terrasses du Maury

Elles ne posent aucun problème d'interprétation (document 8.5) ; mieux, elles confirment bien des hypothèses. Ainsi, le prolongement de la moyenne *terrasse de Planèzes* - **II-3** et des *basses terrasses d'Estagel* - **I-2** et de la *Crest de Rivesaltes* - **I-1**, se réalise sans solution de continuité de la vallée du Maury vers celle de l'Agly. Mais surtout, nous retrouvons la réplique des mêmes déformations.

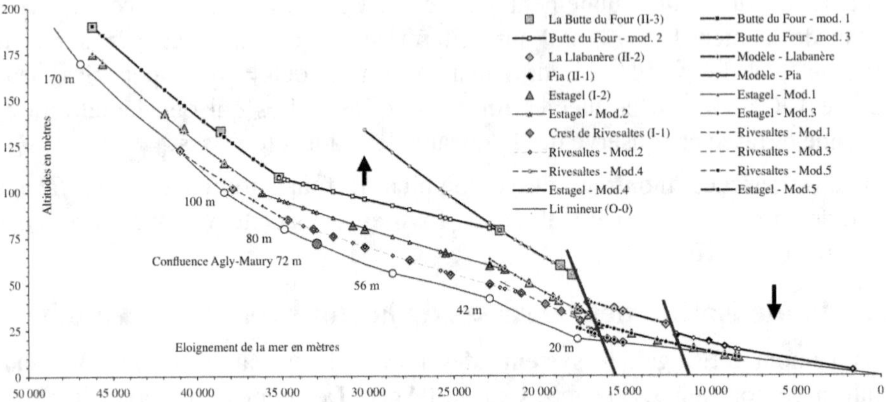

Butte du Four : mod. 3	$H = 0{,}11.10^{-6}.D^2 + 0{,}9.10^{-3}.D + 1{,}8$	$(r^2 = 1{,}00)$
Butte du Four : mod. 3	$H = 0{,}11.10^{-6}.D^2 + 0{,}9.10^{-3}.D + 1{,}8$	$(r^2 = 1{,}00)$
Modèle - La Llabanère	$H = 0{,}07.10^{-6}.D^2 - 1{,}1.10^{-3}.D + 3{,}9$	$(r^2 = 1{,}00)$
Modèle - Pia	$H = 0{,}09.10^{-6}.D^2 + 0{,}7.10^{-3}.D + 1{,}6$	$(r^2 = 1{,}00)$
Estagel : mod. 1	$H = 0{,}09.10^{-6}.D^2 - 0{,}2.10^{-3}.D + 0{,}12$	$(r^2 = 1{,}00)$
Estagel : mod. 2	$H = 0{,}013.10^{-6}.D^2 + 1{,}5.10^{-3}.D + 39{,}5$	$(r^2 = 1{,}00)$

Document 8.5 - Modélisation des terrasses de l'ensemble Maury-Agly

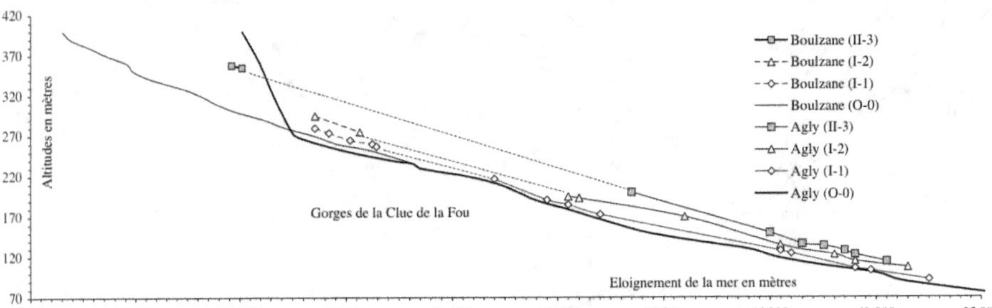

Document 8.6 - Coordination des terrasses de l'Agly avec celles de la Boulzane

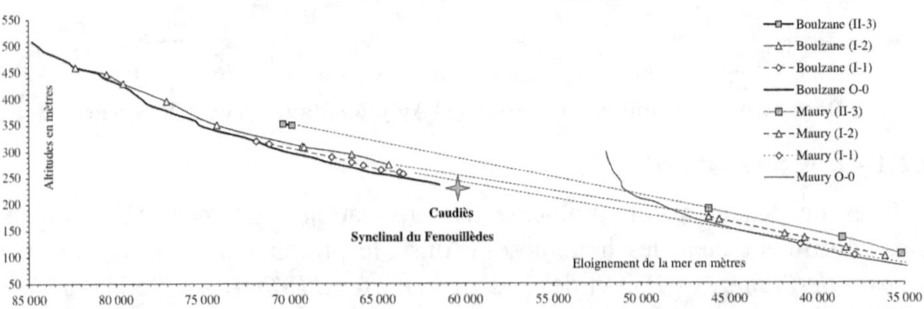

Document 8.7 - Coordination des terrasses du Maury avec celles de la Desix

La *moyenne terrasse de Planèzes* connaît deux types de déformations. En amont de la confluence (72 m NGF), sa déformation se traduit par une inflexion positive à l'image de ce qu'elle connaît entre les gorges de Planèzes et le Seuil d'Espira (Planèzes : mod. 1 et 2). Cette terrasse subit une réduction de sa pente, entre 35 et 22 km de la mer, ou, plus exactement, elle disparaît. Le mouvement positif vertical qui projeta cette terrasse en altitude entre les gorges de Planèzes et le Seuil d'Espira se répète sur ce proche affluent. Projeté sur une carte, ce mouvement se révèle méridien, entre l'axe Maury-Caramany à l'ouest et Espira à l'est. À partir de ce lieu, une série de cassures du sous-sol a dénivelé la moyenne terrasse après sa mise en place et non démultiplié cette moyenne terrasse selon les niveaux de *la Llabanère* et *Pia*.

Du fait de la ressemblance avec ce qui a été décrit sur l'Agly, dans sa traversée du Fenouillèdes, les déformations des *basses terrasses* confirment les hypothèses émises. En amont de la confluence (72 m NGF), leur profil connaît une inflexion positive, entre 80-90 m d'altitude, pour se raccorder assez parfaitement avec les terrasses de l'Agly lui-même, et en suivre les déformations.

Entre les terrasses perturbées par des failles synalluviales, voire post-alluviales, de la région Espira-Rivesaltes, le thalweg et les basses terrasses confirment un mouvement vertical positif qui aurait affecté à une époque très récente la *corne* orientale du massif.

8.2.2 - Les terrasses de la Boulzane

Ces niveaux constituent un cas original. On amont de la Clue de la Fou (236 m), dans le synclinal du Fenouillèdes, la Boulzane a construit un système morcelé de terrasses, mais dans lequel on retrouve les basses terrasses d'Estagel - I-2 et de la Crest de Rivesaltes - I-1, et la moyenne terrasse de Planèzes - II-3 (document 8.6). Or, on les retrouve en aval de la Clue, le long de l'Agly. La section de l'Agly, venue des Gorges des Gadamus, apparaît comme un affluent de la Boulzane. Certes, le nombre de points cotés est insuffisant pour en modéliser correctement le profil des terrasses, mais la connexion est parfaite.

Toutefois, il est aussi facilement possible de coordonner les terrasses de la Boulzane avec celles du Maury ; en effet, le col de Caudiès qui sépare les deux vallées n'est qu'à 260 m (document 8.7), et qu'est-ce que 30 m de dénivellation dans une région à la tectonique aussi active ?

8.3 - Le Verdouble traverse des bassins d'effondrement

En effet, les plaines de Padern, de Tuchan et de Tautavel sont séparées par les cañons épigéniques (ou surimposés) du Verdouble, au Pech de Marquech, à Rouffiac des Corbières, à Duihlac, à la *Grau de Padern* et aux *Gouleyrous*.

Dans les bassins, le Verdouble a construit un système de trois, voire quatre terrasses, (document 8.8) que M. Dubar avait décrites sur la feuille de Tuchan. Pour la commodité, nous avons noté les basses terrasses *Estagel - I.2* et *Rivesaltes I-1* : leur profil épouse les accidents du lit mineur (garant d'une grande jeunesse), ce qui a permis de reconstituer le tracé des niveaux beaucoup plus anciens. À Padern et à Paziols, M. Dubar décrit une *haute terrasse Fu* et à Tautavel, M. E.M. Laaraich a décrit des lambeaux présentant le même faciès, l'un à la *Place de l'Era* à 135 m NGF et l'autre au *musée de préhistoire* à 120 m NGF.

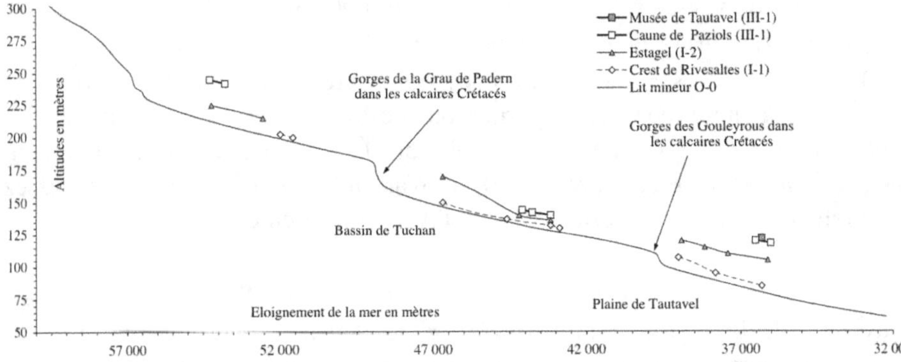

Document 8.8 - Les terrasses du Verdouble

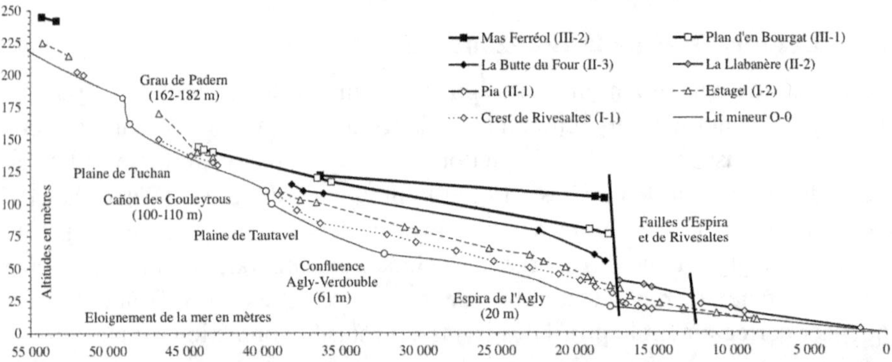

Document 8.9 - Les terrasses du Verdouble dans le système de l'Agly

La modélisation des profils laisse subodorer l'existence d'un alignement des lambeaux très anciens et haut perchés, probables témoins d'écoulements contemporains de *Mas Ferréol* et de *Plan d'en Bourgat*, d'où leur notation : *Place de l'Era* - **III-2** et *Musée de Tautavel* - **II-1**. Entre les hautes et basses terrasses, G. G. Clauzon décrivait une *moyenne terrasse* **Fx.b** dont le profil se prolonge vers la moyenne terrasse de la *Butte du Four* - **II-3** (à l'image du Conflent, ce niveau n'existerait pas dans les bassins intérieurs).

Tout l'intérêt repose sur le lien de ces terrasses avec le système de l'Agly (document 8.9). La connexion est plausible, et elle met en valeur les importants mouvements tectoniques qui se sont produits dans la partie aval de l'Agly. On peut réellement parler de failles de Rivesaltes et d'Espira. Mais les corrélations entre certains niveaux ne sont que virtuelles et il faut décomposer les terrasses point par point.

8.3.1 - Les hautes et moyennes terrasses

Elles ne constituent que des lambeaux, parfois séparés de plusieurs kilomètres les uns des autres. Aucune corrélation sérieuse ne peut être établie sur des parcours où le thalweg lui-même est réduit à un véritable escalier. Tout au mieux, peut-on envisager de profondes perturbations du profil original des niveaux anciens (document 8.10).

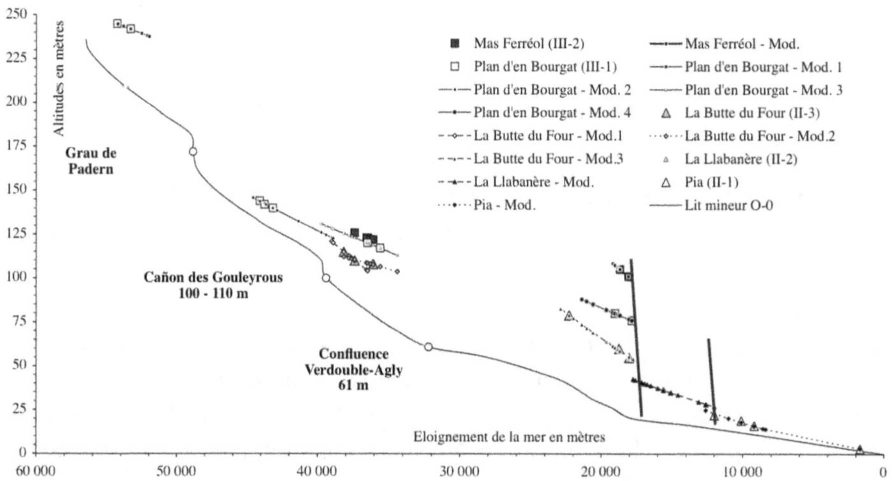

Mas Ferréol : mod. 1	$H = 0{,}11.10^{-6}.D^2 + 2{,}7.10^{-3}.D + 17$	$(r^2 = 1{,}00)$
Plan d'en Bourgat : mod. 1	$H = 0{,}01.10^{-6}.D^2 + 2.10^{-3}.D + 103{,}2$	$(r^2 = 1{,}00)$
Plan d'en Bourgat : mod. 2	$H = 0{,}03.10^{-6}.D^2 + 1{,}5.10^{-3}.D + 17{,}8$	$(r^2 = 1{,}00)$
Plan d'en Bourgat : mod. 3	$H = 0{,}02.10^{-6}.D^2 + 1{,}6.10^{-3}.D + 28{,}8$	$(r^2 = 1{,}00)$
Plan d'en Bourgat : mod. 4	$H = 0{,}04.10^{-6}.D^2 + 2.10^{-3}.D + 28{,}6$	$(r^2 = 1{,}00)$
Butte du Four : mod. 1	$H = 0{,}10.10^{-6}.D^2 - 0{,}8.10^{-3}.D + 1{,}6$	$(r^2 = 1{,}00)$
Butte du Four : mod. 2	$H = 0{,}01.10^{-6}.D^2 + 1{,}4.10^{-3}.D + 42{,}3$	$(r^2 = 1{,}00)$
Butte du Four : mod. 3	$H = 0{,}11.10^{-6}.D^2 + 0{,}9.10^{-3}.D + 1{,}8$	$(r^2 = 1{,}00)$

Document 8.10 - Modélisation des hautes et moyennes terrasses du Verdouble.

On ne peut que difficilement interpréter les profils des hautes terrasses.

1°) La terrasse de Mas Ferréol, ou ici celle du Plan de l'Era, n'est présente qu'en trois endroits, non coordonnés entre eux. Toutefois, à Baixas les points coordonnés indiquent une pente trop forte aussi près de la mer, sans devoir évoquer le rôle de la faille d'Espira (Mas Ferréol : mod. 1).

2°) La haute terrasse de Plan d'en Bourgat, ou ici la Terrasse du Musée, n'est représentée que par quatre lambeaux : l'un en amont, dans les Corbières, le deuxième à Paziols, le troisième à Tautavel et le dernier à Baixas. Ces lambeaux se trouvent dans des plans différents, mais leur pente est très proche (Plan d'en Bourgat : mod. 1, 2 et 3) ce qui permet d'évoquer la direction des perturbations tectoniques. La différence d'altitude entre le lambeau des Corbières, en amont, et les terrasses de Paziols est trop importante pour être naturelle ; par ailleurs, l'altitude relative de ces dernières est très faible, cela a le mérite de confirmer la subsidence du bassin de Tuchan au cours du Quaternaire.

Inversement, par rapport au thalweg, cette terrasse présente une altitude relative beaucoup plus élevée dans le bassin de Tautavel, ce que nous interpréterons comme, sinon comme un soulèvement, du moins comme un relatif calme tectonique au cours de la même période.

Enfin, cette altitude relative devient considérable à Baixas au voisinage de la faille d'Espira.

3°) Les moyennes terrasses : nous ne reviendrons pas sur la démultiplication tectonique d'Espira-Rivesaltes, mais on peut s'interroger sur leur répartition dans la plaine de Tautavel.

Le profil aurait été perturbé. La pente se réduit entre le mod. 1 et le mod.2, pour augmenter entre le mod.2 et le mod. 3. Certes, on ne dispose que de trois points, mais si deux sont en contrebas des hautes terrasses, le troisième se tient à la sortie des gorges des Gouleyrous. Aussi il n'est pas impossible que nous ayons tout simplement la réplique du profil du thalweg, comme ce sera le cas des basses terrasses.

8.3.2 – Les basses terrasses

Les basses *terrasses d'Estagel* - **I-2** et de la *Crest de Rivesaltes* - **I-1** remontent de l'Agly vers le Verdouble, où elles ourlent les convexités de méandres, dans la traversée des gorges. Les deux basses terrasses sont topographiquement très proches l'une de l'autre et présentent les mêmes déformations (document 8.11).

a) En amont, les terrasses réduites en lambeaux ne donnent pas de profils exploitables, si ce n'est pour souligner le parallélisme entre les deux niveaux : Estagel : mod. 1 et Rivesaltes : mod. 1.

b) Leur disposition dans les fossés de Tuchan et de Tautavel ouvre une discussion importante quant aux mouvements tectoniques quaternaires. Précédemment, nous avons évoqué l'hypothèse d'un accompagnement des rifles tectoniques des gorges de la Grau de Padern et des Gouleyrous par les lits fossiles. C'est effectivement ce qui se produit pour la basse terrasse d'Estagel, plus pentue en amont de Paziols et à proximité des Gouleyrous.

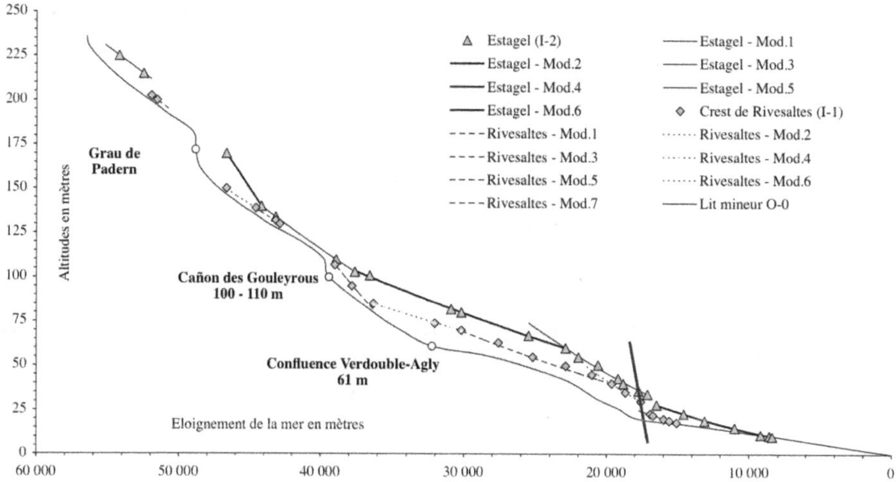

Estagel : mod. 1 $H = 0{,}04.10^{-6}.D^2 + 1{,}7.10^{-3}.D + 18$ ($r^2 = 1{,}00$)

Estagel : mod. 2 $H = 0{,}23.10^{-6}.D^2 - 9{,}3.10^{-3}.D + 91{,}7$ ($r^2 = 1{,}00$)

Estagel : mod. 3 $H = 0{,}07.10^{-6}.D^2 + 0{,}3.10^{-3}.D + 0{,}27$ ($r^2 = 1{,}00$)

Estagel : mod. 4 $H = 0{,}03.10^{-6}.D^2 + 1{,}3.10^{-3}.D + 15{,}7$ ($r^2 = 0{,}99$)

Rivesaltes : mod. 1 $H = 0{,}05.10^{-6}.D^2 + 1{,}2.10^{-3}.D + 7{,}7$ ($r^2 = 1{,}00$)

Rivesaltes : mod. 2 $H = 0{,}05.10^{-6}.D^2 + 0{,}9.10^{-3}.D + 4{,}4$ ($r^2 = 0{,}99$)

Rivesaltes : mod. 3 $H = 0{,}24.10^{-6}.D^2 - 9.10^{-3}.D + 82$ ($r^2 = 1{,}00$)

Rivesaltes : mod. 4 $H = 0{,}02.10^{-6}.D^2 + 1{,}2.10^{-3}.D + 17$ ($r^2 = 1{,}00$)

Document 8.11 - Modélisation des basses terrasses du Verdouble

C'est assez bien traduit par la modélisation (Estagel : mod. 2 à 4 et Rivesaltes : mod. 2 à 4). Les équations ont des coefficients directeurs très élevés pour les sections proche de la Grau de Padern et de Gouleyrous (Estagel : mod. 2 et Rivesaltes : mod. 3). Nous avions évoqué une subsidence continue du bassin de Tuchan à propos de l'altitude relative des moyennes terrasses ; la proximité des basses terrasses et la modestie de leur altitude relative confirment l'actualité du processus.

Toutefois, même la *basse terrasse d'Estagel* conserve une altitude relative élevée, ce qui confirmerait un exhaussement récent du socle. Cependant, la *basse terrasse de la Crest de Rivesaltes* accuse, non seulement, le rifle des gorges des Gouleyrous, mais ne semble pas avoir eu à subir d'exhaussement, après sa mise en place. Attribuée au Tardiglaciaire, elle évoquerait un assoupissement actuel et subactuel de l'activité tectonique, il est vrai déplacée vers le sud vers la confluence Agly Maury.

*3°) **En effet, au sortir du bassin de Tautavel***, le profil des terrasses perd de sa pente à l'image des hautes et moyennes terrasses ; l'altitude relative augmente, même pour la très basse terrasse de Rivesaltes, avant de connaître une véritable dénivellation par faille, ou une démultiplication de leur profil, avec un accroissement de la pente, suite d'une brusque inflexion, entre Espira et Rivesaltes (traduit par les coefficients directeurs des modèles suivants).

Estagel : mod. 4	$H = 0{,}03.10^{-6}.D^2 + 1{,}3.10^{-3}.D + 15{,}7$	$(r^2 = 0{,}99)$
Estagel : mod. 5	$H = 0{,}11.10^{-6}.D^2 + 0{,}03.10^{-3}.D + 0{,}002$	$(r^2 = 1{,}00)$
Estagel : mod. 6	$H = 0{,}07.10^{-6}.D^2 + 0{,}5.10^{-3}.D + 0{,}9$	$(r^2 = 1{,}00)$
Rivesaltes : mod. 5	$H = 0{,}04.10^{-6}.D^2 - 1{,}1.10^{-3}.D + 7{,}1$	$(r^2 = 1{,}00)$
Rivesaltes : mod. 6	$H = 0{,}17.10^{-6}.D^2 - 1{,}4.10^{-3}.D + 3{,}22$	$(r^2 = 1{,}00)$
Rivesaltes : mod. 7	$H = 0{,}09.10^{-6}.D^2 - 0{,}13.10^{-3}.D + 0{,}05$	$(r^2 = 1{,}00)$

Globalement, le réseau actuel, et quaternaire, de l'Agly a connu une perturbation importante du fait de l'activité tectonique. On pourrait même évoquer une capture de l'axe Boulzane-Maury par l'Agly, au cours de sa percée épigénique des barres urgoniennes à Gadamus et à la Clue de la Fou. Cette percée serait attribuée à une antécédence, associée à des captures par déversement. Mais le rôle le plus important de la modélisation est l'association de subsidences et de surrection, entre la Salanque et les Fenouillèdes. L'ensemble du massif du Fenouillèdes est l'objet de mouvements continus commencés au Cénozoïque. La disposition des terrasses permet d'impliquer sa poursuite dans les fossés de Tuchan et de Tautavel. Surtout il semble que la bordure septentrionale du massif, au contact du synclinal du Fenouillèdes, soit très active. La corne orientale du massif n'aurait jamais cessé de se soulever depuis le début du Quaternaire. Ce mouvement doit être associé à une subsidence généralisée de la Salanque, responsable de l'étagement des terrasses de la Têt, et de la dénivellation, par failles, de l'ensemble des terrasses, entre Espira de l'Agly et Rivesaltes sur l'Agly, et à l'approche de Perpignan sur la Têt. À l'évidence, il s'agit du même mouvement.

Cette remarque permet de douter de l'originalité des moyennes terrasses de *la Llabanère* et de *Pia* : ces terrasses ne sont que des lambeaux de la terrasse de la *Butte du Four* dénivelés par les failles bordières de la Salanque.

8.5 - Synthèse : entre alluvionnements et néotectonique

Notre méthode ne révolutionne pas la systématique des terrasses, péniblement établie, des travaux de Depéret à ceux de M. Calvet. Toutefois, elle a permis deux acquis. L'ubiquité des mêmes niveaux sur l'ensemble des cours d'eau est confirmée, avec deux terrasses appartenant au Quaternaire ancien, une seule moyenne terrasse (même sur la Têt) et deux basses terrasses dont l'une est probablement post-pléistocène. Mais ces niveaux ont fait l'objet d'un bouleversement tectonique, souvent postalluvial, générateur de confusions, pour la systématique de certains réseaux fluviaux.

*1°) **Les hautes terrasses III-2 et III-1*** ont été observées à peu près partout, et elles remontent très haut dans les vallées : en Vallespir, en Conflent, et dans les bassins intérieurs du réseau du Verdouble.

Il a souvent été très difficile d'en reconstituer les profils, mais leur ancienneté a été un des éléments majeurs de preuve de la poursuite des mouvements tectoniques. Construites sous des conditions climatiques périglaciaires, la dynamique fluviale leur avait donné un profil d'équilibre précaire. Le changement de climat post-glaciaire ayant modifié la dynamique, le réseau incisa le pavage et fossilisa le profil. Avec quelques points, nous avons montré la possibilité de le reconstituer et de le modéliser.

Cette méthode a ainsi permis d'apporter une modification à des datations un peu rapides données à des niveaux haut perchés. On ne peut plus reconnaître dans le lambeau de *Matta Roudoune*, le reste d'une terrasse originale **III-3** : *Matta Roudoune appartient au système de Mas Ferréol-Llonat de la vallée de la Têt.* Inversement, nous avions envisagé leur existence dans les gorges épigéniques de l'Agly dans sa traversée du Fenouillèdes. Cette hypothèse ne résiste pas à la modélisation : la *moyenne et la haute terrasse* de cette partie de l'Agly appartient aux systèmes **II-3** et **I-2.**

Mais les déformations postalluviales qu'elles ont subies, souvent subodorées par les géomorphologues, ont pu être déterminées avec précision. On savait qu'il fallait opposer une subsidence des bassins, à peu près continue, à une surrection des massifs. De véritables failles sont mises en évidence, par la décomposition, et la modélisation, des profils. Mais une différence importante oppose les terrasses du sud : Tech et Réart, à celles du nord : Têt et Agly. Si la *haute terrasse* **III-2** du Tech a été dénivelée, après sa mise en place, cet accident ne fonctionnait plus après la mise en place de la *haute terrasse* **III-1**. Quant aux hautes terrasses du Réart, leurs ruptures de pentes sont avant tout lithologiques. Tout au plus observe-t-on des ruptures de pente à l'approche du littoral, ruptures de pente qu'on attribue à la subsidence de la Salanque, laquelle, ici, ne constitue qu'un lointain écho de ce qui advint plus au nord.

Perpignan occupe probablement le centre d'une subsidence qui affecte le socle, et se trouve génératrice de flexures dans le remplissage cénozoïque, probablement accompagné de failles. Ainsi, les hautes terrasses de la Têt ont été dénivelées au contact du Roussillon, et de la Salanque. Nous ne polémiquerons plus, mais les terrasses qui couronnent les collines pliocènes de Cabestany et de Canet-en-Roussillon appartiennent indubitablement *au niveau le plus ancien* **III-2**. Cette subsidence affecta aussi les terrasses de la partie aval de l'Agly, avec un système de failles probables, entre Espira et Rivesaltes. Reporté sur une carte, c'est tout le secteur littoral, de l'étang de Saint-Nazaire à celui de Salses, qui est affecté.

Plus en amont, une autre zone de faiblesse a été reconnue, elle est marquée, par un soulèvement probable du socle. Sur la Têt, le seuil de Rodès, qui marque le contact Conflent-Roussillon, est un bloc granitique probablement soulevé : la *haute terrasse* **III.2**, entre Conflent et Roussillon, a été fortement dénivelée, et surtout, les témoins des deux hautes terrasses, portés en altitude, ont été éliminés, par l'érosion. Or cette tendance au soulèvement se retrouve sur l'Agly, dans le Fenouillèdes (ici, ce sont les moyennes et basses terrasses qui sont affectées). Vers le sud, ce soulèvement se raccorde à la faille qui dénivela la haute terrasse du Tech, et vers le nord aux failles d'Espira et de Rivesaltes, et aux failles bordières des fossés de Tuchan et de Tautavel au nord-nord-ouest : en effet, à Baixas (faille d'Espira) et dans les fossés, les lambeaux des hautes terrasses ont été conservés dans les blocs affaissés, au relief maintenant inversé par l'érosion différentielle.

2°) Nous ne voyons plus de polémiques concernant la moyenne terrasse II-3. À l'origine, cette terrasse posait deux problèmes qui ont pu être tranchés par l'implication dans le même système tectonique. Sa présence apparaissait problématique à l'intérieur des massifs : Vallespir, Conflent, Fenouillèdes. Dans la basse vallée de la Têt et de l'Agly, M. Calvet n'avait envisagé que la démultiplication de la terrasse de la Butte du Four - II-3 en une terrasse de la Llabanère II-2 puis de Pia - II-1.

La restitution des profils longitudinaux a prouvé son existence jusqu'à Can Partère (et probablement au-delà), dans la vallée du Tech, à l'intérieur des Pyrénées, à plus de 50 km de la mer, et elle est également bien présente, sur le Réart et la Canterrane, à 25 et 30 km de la mer. Toutefois, il est vrai que, sans raison apparente, elle ne dépasse pas le seuil de Rodès et ne se rencontre pas en Conflent.

La principale polémique restait sa présence le long de l'Agly et de ses affluents. Les cartes au 1 :80 000 signalaient, sporadiquement, des niveaux **a.1c** qui pouvaient lui être attribués, sur le moyen Agly, la Boulzane et le Verdouble. M. Dubar la signala sur le Verdouble - **Fx.1** - sur la feuille Tuchan, et G. Clauzon en parlait sur la feuille Rivesaltes - **Fx.1 ou Fx.b** - sur la basse vallée de l'Agly, sur le Maury, et près du Verdouble, dans la plaine de Tautavel. Mais il ne l'a pas reconnue dans la traversée épigénique du Fenouillèdes. À ce point de vue, la modélisation est sans appel : la terrasse de la *Butte du Four* - ***II*-3** se poursuit dans la vallée du Verdouble, dans celle du Maury et dans celle de la Boulzane. Surtout, elle se poursuit, sans trop de solution de continuité, de Peyrestortes, sur la basse vallée de l'Agly, à la plaine d'Ansignan, dans le massif des Fenouillèdes. Des lambeaux de terrasses très altérés, relevés sur la Desix, semblent fortement lui appartenir. Dans la réalité, c'est un niveau plus ubiquiste qu'on aurait pu le croire. Pour les préhistoriens et les quaternaristes, c'est une information de premier ordre, car il est plus que probable que cet alluvionnement fut contemporain du remplissage majeur de nombreuses grottes habitées, dont la Caune de l'Arago. Le document 8.7 soulève aussi le problème de captures ou de déversements (analysés ci-dessus) posant la problématique du tracé des paléo-écoulements de l'Agly, du Maury et de la Boulzane. S'il reste hypothétique de voir un écoulement ancien, reliant directement la Boulzane à l'Agly, il reste évident (pour ce qui nous concerne) que le drain majeur est la Boulzane, et que l'Agly est un de ses affluents.

Si l'existence d'un couple de hautes terrasses est sans appel, il est clair que le niveau médian, pour ubiquiste qu'il soit, reste unique. Au voisinage de la Salanque, c'est la démultiplication tectonique *synalluviale* de la *Butte du Four* - **II-3** en une terrasse de la *Llabanère* **II.2** puis de *Pia* - **II-1**, définie par M. Calvet, entre Saint-Estève et Perpignan, sur la Têt, et Espira et Rivesaltes, sur l'Agly. Nous en sommes donc venu à contester la réalité de l'existence de la *Llabanère* **II-2** et de *Pia* - **II-1** en tant que stratotypes originaux. Nul ne contesterait que la moyenne terrasse est gauchie vers l'aval, sur le Tech, sur le Réart et sur la Canterrane (document 7.8) et sur la Têt à 30 km de la mer (document 7.12). Il est même probablement dénivelé sur l'Agly dans le Fenouillèdes (document 8.2).

Pourquoi ne voir qu'une démultiplication synalluviale à Saint-Estève et près de Perpignan, ou à Espira et à Rivesaltes, alors qu'on subodore une dénivellation des hautes terrasses par des failles ? Il nous semble ainsi acquis, que les failles riveraines de la Salanque ont dénivelé la moyenne terrasse bien après sa mise en place, comme le prouve la distribution des basses terrasses.

3°) Même les basses terrasses I-2 et I-1 ont souffert des perturbations néotectoniques. Ces niveaux sont ubiquistes, sauf sur le Réart et la Canterrane, où, inscrits dans les roches tendres du Pliocène, ils ont été effacés par l'érosion post-glaciaire et submergés par les dépôts holocènes. Ailleurs, ces terrasses ourlent souvent les rives des concavités de méandres, et leur profil reste très fréquemment parallèle à celui du thalweg.

Sur le Tech, cours d'eau dont le bassin semble avoir connu un calme tectonique relatif, mais précoce, ces deux terrasses présentent la même césure que le thalweg, dont on doit estimer qu'elle est lithologique, quand le fleuve quitte la montagne pour la plaine. Sur la Têt, elles ont connu les mouvements tectoniques qui ont perturbé le profil de leurs aînées. Déformées par le soulèvement progressif du seuil de Rodès, elles sont surtout infléchies (voire dénivelées) à l'approche de la Salanque. Ce dispositif se retrouve sur l'Agly et ses affluents. Elles ont subi les derniers mouvements de subsidence ou de bombement, reconnus dans les bassins traversés par le Verdouble : tassement dans le bassin de Tuchan, exhaussement dans celui de Tautavel.

Mais le mouvement principal appartient à l'Agly, avec un tassement au voisinage du barrage de l'Agly, et un probable exhaussement à l'approche de la faille d'Espira. C'est ici que toutes les polémiques trouvent une issue. Sur le document 8.3, leur profil est par deux fois incurvé - Estagel mod.4 et Estagel mod. 5 et Rivesaltes mod. 4 et Rivesaltes mod.5. En d'autres lieux, M. Calvet y aurait vu une démultiplication, et nous le suivons : les failles ont rejoué très récemment, et, ici, elles perturbent les basses terrasses, comme elles ont dénivelé les hautes et la moyenne terrasses. Le schéma est le même dans le secteur perpignanais de la Têt. Pour se persuader du processus, il n'est que de regarder la perturbation du profil du thalweg.

La néotectonique a donc été précoce et durable dans un secteur de plus en plus restreint. Si la régularité des hautes terrasses, voire de la moyenne terrasse, a été perturbée après l'alluvionnement, les basses terrasses et le thalweg continuent de subir un mouvement bien localisé : une subsidence de la Salanque, entre l'étang de Salses et celui de Saint-Nazaire, d'une part, un soulèvement du Fenouillèdes dans sa partie orientale, d'autre part. La dernière manifestation sismique ressentie par l'homme ne remonte qu'à 1996.

Conclusion

Cet ouvrage n'achève pas un travail de recherches commencé en 1993 : chaque séjour nous fait découvrir de nouveaux lambeaux alluviaux, du fait de l'ampleur des travaux publics dont les Pyrénées-Orientales ont fait l'objet. Mais il a atteint son but original : présenter une cartographie fine et générale des formations alluviales du Roussillon, qu'elles soient fluviales ou torrentielles. Aussi, ce texte doit-il, avant toute chose, être regardé comme une notice, une synthèse des travaux réalisés et de nos observations. C'est par cet aspect qu'un des objectifs est atteint : ce sera un outil pour les quaternaristes intéressés par le Roussillon. Le véritable travail de synthèse réside dans la cartographie. Une réalisation assistée par ordinateur est jointe en annexe, mais les minutes du véritable projet, sur calque, sont en dépôt depuis 1996, au Laboratoire départemental de Préhistoire du Lazaret, à Nice. Les originaux, levés directement sur un support noir et blanc des cartes I.G.N. TOP.25, sont, bien entendu, toujours consultables chez l'auteur.

1°) La série de cartes est essentiellement destinée aux préhistoriens. En effet, ce support était nécessaire afin de faciliter la datation relative des sites de plein air. Dans le n° 36 des Dossiers de l'archéologie (juillet-août 1979) Henry de Lumley écrivait : « *Sur les hautes terrasses datées du complexe günzien et sur les moyennes terrasses datées du complexe mindelien ont été découvertes des industries archaïques sur galet en quartz. Plus de 100 stations ont jusqu'à présent été repérées. Malheureusement, les phénomènes de pédogenèse qui pendant tout le Quaternaire ont affecté la surface des alluvions ont provoqué la dissolution de tous les éléments calcaires qui pouvaient y être associés : faunes, outils en calcaire, blocs. Seuls les outils en quartz ont résisté à l'altération. Il est donc impossible de connaître l'organisation de l'habitat sur ces stations et de mettre en évidence l'aménagement de certaines structures. Tout au plus peut-on affirmer que la concentration générale des outils sur des surfaces très restreintes évoque des campements localisés, installés sur les alluvions, à proximité des berges du fleuve* ».

Ces campements reposent sur la terrasse, ils lui sont donc postérieurs et c'est la seule date relative que nous avons. Toutefois, qu'il s'agisse de simples charniers où les chasseurs ont dépecé le gibier, ou de campements moins précaires, l'eau ne pouvait être loin. La fouille de la grotte de la Caune de l'Arago a montré que le gibier était chassé près des abreuvoirs, et certains sites sont, sans doute, contemporains de l'époque où l'alluvionnement actuellement visible procédait d'un lit majeur.

Or, les sites sont nombreux. La *haute terrasse de Mas Ferréol* a livré une station au site éponyme. Mais partout, ces niveaux élevés du Pléistocène inférieur, qu'il soient appelés *Mas Ferréol, Cabestany haut, Puig de Négou, Pla de Rey (III.2)* ou *Plan d'en Bourgat, Cabestany bas, Banyuls-Dels-Aspres (III.1)* sont très riches en stations à outillages sur galets: Plan d'en Bourgat, Le Correch, Le Puech de la Boule Gourg, Oums, Casot Azais, La Torra, Les Bagueres, Mas Mestres, Les Baixades, Pollestres, Mas Galtes, Mas Auriol, Mas Sainte-Thérèse, Mas Coume, Le Village, Route de Saint-Nazaire, Serret den Diumenge, Mas Ferrer, Mas Madeleine, Mas Reynes, Canet, Villeneuve-La-Raho.

Le *niveau moyen (II),* probablement du Pléistocène moyen, appelé la *Butte du four (II.1 se* démultiplie en deux autres niveaux d'origine tectonique, ceux de la *Llabanère (II.2)* et *de Pia (II.1)* (M. Calvet 1986 et 1995, J. Collina-Girard 1993, Giret 1995). Tous ont aussi livré de la pebble culture: Pascal, Butte du Four, Butte 124, Le Manadeill, Relais PTT, Mas Selve, Mas Garigua, St-Feliù d'aval le Moulin, St-Feliù d'aval Briqueterie, Campellanes, Soler cimetière, Les Ascoronas, La Femme morte, Mas Carcassonne, Le Boulou, pour le plus haut niveau de la Butte du Four (ou Planèzes). Le niveau de la Llabanère (Saleilles ou Mas Santrailles) porte les stations de Col de la Guille, Mas Romeu, La Llabanère 1 à 6, Briqueterie Ey, Jas, Moscateill, La Colonne Torrela, Singapour (sic), Tuilerie de Rivesaltes, Moulin du Soufre, Mas Rombau, Sainte-Eugénie, Mas Bruno. Enfin, le bas niveau de Pia livra une culture semblable à Pia, le Grès, Saint-Joseph, La Solana, Mas Bruguere. Cette liste est déjà ancienne, et depuis les travaux de J. Abelanet et de J. Collina-Girard, d'autres stations ont été repérées. Une cartographie synthétique s'imposait.

Les *niveaux plus récents des basses terrasses I.2 et I.1* ne livrent plus d'outillage sur galets, mais des cultures plus modernes, moustéroïdes ou moustériennes, marquant ainsi entre les niveaux élevés et médians, d'une part, et les bas niveaux, d'autre part, une rupture culturelle attribuée généralement à l'arrivée des hommes de Neandertal.

2°) L'origine climatique des paléoalluvionnements : il apparaît qu'il nous faille les classer en deux catégories, suivant le processus prioritaire. La mise en place de la plupart des niveaux doit être associée à des crises climatiques, mais il est à l'évidence, qu'en certains lieux, et à certaines époques, une néotectonique active doit être prise en compte.

a) L'origine climatique des terrasses est maintenant acquise. Selon les analyses polliniques réalisées dans les sédiments de la Caune de l'Arago, un froid plutôt sec, accompagné d'un climax steppique, a pu régner au pessimum de certaines glaciations. C'était suffisant, pour qu'à l'amont des bassins versants issus du Canigou - Tech et Têt - des glaciers aient pu s'installer. Ailleurs, le froid était suffisamment intense pour justifier une forte gélifraction. Moraines et gélifracts fournissaient un matériel propre à alimenter la charge de cours d'eau torrentiels. Dans le contexte actuel, l'Agly et la Canterrane ont un régime pluvial-évaporal méditerranéen, alors que les régimes du Tech et de la Têt connaissent une nette influence nivale (document 8.1), avec un maximum nival de printemps, et pluvial d'automne.

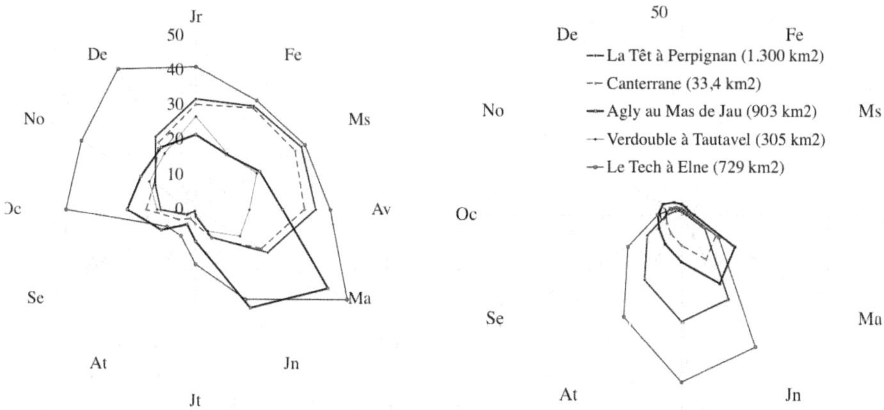

	Jr	Fe	Ms	Av	Ma	Jn	Jt	At	Se	Oc	No	De
Agly pluvial	12	14	14	14	9	4	1	0	1	4	5	9
Agly nival	**3**	**2**	**2**	**3**	**16**	**20**	**12**	**8**	**6**	**6**	**5**	**4**
Têt pluviale	8	8	8	10	17	13	3	2	5	8	7	8
Têt glacio-nivale	**1**	**1**	**1**	**1**	**7**	**24**	**26**	**18**	**10**	**4**	**2**	**1**
Canterrane pluviale	10	8	8	6	6	0	0	0	1	4	6	7
Canterrane nivale	**2**	**1**	**1**	**2**	**10**	**13**	**7**	**5**	**4**	**4**	**3**	**2**
Tech pluvial	15	15	14	15	19	12	6	3	4	15	15	18
Tech nivo-glaciaire	**1**	**1**	**1**	**2**	**11**	**38**	**41**	**29**	**16**	**6**	**3**	**2**

Document 9.1 - Régimes des fleuves côtiers du Roussillon

Ces régimes s'aggravèrent au cours de chaque glaciation. Tous les cours d'eau ont alors fait l'objet d'un régime influencé par la fonte des neiges ; ce à quoi il faut ajouter la fonte estivale des glaciers, sur le Tech et la Têt. À partir des lames écoulées actuellement, nous avons modélisé un écoulement nival sur l'Agly et la Canterrane et nivo-glaciaire sur le Tech et la Têt. L'importance de ces deux derniers apparaît de premier ordre, avec une lame d'eau importante apportée au cours de l'été. On n'en comprend que mieux la taille atteinte par certains blocs, dans les alluvions de ces deux cours d'eau. Mais cette abondance, et surtout la brutalité de son occurrence, sont minorées. En effet, du fait d'une latitude plus basse, le réchauffement saisonnier, pour bref qu'il fût, devait être beaucoup plus violent que dans l'Arctique aujourd'hui. Il n'est pas invraisemblable de l'imaginer accompagné de violentes averses. En conséquence, c'est un véritable effet de chasse d'eau qui provoquait une crue boueuse, qui seule peut expliquer la présence de blocs (décimétriques voire métriques) dans l'alluvionnement, d'une part, et l'absence de tri rencontrée dans les séries sableuses, d'autre part. L'analyse granulométrique d'une laisse sableuse de la crue de l'Agly de février 1996 révèle un matériel classé. Les mêmes indices, calculés dans la matrice des terrasses, ont montré qu'il ne s'agissait pas du fruit d'un écoulement liquide mais d'une lave torrentielle, ce qui expliquerait aussi le volume et l'étendue des alluvionnements. Or de tels processus ont besoin de toute l'énergie dans le transport et sont incapables d'inciser.

L'incision survint quand les premiers redoux de l'interglaciaire ont accru l'écoulement liquide, dont la compétence a pu inciser l'épandage, et construire une terrasse. Ainsi s'explique facilement le façonnement des plus bas niveaux. Dans le cas du Tech ou de l'Agly, après la mise en place de la moyenne terrasse, par incision verticale, une nouvelle crise de rhexistasie, qu'on peut attribuer Pléistocène supérieur, provoqua l'alluvionnement de ce qui constitue aujourd'hui les basses terrasses I-2 de Maureillas ou de la Crest de Rivesaltes. Celle-ci se démultiplie ensuite en un second niveau I-1, la terrasse de Saint-Jean-Pla-de-Corts ou d'Estagel.

Un premier redoux post-glaciaire avait provoqué une incision dans un contexte de bas niveau marin, mais ce redoux fut interrompu par le Tardiglaciaire. Celui-ci est une originalité européenne, apparue au cours de la débâcle de la fin du Pléistocène. Le transfert des eaux de fonte de l'inlandsis laurentien, vers l'issue du Saint-Laurent, a refroidi les eaux de l'Atlantique nord, provoqué une crue tardive de l'inlandsis fennoscandien, et engendré une dernière crise de rhexistasie, responsable d'un ultime alluvionnement catastrophique.

La transgression flandrienne qui suivit a, en partie, ennoyé ces dépôts sous les alluvions holocènes de la Salanque, prouvant ainsi que les basses terrasses se sont mises en place dans un contexte climatique froid et de bas niveau marin.

b) Peut-on attribuer ce mécanisme aux terrasses plus anciennes ? Il est vraisemblable que oui. Si on fait abstraction des altérations, pour chaque bassin versant l'alluvionnement présente la même caractéristique, à toutes les époques : une fraction grossière comprenant des blocs et une fraction sableuse non triée. Sur les terrasses de la Têt, l'asymétrie est de 4,2 à Mas Ferréol, 1,7 au Plan d'en Bourgat et comprise entre 2 et 4 en divers sites de la Butte du Four. L'hétérométrie ne traduit pas un meilleur classement avec respectivement -8,3, -0,2 et 0--9. À chaque fois il s'est agi d'un alluvionnement torrentiel consécutif à un écoulement bref et violent dans un contexte de rhexistasie.

Mais à quelles glaciations anciennes les rattacher ? Si on s'en tient aux datations habituelles, relatives aux terrasses de la Têt, il y a confusion. Toutefois, si la datation est rajeunie par rapport à celle de 1979, et en estimant une datation tardiglaciaire de la basse terrasse d'Ille-sur-Têt, il devient réaliste de rattacher la basse terrasse de Toulouges au Pléistocène supérieur, les moyennes terrasses de Butte du Four et de la Llabanère au Pléistocène moyen, et les hautes terrasses de Mas Ferréol et de Plan d'en Bourgat à un Pléistocène très ancien,. En l'absence de datations absolues, il faut s'en tenir à une réponse topographique.

Le long de la Têt, la répartition des terrasses de Mas Ferréol, du Plan d'en Bourgat, de la Butte du Four, sur la rive gauche, et de Toulouges et Ille-sur-Têt, en rive droite, se fait sans solution de continuité, à une distance de la mer comprise entre 32 et 18 km. Sur cette distance, les mêmes niveaux présentent les altitudes relatives moyennes de 103 m et 95 m, pour les hautes terrasses, 72 m pour la butte du Four, et 59 et 54 m pour les basses terrasses. La dénivellation entre les hautes terrasses n'est que de 8 m, mais elles sont perchées à 23 m au-dessus de la moyenne terrasse, elle-même située à 18 m au-dessus des basses terrasses, elles-mêmes dénivelées de 6 m seulement.

Vers l'aval, à Peyrestortes (11 km de la mer), les moyennes terrasses dessinent trois plans successifs à 53 m, 34 m et 25 m, séparés de moins de 10 m. Cette situation observée depuis longtemps fut utilisée pour définir les trois ensembles de niveaux de terrasses, avec d'autant plus de vraisemblance qu'on la retrouve sur les basses vallées de l'Agly, du Réart et du Tech. C'est suivant cette logique que nous avons construit notre chronostratigraphie.

Pour ce qui concerne les deux basses terrasses, leur proximité topographique les rattache au même complexe froid, ici le Pléistocène supérieur, et le Tardiglaciaire qui n'en est qu'une ultime manifestation. Or les deux hautes terrasses offrent partout la même disposition topographique, que ce soit sur la rive gauche de la Têt, en aval de Rodès, sur la rive droite de l'Agly, en aval de Case de Pène, ou sur la rive gauche du Tech, en aval de Banyuls des Aspres. Nous ne suivons donc pas M. Calvet et G. Clauzon qui en font des niveaux **T.4** et **T.5** ou **Fx** et **Fw**, mais notre opinion est de les attribuer à la succession de stades et d'interstades d'un même complexe froid - Pléistocène moyen voire ancien- de toute façon ancien du fait des altérations décrites.

Apparemment, le système des moyennes terrasses s'intercale dans cet ensemble, ce qui le fait rattacher au Pléistocène moyen, et les fortes dénivellations entre les systèmes correspondraient à des interglaciaires longs. De toute manière, ces datations ne peuvent rester qu'approximatives, utiles pour appuyer une cartographie synthétique, mais la multiplication des datations absolues s'impose, afin d'établir une corrélation des niveaux, avec la répartition des épisodes froids selon les stades isotopiques de l'oxygène 18.

3°) L'incontestable poursuite des manifestations néotectoniques est acquise, surtout à la suite des travaux de M. Calvet et J. Collina-Girard. Elles brouillent les cartes, et rendent, en fait, la chronologie topographique difficile. Nous avons démontré que terrasses, et lit majeur, de la vallée aval de la Têt ont été plusieurs fois déformés, du fait d'une subsidence au niveau de Perpignan. Il a fallu ainsi vieillir la terrasse de Cabestany.

a) Une manifestation de cette tectonique apparaît dans la démultiplication des moyennes terrasses. Dans la basse vallée de la Têt, sur la rive gauche, en aval de Saint-Estève, à la moyenne terrasse de la Butte du Four succèdent topographiquement la terrasse de la Llabanère et la terrasse de Pia. On pourrait y reconnaître les manifestations morphoclimatiques de stades et d'interstades du Pléistocène moyen (âge probable des moyennes terrasses). Or les niveaux de la Llabanère et de Pia n'existent qu'à cet endroit, à la confluence avec l'Agly. En Conflent, sur le Tech, sur le Réart, dans les bassins intérieurs de l'Agly, la moyenne terrasse ne dessine qu'un seul niveau. La distribution en trois niveaux sur la Têt ne peut être qu'une anomalie locale, que M. Calvet explique, d'ailleurs, par la pérennité de cette subsidence, au nord de Perpignan, et, pour nous, par la dénivellation post-alluviale de ce même niveau.

Nous avons longuement travaillé sur la déformation tectonique du profil de l'Agly, et plus précisément dans la traversée du Fenouillèdes. Le bassin de l'Agly est un bassin versant complexe, inscrit, à parts égales, dans les terrains hercyniens des Corbières, et dans les calcaires et schistes mésozoïques charriés, de la zone nord-pyrénéenne. Le fleuve et ses affluents ont un parcours qui peut être conforme à la structure - le Verdouble emprunte les fossés de Tuchan et de Tautavel, le Maury et la Boulzane empruntent l'axe du synclinal de Saint-Paul-de-Fenouillet. Mais les tracés aberrants sont nombreux : traversée des gorges de Gadamus par l'Agly, et des gorges des Gouleyrous par le Verdouble entre les fossés de Tuchan et de Tautavel. Le principal est la divagation de l'Agly au travers du massif hercynien du Fenouillèdes, qu'il traverse par de vastes méandres épigéniques.

Au cours du Quaternaire, ces fossés ont connu des phases de déblaiement et de remblaiement, dont il reste un système de trois terrasses (et apparemment de deux cônes torrentiels emboîtés) étudiés par M. Dubar (Tuchan), G. Clauzon (Maury) et Larraich (Tuchan, Maury et Tautavel). Dans les gorges, il n'est souvent reconnu qu'un système de deux, voire d'une seule terrasse. Toutefois, il existe une lacune importante dans la connaissance des alluvionnements fossiles de l'Agly. Les études actuelles ont surtout porté sur les sections aval : notice des feuilles Rivesaltes et Perpignan par G. Clauzon (1992 et 1995), et thèse d'El Mostafa Laaraich (1996). Dans la traversée du Fenouillèdes, Larraich n'a vu qu'un système de deux terrasses.

Or nous contestons de plus en plus cette idée. C'est l'absence d'autres analyses et le silence de la thèse de M. Calvet, qui nous avaient amené, dès 1996, à approfondir les investigations entre la cluse de la Clue de la Fou et la sortie des gorges à Latour-de-France, où, il est vrai, nous avons bénéficié de l'impact des travaux d'aménagements routiers consécutifs à la construction du barrage de Caramany. Ils révélaient des niveaux quaternaires, masqués par des éboulis récents. Or nous avons très rapidement reconnu l'imbrication de terrasses climatiques, avec la poursuite de mouvements tectoniques.

b) La pérennité des mouvements verticaux est facile à démontrer. Le profil apparaît anormalement tendu et accidenté de seuils et de mouilles. Nous avons appliqué la corrélation exponentielle - $H = H_o.e^{a.d}$ - des sections comprises entre 16 ruptures de pentes, où l'altitude réelle H est une fonction exponentielle de l'éloignement de la mer. Or les coefficients **a** de régression se répartissent suivant une alternance assez régulière ...

Distance de la mer	**α**	**Distance de la mer**	**α**
62/61 km	0,04229	45/44 km	0,06212
61/60 km	0,02515	44/41 km	0,04584
60/58 km	0,01632	41/40 km	0,06328
58/57 km	0,03256	40/38 km	0,05424
57/55 km	0,05360	38/37 km	0,03390
55/49 km	0,04462	37/35 km	0,04508
49/46 km	0,02845	35/33 km	0,06363
46/45 km	0,03416	**Moyenne**	**0,04266**

... Ils traduisent une ondulation du fond du thalweg, là où devrait exister une concavité. C'est cette remarque qui nous a mis sur la voie d'une rupture de l'équilibre, car l'enrochement profond est assez homogène, mais largement perturbé par des fractures. Quatre sections du thalweg se rapprochent de la valeur moyenne M = 0,04266 :

62/61 km	α = 0,04229	55/49 km	α = 0,04462
44/41 km	α = 0,04584	37/35 km	α = 0,04508

La variance de ces coefficients par rapport à M est presque nulle (V = 0,000023), et le rapport de l'écart-type (s = 0,00153) à cette même valeur est très faible (0,04). Nous pouvions envisager une modification récente de l'équilibre, autour d'une pente moyenne M = 0,04266. En effet, l'écart moyen par rapport à M est de 0,002 alors que toutes les autres sections présentent un écart > 0,01 (en valeurs absolues).

Les gorges épigéniques, sur une distance de 21 km, entaillent surtout les roches métamorphiques du socle, soit un ensemble de résistance homogène. Aussi, la déformation du profil peut-elle être attribuée au rejeu d'une douzaine de failles post-hercyniennes et pyrénéennes, entre Saint-Arnac et Latour-de-France (feuille Rivesaltes). Les plus importantes sont de direction pyrénéenne, parallèles au fleuve qui les recoupe fréquemment : failles du Rentable, de Fosse-Ansignan, de Caramany-Cassagne, de Caramany ouest et de

Trilla-Bélesta. À ces failles majeures, sont associés de nombreux accidents de second ordre.

En amont d'Estagel, l'Agly apparaît donc inadapté à la structure. Il fut probablement adapté à une surface d'érosion inclinée vers le golfe pliocène occupé aujourd'hui par les terrasses de la Têt, puis il s'encaissa sur place quand le bombement du massif du Fenouillèdes fit le pendant à la subsidence du Roussillon.

c) Les niveaux de terrasses dessinent des paliers dans l'évolution morphoclimatique. Toutefois, dans la traversée du massif, leur altitude moyenne est de 184 m pour la moyenne terrasse de la Balmière, 164 m pour la basse terrasse de Planèzes, et 143 m pour la basse terrasse d'Estagel. Les dénivellations moyennes sont élevées : 19 m et 21 m entre les deux basses terrasses. Nous n'entrerons pas ici dans le détail des calculs, mais nous avons convenu que la tectonique fut active dans le massif du Fenouillèdes durant tout le Quaternaire, et que l'Agly fut constamment contraint d'inciser son lit, du fait d'une tendance générale à la surrection du massif.

Très en amont, rien ne permet d'affirmer le caractère tectonique du seuil des granits de Saint-Arnac ; nous n'avons pas pu reconnaître de terrasses anciennes en amont de la plaine d'Ansignan. Dans la partic centrale, dans la plaine d'Ansignan, l'incision sur la ligne de faille favorisa l'enfoncement de la vallée, d'une part, et la réalisation de belles terrasses apparemment déformées, d'autre part. Mais leur ennoiement sous la ligne d'eau de la retenue de Caramany ne permet plus de rétablir l'historique de cette incision, sur un large secteur.

Aujourd'hui, la charge du fond reste modeste dans les gorges, où érosion et transport restent intenses. Ce qui se traduit par les impressionnantes accumulations quaternaires, dans la plaine d'épandage, située entre Latour-de-France et Estagel, au débouché des gorges épigéniques. Enfin la sismicité est restée importante dans le Fenouillèdes, dont la crise sismique de 1427-1428, et la découverte récente d'une faille inverse, avec des roches métamorphiques du socle qui chevauchent les terrains quaternaires par un rejet de 10 m.

4°) L'absence chronique de datation absolue est la plus grande des difficultés rencontrées. Quelques essais ponctuels de chronologie absolue ont été réalisés par Delbirias et M. Dubar en 1981, E.M. Laaraich en 1996 et B. Debals en 1998. Bien qu'ils soient lacunaires, leurs résultats peuvent être comparés aux datations relatives, afin de réaliser un embryon de chronologie absolue de l'ensemble des terrasses.

G. Delbirias et M. Dubar ont réalisé une datation radiométrique au ^{14}C des mollusques de la basse terrasse de Rivesaltes - I-2, du Verdouble à Tautavel. Elle a été notée Fy.a par G. Clauzon sur la feuille Rivesaltes. Les mesures ont donné un âge > 35 000 B.P., ce qui la situe au début du Pléistocène supérieur et au stade isotopique 4. B. Debals y a consacré une partie de sa thèse sur la sédimentologie quaternaire des alluvions du Tech et de la Têt. Il est parvenu à situer la terrasse de la Butte du Four - II-3, au début de la polarité positive de Brunhes, ce qui donne une date absolue < 780 000 B.P : peut-être le stade isotopique 16, avancé par Henry de Lumley. El Mostapha Laaraich a aussi consacré une partie de sa thèse sur les formations superficielles de l'Agly, à la datation des moyennes et hautes terrasses, par le paléomagnétisme. C'est ainsi qu'il a situé la haute terrasse du Musée - III-1 dans l'événement positif de Jaramillo, synchrone du stade isotopique 24, soit une date absolue de 930 000 B.P. (± 131.000 ans). Il devient possible d'inscrire la Place de l'Era - III-2 dans le stade 26. Ce sont là des résultats bien maigres ! mais dont il faut se contenter, pour établir une hypothèse de chronostratigraphie.

Les hautes terrasses III-2 et III-1 sont très anciennes : environ 1 million d'années, ce qui nous éloigne tout de même de la charnière pliocène-pleistocène. Elles sont contemporaines des glaciations très anciennes du Pléistocène inférieur, peut-être le stade isotopique 26 pour Mas Ferréol et le stade 24 pour Plan d'en Bourgat. Toujours est-il, que ces dates expliquent l'ampleur de l'altération pédo-chimique, et de l'éolisation multiple des quartz (et des outils), développés au cours des cycles glaciaires et interglaciaires subis depuis leur mise en place.

La moindre ancienneté de la moyenne terrasse II, déjà marquée par son altération moins avancée, est ainsi confirmée. On peut évoquer les glaciations du Pléistocène moyen inférieur, avec une date probable de 500 000 ans, peut-être dans les stades 12 à 16.

La basse terrasse de Toulouges I-2, jugée récente par son état d'altération peu avancé, par l'absence d'éolisation, voit confirmée son appartenance au complexe Pléistocène supérieur, déjà pressentie par des sites moustériens. Un âge de 50 000 ans est vraisemblable.

Enfin, la basse terrasse d'Ille-sur-Têt I-1, qui lui est postérieure, peut être attribuée à un épisode tardif du Pléistocène, peut-être le stade isotopique 2. Mais à l'image de M. Dubar dans la notice de la feuille Tuchan, nous serions favorable à une mise en place tardiglaciaire. En effet, elle plonge sous les alluvions transgressives de la Salanque, et elle n'occupe qu'un espace latéral étroit dans la vallée, résultat d'une mise en place brève, comme le retour du froid au tardiglaciaire.

Ce n’est qu’un élément d’une analyse plus vaste, mais qui va dans le sens des travaux de J. Collina-Girard ou de M. Calvet, et qui confirme la difficulté de donner une datation relative fiable. Mais plus que les variations du niveau de la Méditerranée, et la succession glaciaires-interglaciaires, stades-interstades, c’est la tectonique qui explique l'altitude à laquelle on retrouve, aujourd'hui, les lambeaux des terrasses les plus anciennes, et qui montre pourquoi ces terrasses ne disparaissent pas topographiquement sous les alluvions holocènes.

Orientation bibliographique

1. Aloisi J.C., Monaco A., Thommeret J. et Thommeret Y. (1975) - *Evolution paléogéographique du plateau continental languedocien dans le cadre du Golfe du Lion. Analyse comparée des données sismiques, sédimentologiques et radiométriques concernant le Quaternaire*. - Rev. Géog. phys. et Géol. Dynam., vol. XVI, fasc. 1, p. 13-22 .

2. Ambert P. (1981) - *L'âge de l'érosion éolienne en Languedoc et en Provence*. - C. R. Acad Sci., Paris, t. 293, sérier II, p. 783-786.

3. Bourcart J. (1938) - *Stratigraphie des terrains tertiaires et quaternaires du Roussillon*. - Bull. Serv. Carte Géol Fr, t. XL, n° 199, p 163-168.

4. Bourcart J. (1945) - *Etude des sédiments pliocènes et quaternaires du Roussillon*, Bull. du Service de la Carte Géologique de France, n° 218, T.4.

5. Calvet Marc (1981) *Nappes alluviales et niveaux quaternaires du Bas Vallespir, implications néotectoniques et paléoclimatiques* - Revue Géogr. Pyr. et S.O., fasc. 2.

6. Calvet Marc (1985) - *Systèmes morphogénétiques du Quaternaire Moyen dans l' Est des Pyrénées: essai de synthèse* - Physio-Géo, n° 14/15, pp. 17-24, 2 fig.

7. Calvet Marc (1986) - *Les terrasses alluviales de la Têt- étude granulométrique et pétrographique des galets* - Revue géographique des Pyrénées et du Sud-Ouest.

8. Calvet Marc (1994) - *Morphogénèse d'une montagne méditerranéenne* - Les Pyrénées-Orientales. Thèse de doctorat d'état, 1178 p, 3 tomes, Paris.

9. Calvet Marc et Lagasquie Jean-Jacques (1986) - *Excursion dans les Pyrénées-Orientales: mise en place des reliefs, néotectonique, évolution morphoclimatique dans l'Est de la Chaîne axiale pyrénéenne au cours du Néogène et du Quaternaire* - Comité national de Géographie: commission des Milieux Physiques Méditerranéens

10. Clauzon G (1980) - *Le Quaternaire du Roussillon*, in "*Synthèse géologique du Sud-Est de la France*". Mémoire BRGM, n° 125, p. 558-559.

11. Clauzon G., Magné J., Michaux J. Suc J.P. (1984) - *Le bassin néogène du Roussillon*, in "*Synthèse géologique du Sud-Est de la France*". Mém. BRGM, n° 128-5, p. 498-499.

12. Collina-Girard J. (1976) - *Les alluvions fluviatiles des fleuves côtiers dans le Roussillon*, in Henry de Lumley "*La préhistoire française*". CNRS éd., t. I, p. 78-82.

13. Collina-Girard J. (1976) - *Les industries archaïques sur galets des terrasses quaternaires de la Têt et du Tech (Catalogne française),* Géol. Méditer., t. III, n° 3, p. 183-190, 1976.

14. Collina-Girard J. (1989) - *Application des techniques de l'analyse cartographique (analyse morphostructurale): l'exemple du Roussillon.* - Géologie méditerranéenne, Tome XVI, n° 4, pp. 321-340.

15. Cornet C. (1975) - Les *surfaces d' abrasion des Corbières* - C.R. Somm. Soc. Géol. Fr., fasc. 1, p. 7-8.

16. de Brun P. (1958) - *Recherches Morphologiques sur les Corbières.* Centre de documentation cartographique et géographique, C.N.R.S., 6, p. 77-131.

17. Debals B. (1998) - *Etude sédimentologique des formations quaternaires des bassins des fleuves côtiers du Roussillon (France): vallées de la Têt et du Tech.* Thèse de l'Université de Perpignan, 2 tomes, 288 p.

18. Denizot G. (1951) - *Les anciens rivages de la Méditerranée française.* Bull. Inst. Océanogr. Monaco, 992, 1-56, 10 fig.

19. Depéret Ch. (1885) - *Description géologique du bassin tertiaire du Roussillon* - Thèse, Paris (pour mémoire)

20. Depéret Ch. (1903) - *Notes sur les anciennes lignes de rivages pliocènes et quaternaires sur les côtes françaises de la Méditerranée* - C.R. Acad. SC., j. 36, p. 1039-1042.

21. Dubar Michel (1986) - *Cartographie des formations superficielles dans les Corbières méridionales (Feuille de TUCHAN au 1/50 000),* tome 57, Fasc 2, pp 247-256, Toulouse.

22. Cadet F. et Got H. (1968) - *Sédimentation plio-quaternaire de la plaine de l'Agly (Roussillon) Conséquences hydrogéologiques* - Bull. BRGM, III, n° 4, p. 51-60.

23. Giret Alain (1995) - *Etude des déformations quaternaires de la Têt par l'analyse morphométrique* - "Quaternaire" , 6, (3-4), p. 121-137.

24. Giret Alain (1997) - *L'Agly et ses terrasses dans la traversée du Fenouillèdes* - "Quaternaire", 8, (4), 1997, p. 409-418.

25. Giret Alain (2000) - *Contexte stratigraphique et géomorphologique des terrasses de la Têt* - participation au poster "*Les industries archaïques du Bassin du Roussillon dans leur contexte stratigraphique et géomorphologique*"- Colloque "*Les Hominidés et leurs environnements : Histoire et Interactions*", Poitiers le 18 septembre 2000.

26. Giret Alain (2001) - *Géomorphologie et stratigraphie des formations quaternaires du Bassin du Roussillon* - Rencontres de Tautavel *: le*

Paléolithique en Catalogne, hommage à Josep Canal i Roquet - Tautavel le 20 janvier 2001.

27. Gor H. (1967) - *Contribution à l'étude sédimentologique des terrasses quaternaires du Roussillon*. Bull. Soc. Géol. Fr., (7), t. IX, n°2, p. 212-220.

28. Larraich El Mostafa (1986) - *Les formations superficielles de la moyenne vallée de l'Agly et son bassin versant (Maury et le Verdouble)* - Thèse de doctorat du muséum d'Histoire naturelle, Paris 1996.

29. Lumley Henry de (1971) - *Le paléolithique inférieur et moyen du Midi méditerranéen dans son cadre géologique*. t. II: Bas-Langudoc-Roussillon-Catalogne. CNRS éd., 433 p., 299 fig., 1 pl h.t.

30. Lumley H. de, Collina-Girard J., Abelanet J., Basile F. et Meignen L. (1976) - *Les premières industries humaines en Languedoc méditerranéen et en Roussillon*, in 'Henry de Lumley "*La préhistoire française*". t. 1, vol. 2, p. 777-794. CNRS éd., Paris.

31. Lumley Henry de, Lumley Marie-Antoinette de, Miskovsky Jean-Claude, Renault-Miskovsky Josette, Boudin Renée-Claude et Peneaud Patrick (1976) – Caune de l'Arago Tautavel, Pyrénées-Oroientales, *in Livret-guide de l'excursion A5, Pyrénées*, (dir. J. Clottes), IXe congrès UISPP, Nice 1976, p. 69 à 81.

32. Lumley Henry de, Lumley Marie-Antoinette de, Miskovsky Jean-Claude, Renault-Miskovsky Josette, Boudin Renée-Claude et Peneaud Patrick (1976) – Caune de l'Arago Tautavel, Pyrénées-Oroientales, *in Livret-guide de l'excursion C2, Provence et Languedoc méditerranéen. Sites paléolithiques et néolithiques*. IXe congrès UISPP, Nice 1976, p. 326 à 347.

33. Mars P. et Ottmann F. (1955) - *Sur quelques gisements de Quaternaire marin du bas-Languedoc* - Bull. Mus. Hist. Nat. Marseille, 15, p. 133-139, 2 fig.

34. Meschinet de Richemond N. (1997) - *Inondations catastrophiques sur la bordure montagneuse du Roussillon* - Thèse Paris X - Nanterre.

35. Miskosky J.C. (1974) - *Le Quaternaire du midi méditerranéen* - Université de Povence, 331 p.

36. Monaco A. (1971) - *Etude minéralogique des argiles fluviatiles du Roussillon*. Bull. BRGM, (2), IV, n° 1, p. 33-45.

37. Rivière A et Vernhet S. (1956) - *Contribution à l'étude des formations quaternaires du bas-Languedoc*. Bull. S.G.F., 6, 6, p. p. 1001-1019.

38. Salveyre H. (1983) - *Géologie des Pyrénées Orientales*. Sofreix éd., Perpignan, 429 p., 104 fig., 16 Tabl., 8 cartes.

39. Servant E. et Callot G. (1966) - *Notice explicative de la carte des sols du Roussillon*. ENSA, Montpellier.

40. Soutadé G (1993) - *Les inondations d'octobre 1940 dans les Pyrénées Orientales* - Conseil général, Dir. des Arch. départ., Perpignan, 348 p.

41. Soutadé G (1998) - *Les tremblements de terre dans les Pyrénées-Orientales et en Catalogne, de l'imaginaire au réel* - Editoria Trabucaire, Perpignan, 263 p., 51 photos, 20 fig., 8 tabl.

42. Taillefer F. (1951) - *Le piémont des Pyrénées françaises*. Privat éd., Toulouse, 49 fig., 12 pl.

43. Taillefer F (1957) - *Glaciaire pyrénéen : versant N. et versant S.* - Revue Géogr. Pyr. et S.O., fasc. 3, pp. 221-244.

44. Viers G. (1961) - *Le glaciaire du Massif du Carlit (Pyr. - Or.) et ses enseignements* - Revue Géogr. Pyr. et S.O., fasc. 1, p. 533.

45. Viers G (1973) - *Les Pyrénées* - P.U.F., Que sais-je? n° 995, 3ème ed., 128 p.

46. Vigneau J.P. (1985) - *Recherches sur le climat de l'extrémité orientale des Pyrénées françaises. Etude de géoclimatologie* - Thèse de doctorat d'état, 576 p.

Pour la cartographie géologique: feuilles Céret, Perpignan, Prades, Quillan au 1/80.000 et feuilles Perpignan et Rivesaltes au 1/50.000.

Enfin, une cartographie niveaux alluviaux, torrentiels, lagunaires et marins a été réalisée, les minutes ont été déposées en 1996, au Laboratoire départemental de Préhistoire du Lazaret, à Nice, où elles peuvent être consultée. Une version simplifiée a aussi accompagné la version de cet ouvrage prsentée en 2014, au cours des fêtes du cinquantenaire de l'ouverture de la fouille de la Caune de l'Arago.

Table des illustrations

Carte du réseau hydrographique du Roussillon .... p. 13
Esquisse géologique des Pyrénées orientales .... p. 14

1 - Climats et écoulements au Quaternaire .... p. 15

Document 1.1 - Organisation théorique de la circulation saisonnière dans l'hémisphère nord .... p. 18
Document 1.2 - Organisation de la circulation atmosphérique aux moyennes latitudes (période glaciaire) .... p. 20
Document 1.3 - L'exoréisme généralisé .... p. 25
Document 1.4 - Le dysréisme froid .... p. 26
Document 1.5 - L'exoréisme perturbé par la rhexistasie .... p. 27
Document 1.6 – Les modes d'écoulement du Roussillon probables au Quaternaire .... p. 29
Document 1.7 - Quelques courbes granulométriques .... p. 31
Document 1.8 – Profils mûrs des grands cours d'eau .... p. 33
Document 1.9 - Profils relatifs du Rhin, de la Charente et d'un vallon périglaciaire avec les cours d'eau du Roussillon .... p. 34
Document 1.10 – Processus d'érosion et d'alluvionnement selon Schumm, en 1977 .... p. 38
Document 1.11 - Coupe de la vallée de la Loire à Blois .... p. 39
Document 1.12 - Le système de terrasses de la Vézère .... p. 39

2 – Histoire géologique des Pyrénées-Orientales .... p. 44

Document 2.1 - Le sillon des flyschs .... p. 46
Document 2.2 - La rotation de la plaque ibérique et l'orogenèse pyrénéenne .... p. 46
Document 2.3 - Esquisse géologique des Pyrénées .... p. 48
Document 2.4 - Esquisse géomorphologique des Pyrénées-Orientales .... p. 51
Document 2.5 - Profil granulométrique et indice du Pliocène continental à Millas. .... p. 58
Document 2.6 - Ravinement dans la brèche de Força Réal vers Espira de l'Agly .... p. 59
Document 2.7 - Hypothèses sur la datation absolue des terrasses du Roussillon .... p. 75

3 - Les terrasses de la Têt .... p. 79

Document 3.1 - Types d'altérations du matériel des terrasses .... p. 82
Document 3.2 - Hypothèse chronostratigraphique des terrasses de la Têt .... p. 84
Document 3.3 – La terrasse de Mata Roudoune .... p. 85
Document 3.4 - Profil longitudinal de la terrasse de Mas Ferréol .... p. 86
Document 3.5 – Le niveau III.2 de Mas Ferréol .... p. 87
Document 3.6 : Granulométrie du niveau III.2 à Corneilla-la-Rivière .... p. 89
Document 3.7 - Granulométrie de la haute terrasse éponyme de Plan d'en Bourgat .... p. 91
Document 3.8 – Une moyenne terrasse à Plan d'en Carbonnell .... p. 91
Document 3.9 – Profil de la terrasse éponyme de la Butte du Four .... p. 92
Document 3.10 - Fractions sableuses de la moyenne terrasse de la Butte du Four .... p. 94
Document 3.11 – La terrasse de la Llabanère à la Courragade près de Saint-Estèphe .... p. 96
Document 3.12 - Modélisation du profil des moyennes terrasses .... p. 97
Document 3.13 – Surface de la terrasse de Toulouges .... p. 99
Document 3.14 – La terrasse d'Ille sur Têt à Villeneuve .... p. 100
Document 3.15 – La haute terrasse III.1 sous l'église de Llonat .... p. 102
Document 3.16 – La haute terrasse III.1 à Canet-en-roussillon .... p. 104

Document 3.17 - Hautes terrasses de la Têt .... p. 105
Document 3.18 - Typologie et répartition des terrasses de la Têt. .... p. 107
Document 3.19. – Répartition topographique des terrasses de la Têt .... p. 107

4 - Les terrasses du Tech, du Réart et de l'Agly .... p. 108

Document 4.1 – Muret constitué de galets de quartz décimétriques au Pla de Rey .... p. 109
Document 4.2 – Niveau III.1 à Banyuls del Aspres .... p. 111
Document 4.3 – Moyenne terrasse II à Brouilla .... p. 112
Document 4.4 – Basse terrasse I.2 à Can Partère .... p. 114
Document 4.5 – Terrasse I.1 près du pont sur la D.2 entre St Génies et Brouilla .... p. 115
Document 4.6 - Répartition et étagement des terrasses du Tech. .... p. 115
Document 4.7 - Les terrasses de la Canterrane entre Nyls et Villemolaque .... p. 121
Document 4.8 - Hypothèse chronostratigraphique des terrasses du Réart .... p. 122
Document 4.9 – La basse terrasse I.2 à Case de Pène .... p. 128
Document 4.10 – La basse terrasse I.1 à Latour-de-France .... p. 130
Document 4.11 - Granulométrie de la basse terrasse d'Estagel et d'une laisse de crue .. p. 131
Document 4.12 – Moyenne terrasse de l'Agly à Lou-Serrat .... p. 133
Document 4.13 – Granulométrie des terrasses des affleurements de l'Agly .... p. 136
Document 4.14 - Profil longitudinal des terrasses et du lit actuel dans le Fenouillèdes .. p. 137
Document 4.15 – Méandre abandonné et recoupé de Rasiguères .... p. 139
Document 4.16 – Moyenne terrasse II.3 de la Desix .... p. 140
Document 4.17 – Profil granulométrique d'une terrasse de la Desix .... p. 141
Document 4.18 – La basse terrasse I.1 de la plaine de Tautavel .... p. 143
Document 4.19 – La moyenne terrasse II.3 très indurée dans la plaine de Tautavel .... p. 146
Document 4.20 – Haute terrasse III.2 place de l'Era à Tautavel .... p. 147
Document 4.21 – La terrasse II.3 sur le Maury .... p. 148
Document 4.22 – Basse terrasse I.1 au Mas Amiel et à Maury .... p. 150
Document 4.23 - Répartition des terrasses sur l'Agly et ses affluents .... p. 151

5 - Les autres formations quaternaires .... p. 152

Document 5.1 – Etagements des cônes I'.1 et I'.2, à Sorède .... p. 154
Document 5.2 - Corrélation entre les cônes du Tech et les systèmes de terrasses .... p. 156
Document 5.3 - Corrélation entre les cônes torrentiels et les terrasses de l'Agly .... p. 160
Document 5.4 – Cône holocène en contrebas de la haute terrasse de Poc Calbeil .... p. 162
Document 5.5 - Corrélations entre terrasses et cônes torrentiels sur la Têt .... p. 163

6 - La géométrie des profils des thalwegs .... p. 169

Document 6.1 – Deux corrélation entre l'altitude du thalweg de l'Hyrome .... p. 174
Document 6.2 - Tentative de modélisation du profil de l'Agly de la source et la mer .... p. 174
Document 6.3 - Modélisation du profil de l'Agly à l'aval de la Clue de la Fou .... p. 174
Document 6.4 - Profils des hautes et moyennes terrasses de la Têt de Rodès à la Mer. .... p. 177
Document 6.5 - Profil parabolique parfait d'un Tech théorique .... p. 177
Document 6.6 - Profil du Tech et tendance du second degré .... p. 177
Document 6.7 - Profil relatif de l'ensemble des cours d'eau du Roussillon .... p. 179
Document 6.8 - Profil relatif de l'ensemble des cours d'eau du Roussillon .... p. 180
Document 6.9 - Profil longitudinal du Tech entre 400 m et la mer .... p. 181
Document 6.10 - Modélisation du profil du Tech en aval de Can Partère .... p. 182
Document 6.11 - Profils du Réart et de la Canterrane .... p. 184
Document 6.12. - Modélisation des profils du Réart et de la Canterrane .... p. 185
Document 6.13 - Le profil de la Tête en aval de Sainte-Eulalie (400 m NGF) .... p. 188

Document 6.14 - Modélisation du profil de la Têt en dessous de 500 m d'altitude .... p. 189
Document 6.15 - Profil du réseau amont de l'Agly .... p. 193
Document 6.16 - Profil de l'Agly en amont de la Clue de la Fou .... p. 193
Document 6.17 - Profils comparés de la Boulzane et de l'Agly .... p. 195
Document 6.18 - L'Agly et ses affluents en dessous de 500 m d'altitude .... p. 197
Document 6.19 - Modélisation du profil du ruisseau de Maury .... p. 197
Document 6.20 - Modélisation du Verdouble .... p. 198
Document 6.21 - Modélisations de l'Agly en aval de la Clue .... p. 200
Document 6.22 - Profils relatifs des cours d'eau du Roussillon .... p. 202
Document 6.23 - Le profil d'équilibre selon l'école davisienne .... p. 203

7 - Le profil longitudinal des terrasses .... p. 204

Document 7.1 - Profil longitudinal du système des terrasses du Tech .... p. 206
Document 7.2 - Modélisation du profil des hautes terrasses du Tech .... p. 207
Document 7.3 - Modélisation du profil de la moyenne terrasse du Tech .... p. 209
Document 7.4 - Modélisation du profil des basses terrasses du TechP ; .... p. 210
Document 7.5 - Représentation graphique des terrasses du Réart et de la Canterrane .... p. 212
Document 7.6 - Profil des hautes terrasses du Réart et de la Canterrane .... p. 212
Document 7.7 - Modélisation des hautes terrasses du Réart et de la Canterrane .... p. 213
Document 7.8 - Modélisation de la moyenne terrasse du Réart et de la Canterrane .... p. 216
Document 7.9 - Modélisation des basses terrasses du Réart et de la Canterrane .... p. 218
Document 7.10 - Terrasses de la Têt en Conflent et en Roussillon .... p. 219
Document 7.11 - Modélisation des hautes terrasses de la Têt .... p. 220
Document 7.12 - Modélisation des moyennes terrasses de la Têt .... p. 223
Document 7.13 - Modélisation des basses terrasses de la Têt .... p. 224

8 - Étagement des terrasses de l'Agly .... p. 228

Document 8.1 - Système des terrasses de l'Agly en aval de la Clue de la Fou .... p. 228
Document 8.2 - Modélisation des moyennes terrasses de l'Agly .... p. 230
Document 8.3 - Modélisation des basses terrasses de l'Agly .... p. 231
Document 8.4 - Profils des terrasses de l'Agly, du Maury et de la Boulzane .... p. 233
Document 8.5 - Modélisation des terrasses de l'ensemble Maury-Agly .... p. 234
Document 8.6 - Coordination des terrasses de l'Agly avec celles de la Boulzane .... p. 234
Document 8.7 - Coordination des terrasses du Maury avec celles de la Desix .... p. 234
Document 8.8 - Les terrasses du Verdouble .... p. 236
Document 8.9 - Les terrasses du Verdouble dans le système de l'Agly .... p. 236
Document 8.10 - Modélisation des hautes et moyennes terrasses du Verdouble .... p. 237
Document 8.11 - Modélisation des basses terrasses du Verdouble .... p. 239

9 - Conclusion .... p. 245

Document 9.1 - Régimes des fleuves côtiers du Roussillon .... p. 247

Table des matières

Préface du Professeur Henry de Lumley .... p. 7
Introduction .... p. 9

Première partie - Du concept de climats quaternaires aux terrasses du Roussillon .... p. 15

1 - Climats et écoulements au Quaternaire .... p. 16
1.1 - Réflexion sur les climats quaternaires .... p. 17
1.1.1 - Quelles furent les ambiances climatiques ? .... p. 17
1.1.2 - Les conséquences hydrologiques .... p. 21
1.2 – Réflexions sur le profil longitudinal des cours d'eau .... p. 33
1.2.1 - L'incision des réseaux hydrographiques .... p. 33
1.2.2 - Rôle des ambiances climatiques quaternaires .... p. 35
1.2.3 - Les terrasses alluviales dans le contexte du Quaternaire .... p. 38

2 – Histoire géologique des Pyrénées-Orientales .... p. 44
2.1 - L'orogenèse pyrénéenne .... p. 45
2.2 - Les Pyrénées Orientales .... p. 50
2.2.1 - Les ensembles morphostructuraux .... p. 51
2.2.2 - Les dépôts du Cénozoïque inférieur et moyen .... p. 52
2.2.3 - Les dépôts pliocènes .... p. 55
2.3. – L'occurrence du Quaternaire en Roussillon .... p. 60
2.3.1 – Le système de terrasses fluviatiles .... p. 60
2.3.2 – Légendes des cartes géologiques au 1:80 000 .... p. 62
2.3.3 - Apport des préhistoriens .... p. 66
2.3.4 - Données des cartes géologiques récentes .... p. 67
2.3.5 - Apports de la thèse de Marc Calvet .... p. 71
2.3.6 - Quelle datation absolue ? .... p. 75

Deuxième partie - Chronostratigraphie des terrasses .... p. 79

3 - Les terrasses de la Têt .... p. 83
3.1.- La vallée de la Têt entre Rodès et Perpignan .... p. 83
3.1.1– Les hautes terrasses .... p. 84
3.1.2 - Les moyennes terrasses .... p. 92
3.1.3 – Les basses terrasses .... p. 99
3.2 - Les terrasses en amont de Rodès .... p. 101
3.2.1 - Les hautes terrasses .... p. 101
3.2.2 - Les basses terrasses .... p. 103
3.3 – Les terrasses rive droite en aval de Perpignan .... p. 104
Synthèse .... p. 106

4 - Les terrasses du Tech, du Réart et de l'Agly .... p. 108
4.1 - Les terrasses du Tech .... p. 109

4.1.1 - Les hautes terrasses ... p. 109
4.1.2 – L'unique moyenne terrasse de Mas Santraille ... p. 112
4.1.3 - Les basses terrasses ... p. 113

4.2 - Les terrasses du Réart ... p. 116
4.2.1 - Les hautes terrasses ... p. 116
4.2.2 - La moyenne terrasse ... p. 119
4.2.3 - Les basses terrasses ... p. 120

4.3 - Les terrasses de l'Agly ... p. 122
4.3.1 - Un contexte géomorphologique complexe ... p. 123
4.3.2 - Les terrasses en aval du Fenouillèdes ... p. 125
4.3.3 - La traversée du Fenouillèdes ... p. 129
4.3.4 - Les affluents de l'Agly ... p. 141

5 - Les autres formations quaternaires ... p. 152

5.1 - Les cônes torrentiels ... p. 153
5.1.1 - Les cônes torrentiels du Tech ... p. 153
5.1.2 - Les cônes torrentiels de l'Agly et de ses affluents ... p. 156
5.1.3 - Les cônes fluvio-torrentiels de la Têt ... p. 160

5.2 – Les formations lagunaires et marines ... p. 163

Troisième partie - La géométrie des profils longitudinaux . p. 169

6 - La géométrie des profils des thalwegs ... p. 170

6.1 – Quel est le modèle mathématique le plus propice ? ... p. 171
6.1.1 - Approche mathématique ... p. 171
6.1.2 - Il n'y a pas de préférence pour l'usage des deux équations ... p. 173
6.1.3 - Application au profil des terrasses ... p. 175
6.1.4 – Profils actuels des cours d'eau du Roussillon ... p. 178

6.2 – Les profils holocènes ... p. 180
6.2.1 - Profil du Tech entre la mer et 400 m d'altitude ... p. 180
6.2.2 - Les thalwegs du Réart et de la Canterrane ... p. 184
6.2.3 – Le thalweg de la Têt ... p. 188
6.2.4 – Les thalwegs de l'Agly et de ses affluents ... p. 192
6.2.5 - Synthèse des profils holocènes ... p. 202

7 - Le profil longitudinal des terrasses ... p. 204

7.1 – Etagement des terrasses du Tech ... p. 206
7.1.1 - Modélisation du profil des hautes terrasses ... p. 207
7.1.2 - Modélisation de la moyenne terrasse ... p. 209
7.1.3 - Modélisation des basses terrasses ... p. 210

7.2 – Etagement des terrasses du Réart ... p. 211
7.2.1 – Modélisation des hautes terrasses ... p. 213
7.2.2 – Modélisation de la moyenne terrasse ... p. 215
7.2.3 - Remarques sur les basses terrasses ... p. 217

7.3 – Etagement des terrasses de la Têt ... p. 218
7.3.1 - Modélisation des hautes terrasses ... p. 221
7.3.2 - Modélisation des moyennes terrasses ... p. 222
7.3.3 - Modélisation des basses terrasses ... p. 225

8 - Étagement des terrasses de l'Agly .... p. 228
8.1 - Modélisation des terrasses de l'Agly .... p. 229
8.1.1 - Modélisation de la moyenne terrasse .... p. 230
8.1.2 - Modélisation des basses terrasses .... p. 231
8.2 - Modélisation des terrasses de la Boulzane et du Maury .... p. 233
8.2.1 - Les terrasses du Maury .... p. 233
8.2.2 - Les terrasses de la Boulzane .... p. 235
8.3 - Le Verdouble traverse des bassins d'effondrement .... p. 235
8.3.1 - Les hautes et moyennes terrasses .... p. 237
8.3.2 – Les basses terrasses .... p. 238
8.5 - Synthèse : entre alluvionnements et néotectonique .... p. 240
Conclusion .... p. 245
Orientation bibliographique .... p. 255
Table des illustrations .... p. 259
Table des matières .... p. 263

L'HARMATTAN ITALIA
Via Degli Artisti 15; 10124 Torino

L'HARMATTAN HONGRIE
Könyvesbolt ; Kossuth L. u. 14-16
1053 Budapest

L'HARMATTAN KINSHASA
185, avenue Nyangwe
Commune de Lingwala
Kinshasa, R.D. Congo
(00243) 998697603 ou (00243) 999229662

L'HARMATTAN CONGO
67, av. E. P. Lumumba
Bât. – Congo Pharmacie (Bib. Nat.)
BP2874 Brazzaville
harmattan.congo@yahoo.fr

L'HARMATTAN GUINÉE
Almamya Rue KA 028, en face du restaurant Le Cèdre
OKB agency BP 3470 Conakry
(00224) 60 20 85 08
harmattanguinee@yahoo.fr

L'HARMATTAN CAMEROUN
BP 11486
Face à la SNI, immeuble Don Bosco
Yaoundé
(00237) 99 76 61 66
harmattancam@yahoo.fr

L'HARMATTAN CÔTE D'IVOIRE
Résidence Karl / cité des arts
Abidjan-Cocody 03 BP 1588 Abidjan 03
(00225) 05 77 87 31
etien_nda@yahoo.fr

L'HARMATTAN MAURITANIE
Espace El Kettab du livre francophone
N° 472 avenue du Palais des Congrès
BP 316 Nouakchott
(00222) 63 25 980

L'HARMATTAN SÉNÉGAL
« Villa Rose », rue de Diourbel X G, Point E
BP 45034 Dakar FANN
(00221) 33 825 98 58 / 77 242 25 08
senharmattan@gmail.com

L'HARMATTAN BÉNIN
ISOR-BENIN
01 BP 359 COTONOU-RP
Quartier Gbèdjromèdé,
Rue Agbélenco, Lot 1247 I
Tél : 00 229 21 32 53 79
christian_dablaka123@yahoo.fr

Achevé d'imprimer par Corlet Numérique - 14110 Condé-sur-Noireau
N° d'Imprimeur : 110177 - Dépôt légal : juillet 2014 - *Imprimé en France*

www.ingramcontent.com/pod-product-compliance
Lightning Source LLC
LaVergne TN
LVHW011313061026
849535LV00005B/1547

* 9 7 8 2 3 4 3 0 3 6 8 7 8 *